引黄工程管理单位

职工培训教材

王焕军　赵卫东　编著

黄河水利出版社

图书在版编目(CIP)数据

引黄工程管理单位职工培训教材/王焕军,赵卫东编著.—郑州:黄河水利出版社,2007.8
ISBN 978-7-80734-231-1

Ⅰ.引… Ⅱ.①王…②赵… Ⅲ.黄河-引水-水利工程-职工培训-教材 Ⅳ.TV67

中国版本图书馆 CIP 数据核字(2007)第 111437 号

出 版 社:黄河水利出版社
地址:河南省郑州市金水路 11 号　　邮政编码:450003
发行单位:黄河水利出版社
发行部电话:0371-66026940　　传真:0371-66022620
E-mail:hhslcbs@126.com
承印单位:河南省瑞光印务股份有限公司
开本:787 mm×1 092 mm　1/16
印张:17
字数:390 千字　　印数:1—1 200
版次:2007 年 8 月第 1 版　　印次:2007 年 8 月第 1 次印刷

书号:ISBN 978-7-80734-231-1/TV·514　　定价:35.00 元

《引黄工程管理单位职工培训教材》
编委会

主要编写人员：王焕军　赵卫东

参 编 人 员：苏冠忠　魏凤民　徐　赟　张玉军

马春玲　孙文中　凌　燕　范丽霞

刘　冰　张　莉　张进才　李继方

王静波　刘仁和

前　言

我们已经进入知识经济时代，这表明，一次性学习的时代已告终结，学历教育已被终身教育取代。随着社会主义市场经济体制建设的逐步完善，水利工程管理单位体制改革的逐步深入，面对全面建设小康社会的目标责任，对引黄工程管理单位来讲，创建学习型组织，打造和谐团队，全面提高职工素质，树立终身学习理念，是今后一项长期的任务。职业培训作为职工再教育的一种形式，是在职人员在工作岗位上提高业务水平、强化职业技能、培养执业能力的一种有效方式；职业培训具有学习的针对性和实用性，能有效缩短理论与实践的距离，达到学以致用、有的放矢的效果；职业培训是适应技术进步、科技发展、知识更新的必然要求。一个组织或一个团队要做到与时俱进，要将知识迅速转化为生产力，推进事业的发展，必须加强职业培训。

2006 年是濮阳市引黄工程管理处大发展的一年，在物质文明取得大发展的同时，学习和培训工作也开展得如火如荼，达到了近年来的高峰。为提高水管职工素质，加强引黄工程管理，增强节水意识，促进管理效益化，达到水资源可持续利用，引黄工程管理处先后组织 15 名具有高级以上职称或具有正科级以上职务的技术干部，经过多次交流和商讨，设计了一整套培训方案，组织了丰富的教学材料，编辑了一系列的学习内容，形成了一部较完整的培训教材。通过对濮阳市引黄工程管理处 100 多名职工的全员培训、因材施教，反响较好，效果显著！教学的实践表明，培训教材突出了知识性、实用性和针对性；体现了注重综合素质、提升业务能力、创新培训方式、促进终身学习的总体思路；达到了业精于学、学以致用、教学相长、事寓于理的效果。培训教材以学习型组织创建、和谐团队建设、职业道德、引黄工程与引黄事业、工程实用技术、灌溉实用技术、水法理论、管理机制建设为主要内容，填补了引黄工程管理单位职工培训无系统教材的空白，方便了职工学习，促进了引黄事业的发展。编辑出版《引黄工程管理单位职工培训教材》已势在必行，本书的出版是一件很有意义的事情，在这里，对教员及编辑们倾注的大量的精力、心血、劳动和付出表示深深的敬意！

知无涯，业无尽。引黄事业正如一轮朝阳蓬勃升起，是水资源可持续发展的中坚事业。我相信，这本书在总结教学成果、帮助广大职工掌握必备的业务知识、推动广大职工的理论学习、建设一支高素质的管理队伍、促使优秀人才脱颖而出、推进引黄事业又好又快发展方面，定会发挥积极的作用。

编著者

2007 年 1 月

目　录

着力提高职工素质　努力开创引黄工程管理工作新局面

王焕军　赵卫东

今天是26名新职工正式上班的第一天，所以，今天的会议是全员培训的动员会，也是对新职工的欢迎会，我代表处领导班子及全体干部职工欢迎你们。

这次全员培训活动从酝酿、设计到实施，经过了长时间的精心准备，凝结了全处集体的智慧，是我处下半年工作的一个重心！为搞好这次职工培训，处领导班子曾三次召开专题会议进行研究和布置。我们先后组织14名具有高级以上职称或具有正科级以上职务的业务干部，要求他们自行组织材料，形成讲义，讲义经处领导审定后形成规范性文章，然后分16个专题对全体职工进行集中授课，并要求他们每专题的授课时间不少于3个小时。在历时两个多月的时间里，处领导和授课人员多次交流，进行商讨，设计了一整套的培训内容，在资料短缺、任务繁重的情况下，他们边工作边学习，克服重重困难澄清了一系列的数据，搜集了大量的资料，完成了教学的准备工作，倾注了大量的精力和心血，尤其是几位老同志，他们都是戴着眼镜查材料、写讲义。在这里我代表全处职工对参加讲课的同志们表示深深的敬意！随着社会主义市场经济体制建设的逐步完善，水利工程管理单位体制改革的逐步深入，面对我市全面建设小康社会的目标责任，对我们濮阳市引黄工程管理处来讲，创建学习型组织，全面提高职工素质，团结协作抓好工程管理，进一步提高工程效益，是今后一个时期的中心工作，这也是我们落实党的十六届六中全会和省委八次党代会会议精神的具体体现。

这里我先将我们所从事的工作以及工程建设和效益情况向大家作简要介绍。

濮阳市引黄工程管理处是从事水利工程管理的事业单位，实行企业管理，自负盈亏。其主要工作任务是管理濮阳市三条濮清南引黄工程，承担着向濮阳、清丰、南乐、华龙区、高新区农业生产灌溉及城市环境供水工作。濮阳市第一、第二、第三濮清南引黄灌溉补源工程分别建成于1986年、1991年、1998年，整个效益区以金堤为界，金堤以南为灌区，以北为补源区，涉及到濮阳、清丰、南乐、华龙区、高新区及安阳市的滑县，设计灌溉面积122.8万亩（1亩=0.066 7hm^2），设计补源面积185.31万亩，总效益面积308.11万亩，属国家大型灌区工程。第一濮清南引黄灌溉补源工程南起濮阳县渠村引黄闸，北止马颊河南乐平邑闸，全长98km，渠首渠村引黄闸设计引水流量100m^3/s，马颊河设计补源流量30m^3/s。第二濮清南引黄灌溉补源工程南起濮阳县习城引黄闸，北止南乐县永顺沟，全长83km，渠首习城引黄闸设计引水流量50m^3/s，金堤北干渠设计补源流量30m^3/s。第三濮清南引黄灌溉补源工程南起第一濮清南总干渠三号枢纽，北止南乐县西邵乡境内，全长

90km，设计输水流量 25m³/s。自 1987 年以来，三条濮清南共计引水 46.23 亿 m³，为我市工农业发展和地下水补给做出了重要贡献。三条濮清南引黄工程南北贯穿三县两区，东西相连，形成了一个有机的灌溉补源网络水系，是我市农业抗旱除涝的生命线、人民致富的幸福渠，其经济效益、生态效益和社会效益显著。20 年的引黄奠定了我市农业经济发展的良好基础，为社会各界所认知，引黄事业在振兴濮阳经济中发挥了不可替代的作用。一是确保了效益区农田的灌溉和补源，促进了效益区的粮食增产、农民增收和农村经济的快速发展，引黄 20 年，引黄效益超过百亿元，去年 8 月《濮阳日报》以《引黄十九年，效益百亿元》专题报道了濮清南引黄工程的经济效益。二是缓解了金堤以北补源区地下水水位的逐年下降趋势，部分补源好的地区地下水水位还回升了 1m 多，补源区地下水的漏斗面积扩大趋势也明显得到遏制，改善了社会生态环境。三是共计 8 方沉沙池的先后兴建与还耕不仅减轻了渠道河道淤积，还使濮阳县渠村、海通两乡的 2.2 万亩盐碱地、废坑塘淤垫成了高产田，如今是稻花飘香，盈盈绿洲。四是改善了苦水区的农民生活和农业生产用水条件。五是保证了濮水河、濮上园等城市环境用水需求，改善了城区广大居民的人居环境，为我市先后荣获国家级“五城二奖”做出了突出的贡献。

不讲成绩不能鼓舞士气，不讲问题不能令人信服！在看到成绩的同时，我们也清醒地看到，我处在工程管理方面还存在着一些突出的问题。

一是对工程管理的重要性认识不足。濮阳市引黄工程管理处，顾名思义，我们的两大中心任务是工程管理和引黄管理，而工程管理是前提、是基础、是保障、是重心，没有工程管理的保障，引黄供水就是一句空话！对工程管理的重要性认识不足的表现之一就是投入不足！在今后一个时期，我们的人力资源、资金资源、劳动资源应该以工程管理为重心。二是对工程管理的标准要求不高。我们管理的是大型灌区的总干工程，是我市的输水大动脉，高标准、高质量、高起点、高品质是法律赋予我们的责任和义务，而不是我们的想当然，没有工程管理的高标准，要使管理工作上台阶就是空中楼阁！对工程管理的标准要求不高的表现之一就是得过且过！我们的三条濮清南干渠只能发挥设计工程效益的三分之一。三是对提高工程管理的办法不多。管理处自成立至今 20 年来，管理模式没有大的变化，一直停留在计划经济的管理模式下，应对市场经济条件下家庭联产承包责任制和大水利之间的矛盾对策缺失，对新的管理理论和管理模式持观望徘徊的态度，表现之一就是水的有效利用率不高，总干渠沿线斗涵的分水、漏水问题至今不能解决。四是对破坏工程设施的执法力度不够。管理处作为我市从事水利工程管理的最大机构，我们有义务去宣传水利法规，有义务做执法的带头人，时至今日，我们有一系列的关于水利工程管理的法律法规、规章制度，可我们真正落实的有多少呢？我们自己真正掌握的又有多少呢？有法不依，执法不严！其表现之一就是我们已建工程的渠道、枢纽设施遭到破坏或损坏，其中一半以上都是人为破坏，而至今这些违法分子都还逍遥法外。五是对搞好工程管理的责任心不强。我们的一线管理人员工作岗位就是在渠道和枢纽，你们作为工程管理的专管责任人，既不能将管理的责任推卸于群管护堤人员，也不能将管理的义务推交于处领导，工程管理就是你们的职责。六是对工程管理的岗位责任制落实不好。在《濮清南工程管理办法》中明确有检查制度、汇报制度、建档制度和责任制度，可有的管理人员就是不检查、不汇报、不作为，有的闸管人员甚至经常脱离工作岗位，不知去向，岗位责任制得不到落实。七是缺少对工程管理的系统性思考，工程管理不单是管理段的事情，而是全体职工的共同职责，它需要全处各科室、全处全体职工的相互协调和配合，一个管理人员的失职或一个决策的失误，就会牵制全处的工作，甚至造成无法挽回的损失，比如沉沙池开口，比如闸门调节失灵，比如险工处理不力；另一方面，工程管理看似单方面的问题，实质是全局的问题，工程管理不好不单是没有效益，更是没有形象，一个单位就没有了面貌、没有了生机，长此以往将积重难返，影响到和谐和稳定。这些问题的存在虽然有政策的问题、体制的问题、环境的问题，但归根到底是人的问题，培养人、教育人、理解人、关心人、塑造人、发展人是我们工作中亟待解决的问题。

下面我就着力提高职工素质、努力开创引黄工程管理工作新局面讲以下三个方面的问题。

一、加强职业培训，创建学习型组织

（一）明确目的，专心学习，增强学习的紧迫感

职业培训作为职工再教育的一种形式，是在职人员在工作岗位上提高业务水平、强化职业技能、培养执业能力的一种有效方式。职业培训具有学习的针对性和实用性，能有效缩短理论与实践的距离，达到学以致用、有的放矢的效果。职业培训是适应技术进步、科技发展、知识更新的必然要求。一个组织或一个团队要做到与时俱进，要将知识迅速转化为生产力，推进事业的发展，必须加强职业培训。

近年来，随着管理处职工队伍的不断增大，我处的在职职工已达到 123 人。这里面，一是职工的文化素质参差不齐，有大学本科毕业生，有小学毕业生，有专业技术人员，有非专业技术人员，有具有 30 年工作经验者，有刚刚参加工作的；二是职工的工作作风喜忧参半，有的是积极作为，有的是无动于衷，有的是奋发学习，有的是不学无术，有的是尽职尽责，有的是敷衍塞责。我们已清醒地看到职工文化素质和职工工作作风是事关事业成败的关键因素。

由于工作关系，管理处在近几年内没有进行大规模的职业培训，所以通过职业培训来提高人员素质，改进工作作风，从而推进工程管理工作是我处当前的一项中心任务。

为此，我们决定在接下来的两周里，对处全体职工进行一次全面的综合职业培训。重点培训新上岗人员、正副段长、科室及管理段业务人员。特别是新上岗的 26 名人员，首先对你们来到管理处就业表示欢迎！你们是学习的佼佼者，你们通过公开招聘考试从众多考生中胜出，取得了一个有作为的职业，希望你们珍惜这一岗位，用自己的青春和汗水写出管理处工程管理工作的绚丽乐章！

本次培训，目的是为了培养新上岗职工的执业能力，提升管理人员的职业技能，发展管理处的人力资源，促进引黄工程管理事业的发展。总体思路是注重综合素质、提升业务能力、创新培训方式、实施全员培训、促进终身学习。通过培训旨在为广大职工立足本职岗位、建功立业、创新成才搭建广阔的平台，不断提高职工的学习能力、创新能力、竞争能力和创业能力，努力创建一支高素质的职工队伍；逐步建立起干部职工教育管理工作的长效机制，形成领导重视教育、各科室段关心培训、干部职工热爱学习的良好局面。本次培训的主要内容是：学习型组织创建，和谐团队建设，职业道德，机关管理，引黄工程与引黄

事业，工程实用技术，灌溉实用技术，工程管理，灌溉管理，财务管理，水利法规，管理机制建设，文明建设，安全生产，工作实务，形势教育以及成长教育。培训内容将突出知识性、实用性和针对性。所谓知识性就是务实不务虚，学员在听课时将会有一种获取知识的愉悦感；实用性就是在学员学习后，回到工作岗位上就能将知识转化为工作技能；针对性就是培训内容紧扣三条濮清南工程管理的需要。本次培训过程分授课、座谈、实习、考试四个环节。组织集中授课是本次培训的中心环节；在集中授课期间还要组织大家座谈，让大家畅所欲言地谈感想、谈认识，进行思想的交锋、经验的交流；在学习一段时间后，我们还要组织大家到工程一线去实习，参观我们的第一濮清南总干渠、各枢纽闸站、第三濮清南渠首、沉沙池和渠村引黄闸，实习是学习的一个重要环节，也是学习的一个好方式，实习的内容将作为我们考核的内容之一；第四个步骤是考试，学员考试成绩将记录备案，作为今后人员使用的一个依据。另外，在培训期间，我们还准备让党校专家给我们作专题形势报告。整个学习过程是丰富多彩的，希望大家专心致志，学而不厌！

众所周知，农业时代，一个人 7 岁到 10 岁的学习就能满足一生的需要。到了工业时代，我们的学习必须从 5 岁到 22 岁，也就是从幼儿园到大学毕业。今天是知识经济时代，必须把 12 年义务教育制延伸为 80 年终身教育制。80 年终身教育制就是：我们从胎教开始一直到寿终正寝都应该是学习的过程。在座的各位，可以说，你们都是人才，因为你们都有一技之长，但是，人才是一个动态的概念，人才是有时间性的，它不是一成不变的。你只能保证自己今天是人才，却无法保证明天的你依然是一个人才。有资料表明，今天的大学生从大学毕业走出校门的那一天起，他四年来所学的知识已经有 50% 老化掉了。当今世界，知识老化的速度和世界变化的速度一样，越来越快，科技发展日新月异，知识总量的翻番周期愈来愈短，已从过去的 50 年缩短到现在的 3 年。有人预言：人类现有知识到 50 年后只占当时知识总量的 1%，其余 99% 现在还未创造出来。这表明，“一次性学习时代”已告终结，学历教育已被终身教育取代。所以，为了使你成为信息时代的人才，为了使你在明天依然是一个真正意义上的人才，一定要有只争朝夕的精神。

（二）励精图治，创建学习型组织

进入 21 世纪，每一个组织都在寻求前沿的管理理论，特别是对于企事业单位，适应时代的管理方略是其生存发展的命脉。学习型组织作为当今世界最前沿的管理理论之一，近年来愈来愈受到政府、社会、城市、企业、团体等各种组织的青睐。下面我就学习型组织这一管理理论向大家作简要介绍。

江泽民同志在 2001 年 5 月提出了“构筑终身教育体系，创建学习型社会”的主张，强调“教育是人力资源能力建设的基础，学习是提高人的能力的基本途径”。党的十六大报告中明确提出“形成全民学习、终身学习的学习型社会”。这是根据整个人类社会发展的趋势正确地提出的一个科学的前瞻性的观念，这一观念把握住了整个时代发展的脉搏。学习型社会就是将整个社会的各个组织都建成学习型组织的社会，学习型组织是学习型社会的基础。

学习型组织是指个人、团队和组织共同学习，全体员工在组织共同愿景和一系列不同层次愿景的引导与激励下，不断学习新知识和新技能，并在学习的基础上持续创新，以实现组织的可持续发展和个人的全面发展。学习型组织是通过培养弥漫于整个组织的学习气氛，充分发挥员工的创造性思维能力而建立起来的，一种有机的、有弹性的、扁平化的、符合人性的、能持续发展的组织。这种组织具有持续学习的能力，具有高于个人绩效总和的综合绩效。

学习型组织的真正内涵是什么呢？它是一个能使组织内的全体成员全身心投入并有持续增长的学习力的组织；它是一个能使组织内的全体成员在工作中体会到生命意义的组织；它是一个持续创新的组织，一个能把学习转化为创造力，使创新成为主旋律的组织。

学习型组织的学习力是指学习的动力、学习的毅力和学习的能力。学习的动力来源于学习的目标，目标越大，学习的动力就越大；学习的毅力反映了学习者的意志，意志坚强的人就具有顽强的毅力投入学习；学习的能力则来源于学习者掌握的知识及其在实践中的应用，学习的目的在于应用，一个人的能力就在于他将知识转化为生产力的能力。如果把我们单位比做一棵大树，学习力就是大树的根，就是我们单位的力量之源、生命之源。学习型组织就是通过员工的学习和组织的激励，让员工在工作过程中能够快乐工作，从而激发出工作者的潜能，实现自身价值，体会出生命的意义。学习型组织的学习是可以转化为创造力的学习，而那些只是走过场的无效学习，那些学习后只会用来谋取私利和发发牢骚的学习都不是学习型组织强调的学习。

学习型组织的学习就是学习与工作不可分离的学习，即工作学习化、学习工作化。所谓工作学习化，就是把工作的过程看成学习的过程。所谓学习工作化，就是将学习视为一项必要的工作，每天不断地学习，如同认真工作时所投入的精力一样积极进行，并培养出即时学习、全程学习的习惯。当然，学习是围绕着组织的整个工作目标进行的。

建立学习型组织需要完成一个系统的过程。首先，提倡组织中每一个人要不断学习，通过个人的学习，推动团体学习；其次，每一个人在学习过程中，要把自己内心根深蒂固的、自我感觉良好的认识事物的方法和习惯加以改善，来思考组织共同的目标，从而形成组织的共同愿景；再就是，组织的领导者通过系统思考，让组织中每一个员工都体验到工作的快乐，把组织的愿景化为组织中每一个员工心中的愿望和追求。这样整个组织就有了活力，就有了创造力，就有了实力。目前人类所处的时代不同了，一个组织要在知识经济中赢得成功，不能再靠几个英雄式的人物，而要依靠整个团队通过不断的学习，增加组织的整体实力。这也是进行全员培训的目的所在。

学习型组织理论告诉我们，学习不仅要学知识、学技能，还要注意学习价值观和人生观。只有具有正确的价值观和人生观，一个人才能将知识奉献给社会，奉献给组织。所以，学习型组织的学习重视个人的学习，但更重视、更强调组织的学习。就我们自身而言，如果我们管理处每个职工、每个科室段都能不断学习，通过学习向自身挑战，通过改善对工程管理旧有的认识方法和习惯、建立起一个共同的愿景，通过团体学习整合出整体实力，大家都朝着这个共同愿景共同努力，自觉奉献，那么就能产生向上的发展力，而且是可持续的发展力。

建立学习型组织是我们顺应时代的发展、向管理要效益的必然选择，是增加职工收入、促进人的全面发展的有效手段。学习型组织的建立绝不仅仅是一种形式上的改变，而是一种很实际的管理模式，它可以为我们每一个人、为我们的组织创造越来越多的财富，让我们体验到物质与精神结合在一起的美好。学习型组织管理理论使当今很多政府、企业、团队重新焕发了生命的活力。如果我们现在不着手通过创建学习型组织来提高自身的学习力，那么我们就会落后于时代，逐渐被时代所淘汰！如果我们在管理上还想进步，在引黄事业上还想有所作为的话，那么，我们从现在起就应该具有学习型组织的理念和行为。今天，我们把创建学习型组织作为一个口号来号召，作为一个目标来追求，就是要通过创建学习型组织，在管理处建立一种持续学习的理念和机制，努力创造良好的学习环境，增强职工自我学习的意识和能力，使学习知识、追求发展和自我完善成为职工内在的自觉要求，在我处形成一种浓厚的团队学习氛围，激励大家把学习能力转化为创造能力，实现职工和管理处共同发展的根本目标！

创建学习型组织的具体步骤，在今后的工作中我们将逐步安排部署。大家不要感到学习型组织距我们今天很遥远，我们都知道的一个道理是：努力不一定成功，但放弃一定失败！我们要清醒地看到：未来社会，一个人唯一持久的优势，就是他比他的竞争对手学习得更快；一个组织唯一持久的优势，就是他的团队比他的竞争对手学习得更快。未来社会是学习速度的竞争，只有学习的速度大于变化的速度，我们才不会落后于时代！

二、同心同德，打造和谐团队

党的十六届六中全会明确提出“新世纪新阶段，我们党要把构建社会主义和谐社会摆在更加突出的地位”。构建社会主义和谐社会是社会主义的本质要求。和谐社会这一主题牵涉到全社会，与每个人息息相关，是我党新的治国思路。

人类社会总是在矛盾运动中发展进步的。构建社会主义和谐社会是一个不断化解社会矛盾的持续过程。实现人与人、人与社会之间的和谐是建设和谐社会的一个重要标志。实现人与人、人与社会的和谐，就是把社会公平、正义作为和谐社会的基石，把诚信友爱作为处理人与人之间关系的基本准则，把充分激发每个人的活力作为奋斗目标，让全社会的创造力得到充分发挥，让一切创造社会财富的源泉充分涌流。和谐社会是公平、正义的社会，民主、法治、公正、公平、秩序和保障是其根本内涵；和谐社会是诚信友爱的社会，全社会互帮互助、诚实守信，全体人民平等友爱、融洽相处；充满活力是构建社会主义和谐社会的必然要求，就是使一切有利于社会进步的创造愿望得到尊重，创造活动得到支持，创造才能得到发挥，创造成果得到肯定。人与人、人与社会的和谐，是和谐社会最重要的特征。构建和谐社会就是要通过经济发展和体制设计建立公平发展的机会机制，就是要通过相互了解、沟通、交流建立社会认同机制。我们要建设的和谐社会，就是人与社会之间关系协调、人与人之间关系融洽的社会。

濮阳市引黄工程管理处作为我党事业的基层组织，要认真贯彻党的十六届六中全会精神，加强学习，提高素质，开拓创新，扎实工作，以实现人与人的和谐为内涵，同心同德，打造和谐团队，不断提高构建社会主义和谐社会的能力。

（一）树立与时俱进的思想观念，增强创新意识

与时俱进的“与”就是跟随，“时”就是时代，“俱”就是全面，“进”就是前进。与时俱进就是跟着时代发展而全面前进。从外延上讲，与时俱进就是我们的全部理论和工作要体现时代性，把握规律性，富于创造性。要做到与时俱进，就必须做到以下几个方面。

1. 解放思想，更新观念

解放思想是做好各项事业的总开关。解放思想，更新观念，就必须将思想认识从那些不合时宜的观念、做法和体制束缚中解放出来，紧跟时代步伐，立足时代潮头，用新的思想解放推动生产力的发展，以创新的精神和宽广的视野破解工作中的难题，战胜前进道路上的艰难险阻。对我们水利工程管理部门来说，就是我们在工程管理上要敢于应用前沿的管理理论，敢于应用先进的管理方法，敢为人先，敢于探索，使我们的管理工作更具时代性、前瞻性、效益性。

2. 善于学习，不断提高自身素质

目前我国正处于经济转轨、社会转型的新的历史时期。如何使人们适应新的形势，关键在于加强学习，不断提高自身素质。首先，要认真学习邓小平理论和"三个代表"重要思想，努力在思想上达到新高度，理论上取得新收获。确保政治上清醒，观念上坚定。其次，要学习党的方针政策及有关经济社会发展的规范性文件，并紧密结合实际进行全面理解，以增强工作的原则性、系统性、预见性、创造性，牢牢把握水利事业的发展方向，树立水利的资源意识。其三，要学习经济学、管理学、法学、科学技术等，学习反映当代世界的新知识及我们水利工程管理的专业知识，使我们的思想水平和知识水平适应时代前进的需要。我个人的体会是：知识可以转化为觉悟，转化为能力，转化为品格，可以使自己的工作做的更加圆满。其四，俗话说，"不怕你不会，就怕你不学"。人都不是生而知之，而是靠后天的勤奋学习才成才的。除了学习书本知识，还要向实践学习、向他人学习、向群众学习，这种学习往往靠自己多观察、多分析、多总结，比向书本学习付出得更多，但这样的学习往往更直观、更现实、更实用。有人总结：善于从朋友的教训中吸取教训，善于从朋友的悲剧中避免悲剧的人，是最聪明的人。

3. 一切为了人，一切依靠人，增强打造和谐团队的活力

党的十六届六中全会提出，构建社会主义和谐社会，必须坚持以人为本，做到发展为了人民，发展依靠人民，发展成果由人民共享，促进人的全面发展。"一切为了人，一切依靠人"，这是构建和谐社会的本质要求。正如毛泽东同志所说的："在世间一切事物中人是第一宝贵的，只要有了人，什么人间奇迹也可以创造出来。"无数实践证明，无论干什么工作，要达到预期目标，必须想方设法调动方方面面的积极因素，有一个和谐的工作环境。就管理处来讲，年初与各科室段都签署了工作目标，并制定了完成目标的措施。其目的就是从机制上确保每个同志的聪明才智得以充分发挥，为同志们打造一个施展才华的平台。因此，我们必须同心同德、开拓创新，以昂扬的斗志和坚韧不拔的精神，完成各项目标任务，使工作再上一个新的台阶。

4. 用科学的态度理解与时俱进和增强创新意识

与时俱进就是跟随时代发展向前进，主要是我们的思想行为应适应变化的形势。对此一定要全面正确理解，一味地赶时髦、随潮流、追时尚不是与时俱进，比如没有电脑买电脑，有了电脑工作期间上网聊天、玩游戏，这就不是与时俱进。与时俱进有一个对传统管理发扬和摒弃的问题。20 年来，我们已有被实践证明了的许多好的管理方法，比如坚持完善专管与群管相结合的管理体制，需要我们继承和发扬。同样，创新也并非凭自己想当然办事、标新立异。创新是人类特有的认识能力和实践能力，是人类主观能动性的高级表

现形式。用哲学语言来说,创新过程是人们运用物质运动的规律,发挥主观能动性,使事物从无到有和从有到无的创造过程。比如市场经济体制从无到有,计划经济体制从有到无,这是一种创新。就我们单位来说,把竞争机制引入工程管理工作之中也是一种创新。创新无止境。有人提出,我们的专管人员到一线工作有困难,不如全部雇用当地临时工,这是对创新的歪曲。

(二)树立有为才有位的思想观念,增强创业意识

濮阳市引黄工程管理处是伴随着市场经济体制开始建立和逐步完善的形势下,应时而生的水利工程管理和水资源管理机构。应该说,经过20年的努力,目前班子健全,编制满员,在工程管理方面积累了一定的经验,这就是说搞好工程管理的客观条件是具备的。下一步就是如何使工程管理工作在现有的基础上再上新台阶,这就要求我们全员动员,形成一个干事创业的氛围。在用人上,我们将逐步打破一些身份界限,我们要让那些“想干事、能干事、干成事、不出事”的人有位子,对这样的人,就是要给予提拔重用。这将是我处用人上的一种导向。有了作为,组织就给你一定的位子,群众心中就有了你的位子,你的价值也会得到大家的认可。

1.想干事

想干事表明一个职工忠诚我们的事业,有干好工作的愿望,换句话说,就是有事业心,这是有作为的先决条件。实践证明,有事业心的人,眼光远大,心胸开阔,有着取之不尽、用之不竭的力量源泉,他们常常能克服常人难以克服的困难,而成为单位的佼佼者。每一位同志都应该把领导要我干变成我要干,增强工作的主动性和自觉性,在自己的岗位上踏踏实实地干一番事业,以回报养育我们的人民。

2.能干事

能干事表明一个人有较高的政治素质和有完成工作的能力,有爱岗敬业的职业道德。由于社会分工不同,既然选择了引黄工程管理这个岗位和职业,我们就要热爱这个岗位,就必须精通业务,干好这个岗位的工作。因为,热爱可以让我们将事情做得更好!雷锋精神之所以几十年来生生不息,是因为他干一行、爱一行、专一行的敬业精神为人所称颂。我们要围绕水资源这一大课题,研究引黄这一老课题,做好工程管理这一新课题。在这方面每个人都要增强忧患意识与危机感。古人云“生于忧患,死于安乐”,人生就要奋斗,不能满足于一时的成绩,更不能贪图安逸和享乐。因为市场经济不相信眼泪,容不得不能干事的庸人,它更注重效果。更何况,市场经济就是竞争经济,市场的竞争说到底是人才的竞争,是人与人综合素质的较量。如果无忧患意识,满足于混日子,碌碌无为,你就可能难以胜任工作,甚至可能下岗。古人云“少壮不努力,老大徒伤悲”,讲的就是这个道理。你们不要认为我进入了事业单位,就进了保险箱,这是没有眼光的想法,是幼稚可笑的。如果长期抱有这种想法,就会使工作标准降低,工作热情衰退,工作指标下降,最终结果是本人利益受损。大家知道,水管单位改革我处还没有搞,不久的将来,我们也要根据上级要求进行,有些岗位要实行竞争,你现在所处的岗位自己是否胜任,要做到心中有数。做科室工作的不能写材料,不会汇报工作,做管理工作的不堵口、不提闸等这些现象如不克服,在今后的竞争中你个人的利益肯定受损失。因此,一定要自我加压,倾全力干好本职工作,不断拓展工作的新领域,创造工作的新成绩。人的一生应当这样度过:当回首往事的

时候，不会因虚度年华而悔恨，也不会因碌碌无为而羞愧。

3.干成事

干成事表明一个人能干、肯干、会干，能够出效益、出成绩。俗话讲，“天下没有免费的午餐，天上掉不下来馅饼。”工作政绩从天上掉不下来，地上冒不出来，别人也不会送给你。工作效益等不来，要不来，只有靠自己的双手干出来。正如《国际歌》中所唱的：从来就没有什么救世主，要创造人类幸福，全靠我们自己。干成事，首先要有目标、有追求。追求的目标越高，他的能力就发展得越快，工作业绩就越显著，回报率就越高。明年我们单位的目标就是“抓管理，促效益，上台阶”，开展全过程的管理效益年活动。如何实现就要靠全体员工同心同德，艰苦奋斗。其次，要有精品意识。我们的目标基本确定，措施也将出台，既然干，就尽全力，出精品工程。对每一个闸站来讲，这是实力的较量，是综合素质的较量，也是心理素质的较量。工程管理出精品，就要有付出，必须扑下身子，了解情况，真抓实干；就要不怕吃苦，不怕严寒酷暑，不怕刮风下雨，不怕吃不好饭、睡不好觉、掉几斤肉。孟子说“天将降大任于斯人也，必先苦其心志，劳其筋骨，饿其体肤，空乏其身，行弗乱其所为”，讲的就是这个道理。人们常讲：无论想干成什么事，必须有付出才有收获。付出越多，收获越多。我们的工程管理工作更是这样。如果没有较高的管理理论，较熟练的业务知识，较丰富的管理经验，较扎实的工作作风，较完整的管理机制，就不可能出精品。其三，要勇于挑战。明年单位对管理出精品工程的闸站要实施重奖。这实质上是从机制上奖励大家，激励大家重视工程管理，提高管理标准，增强责任心，是对大家工作的认可与尊重。所以，大家要有勇于挑战、争创一流、不达目的誓不罢休的顽强意志和决心。

4.不出事

这是一个干部的自警自励，也是自尊自爱。既要干事，干成事，又要“不出事”，必须端正干事的态度和动机，真正明确为谁干事，怎么干事，进而踏踏实实地干好每件事。应当明白，工作有了成绩，是组织培养和同事支持的结果，而决不是骄傲的资本，更不是向组织伸手的砝码。同时，要有一种团结协作的精神，因为工程管理工作靠一个人是完不成的，必须一班人合作，领导人员、负责人员、专管人员和群管人员要齐抓共管。大家都要相互尊重，相互支持，相互学习，取长补短，精心合作。领导人员要深入基层调查研究，虚心向技术人员求教，负责人员要身先士卒，坚守在工程一线，专管人员要主动进取、积极作为，为群管人员作出表率。在工作过程中，要把握方向，注重政策，掌握策略，切实做到干成事、不出事。

（三）树立我为团队添光彩的思想观念，增强大局意识

毛泽东同志说：“我们都是来自五湖四海，为一个共同的革命目标走到一起来了。”由于工作需要，我们走到一起，组成了一个团队。既然走到了一块，组合成一个整体，我们每个成员都应为这个整体争光添彩。每个人都希望自己所在的团队在社会上有地位、有影响力；希望所在的团队人与人之间和谐相处，工作生活中有一个好的环境。我参加工作20多年的体会是：环境的好坏对一个人的成长起着十分重要的作用，好的环境能使人堂堂正正做人，能使人放心大胆地工作；反之，环境不好，可能使人丧失工作的信心、生活的勇气、施展才华的机遇。人的一生都应该顺天时、求地利、谋人和、克己奉公。

首先，要处理好集体与个人的关系。集体是由每个人组成的，集体是个人成长的园地,也是个人施展才华的园地。一个人一旦脱离了集体,就脱离了生存之基。作为集体,应当尊重个性,鼓励个人利益的追求和创造。作为个人,又必须融入集体,把个人利益同集体利益紧密结合起来。人人都有维护集体、热爱集体、为集体添光彩的义务与责任。决不能因个人的某些错误影响集体名誉,影响大家的利益。在集体利益与个人利益发生冲突的时候,我们应毫不犹豫地、无条件地服从集体利益,放弃个人利益。

其次,要处理好人与人之间的关系。这是打造和谐团队的关键。大家从不同的地方走到一起,这是一种缘分。俗话说的好,“千年修得同船渡”,同志们在一起工作是一种缘分,是一种机遇,一定要珍惜,要抓住这个机遇。我们的目标是一致的,大家都需要和睦相处,和谐并进。人是高级动物,也是感情动物,感情的凝聚力是巨大的。心理学家研究发现,人的本性中有一种替别人着想的倾向。处处替别人着想,就没有沟通不了的感情,就不会出现不和谐的人际关系。人际关系在生活和工作中充当着重要角色,起着独特的作用。现代心理学家和社会学家已研究证实,人际关系具有四个方面的作用:一是产生亲和力;二是相互补充;三是可以使感情融洽;四是更好地掌握信息交流。良好的人际关系能有效促进人的事业走向成功。在处理人际关系方面,从古到今有不少经验值得借鉴:以诚为本,信守诺言;待人亲切温和;尊重别人,理解别人,关心别人,同情别人,切莫得理不让人;要宽厚仁爱,不期回报,乐于忘恨,不念旧恶;我为人人,人人为我等都是处理人际关系的经验,我们应发扬光大,并有所创新。

其三,要正确对待名利。我们一个人一无所有地到这个世界上来,最后一无所有地离开这个世界而去,彻底想起来,名利都是身外之物。诸葛亮说:非淡泊无以明志,非宁静无以致远。如何对待名利的问题,是对每个人整体素质的考验。比如:在干部升迁问题上,受职数限制,有的同志还要等待,有的一般职工很优秀,但由于个人身份受政策的影响,失去了很多升迁机会。我的体会是,以平和的心态来对待,顺其自然。这样做就不会为名利自寻烦恼,用平静的心去处理人和事。要正确对待别人的进步,做到别人进步我祝贺,别人有难我帮助,别忘了这次是你,下次就是我。那种为个人利益贬低他人,诬蔑他人,诽谤他人,甚至采取非常手段损人名声是很不道德的,也是违法的,要坚决抵制。比如西方国家的选举,选举前竞争激烈,选举后失败者向胜利者祝贺,并介绍自己的治国方略供对方参考,这些例子值得借鉴。如果在进步方面、利益方面有了挫折怎么办?应换位思考,多比一比不如自己的同龄人、战友、同学等,你就会想开,就会找到平衡点,做到知足者常乐。

其四,要讲团结,顾全大局。时下人们常说,“团结出政绩,团结出人才”,这是很有道理的。我们既然有了共同的目标走到一起,就应该讲团结,顾全大局,决不能因个人的作为影响团结,影响大局。但由于人与人之间的阅历不同,经历不同,看问题的角度不同,难免在工作、生活中有不同的看法,不同的处事方法。我认为这些都是正常的,但决不能因为这些影响同志之间的团结。同志之间应该坚持大事讲原则、小事讲风格,求同存异。同志之间有什么隔阂,有什么不同看法,应该多沟通,说明情况,讲清问题,消除误会,增进友谊,切莫互相猜疑,听个别人的,不听组织的,听小道的,不听大道的。国与国之间的不少事情都能坐下来谈,我们同志之间难道还有什么问题不能沟通和理解吗?我记得毛泽东同志曾讲过:“无数革命先烈为人民的利益,牺牲了他们的生命,使我们每个活着的人想起他们就心里难过,难道我们还有什么个人利益不能牺牲,还有什么错误不能抛弃吗?”这些话耐人寻味,发人深省。无数实践证明:理解是一种沟通人与人之间情感的桥梁。要想成就一番事业,就必须学会理解,在理解别人的同时,也获得别人的理解,这样就能有效地防止人与人之间的尖锐对立,建立一种相互合作的人际关系,从而找到事业的好伙伴、好帮手。理解对于处理好领导与同志的关系、增进团结尤为重要,在一个单位,主要领导往往是站在整个单位的全局考虑问题,所以,有时作出的决策,个别同志可能一时不太满意。如遇到这种情况,不妨进行一下换位思考。我个人的体会是:能理解别人的人,必然在行动上宽宏大量,体贴别人,会赢得更多人的好评,从而树立一个良好的形象。试想,自己不理解别人,别人如何来理解你呢?理解人,它对于增进团结,顾全大局,相互尊重,相互支持,促进发展,起着十分重要的作用。

(四)加强纪律道德建设,增强自律意识

我们不是生活在真空里,一些腐朽的东西时刻出现在我们的身旁,一些违法乱纪的事情我们在工作中常常遇到,情、理、法的矛盾时时交织在一起,面对诱惑、面对人情、面对利益,我们要深刻理解"小洞不补,大洞吃苦"、"千里之堤,溃于蚁穴"的道理。我们要自觉做到"自重、自省、自警、自励",警钟长鸣。古人云:"勿以恶小而为之,勿以善小而不为。"

一是要遵章守纪。纪律是执行的保证。纪律严明,就会朝气蓬勃,就能无往而不胜。因此,作为一名管理人员,要增强纪律观念,加强纪律修养,模范遵守和维护我处的纪律,比如组织纪律、财务纪律、群众纪律、工作纪律等。全体职工要在思想上、政治上、行动上与处领导保持一致,认真贯彻管理处的管理方针和管理决策,自觉维护领导的权威。我们要自觉遵守机关制定的各项规章制度,自觉用制度约束自己,用制度规范自己的行为,坚持在制度面前人人平等,党员干部带头。要做到相互监督,确保各项制度落到实处,只有这样,才能不出问题或少出问题,才能确保单位的稳定和谐,确保各项目标任务的完成。

二是要依法管理。和谐团队的一个重要标志就是安定有序,依法管理。要认真学习水利法规及相关法律知识,自觉培养自己的法律意识,依法提出解决问题的办法。大家看到,之所以在工程管理上出现一些不和谐问题,特别是一些人为的破坏,问题就是我们没有坚持依法管理,损害了单位的利益。我们要坚持依法管理,就要用法律法规规范自己的行为,严格依法办事,把各项工作纳入法治化轨道,逐步做到科学化、规范化、程序化,确保工程管理工作稳步推进。

三是加强道德修养,不断提高自己的道德水准。道德建设是构建和谐社会、规范每个人行为的准则。道德是立身之本、事业之基。位高,受人尊敬是一时的;德高,受人尊敬是永远的。德高望重就是这个道理。加大道德教育力度,特别是职业道德教育,其目的是促进人与人、人与团队的和谐,促进我处工程管理工作的全面进步。我们大家都应该认真学习,自觉加强道德修养,促进自身素质的提高。严格按照"社会公德"、"职业道德"的基本要求做人、做事。一是助人为乐。这既是中华民族的光荣传统,也是当今社会值得发扬光大的社会公德。乐于助人是积德行善、身心健康的标志。我们的工作是在野外,还有一些女同志,相互关心、相互照顾、相互支持尤其重要。二是文明创建。文明创建是追求进步的标志,能够形成积极的工作状态。明年我处在开展效益年活动中,要将文明闸站创建作为一个内容,文明建设从最小的基层团队做起,创建文明闸站,再逐渐推广,创建文明管理段,创建文明科室,最后打造出我们管理处的和谐团队,从而扩大单位知名度,提高我们的绩效和品质。三是吃苦耐劳。吃大苦耐大劳是水利人职业道德的基本内容,我们要正视自己的工作,水利工作是艰苦的职业,注定要在风雨交加的日子踏上泥泞的小路,注定要在酷暑严冬奔波在艰辛的工地。我们的工作对象是农民,生活环境是农村,服务重点是农业,从城市到农村去工作,要有一个适应的过程,如果没有吃苦精神,那么这个过程会相当漫长。温室里长不出参天大树,梅花香自苦寒来,你们一定会大有作为!

打造和谐团队,关键就是要有一支高素质的职工队伍。这支队伍必须有较强的改革创新意识和敬业责任感,有团结拼搏、勤奋工作、争创一流的精神风貌,有求真务实、纪律严明、勤政高效的工作作风,有相互关心、相互信任、感情融洽的人际关系。那么,这个团队就会无往而不胜。让我们聚精会神搞管理,一心一意谋发展,齐心协力打造出濮阳市引黄工程管理处的和谐团队!

三、抓管理促效益,关键在于落实

我们开展职工培训,创建学习型组织,打造和谐团队,中心目的是向管理要效益。为了向管理要效益,今年我处在管理设施建设上加大了力度,争项目,挤资金达100多万元,兴建了几处管理段和闸管所,为新参加工作的同志提供了基本的工作和生活条件。其目的只有一个,就是要管理人员发挥好作用,向管理要效益。我们的效益就是计划供水、节约供水。计划供水就是向各县区合理供水、及时供水、满意供水;节约供水就是向各县区高效供水、集中供水、无泄漏供水。为实现效益我们管理的中心任务有两项:工程管理和供水管理。在开始的时候,我向大家介绍了三条濮清南的设计情况,但现实情况是怎样的呢?第一濮清南工程,总干渠最大引水流量只能达到38m^3/s,马颊河最大补源流量约20m^3/s;第二濮清南工程,总干渠最大补源流量不足10m^3/s;第三濮清南工程,总干渠最大引水流量仅10m^3/s。三条濮清南干渠只是发挥设计工程效益的三分之一。由此可见,我们工程管理和供水管理的远期目标是实现工程的设计流量供水。这个意思不单是增大供水量,重要的意义在于缩短供水时间、降低供水成本。我们工程管理和供水管理的近期目标是什么呢?我认为有三件事:一是第一濮清南工程总干渠实现无泄漏供水;二是第三濮清南工程金堤南总干渠实现无泄漏供水;三是第二濮清南工程合理调节金堤河拦河闸,有效利用金堤河退水,扩大补源流量。我们的效益不是重在增大供水量上,而是重在有效供水上,重在降低供水成本上。

我们目标已经明确,一切关键在于落实!如何落实,如何实施,全靠在座的各位,我这里不再一一讲述。我这里想强调一下关于落实本身的问题。

我们都知道,任何一项工作的完成,都是抓落实的结果。如果我们缺少落实的观念,忽视了落实,不抓落实,不去真正地落实,那么,任何缜密的计划、完善的措施、正确的决策、严格的制度,都只能成为一纸空文;任何创新的思想、有效的办法、重要的精神,都只能是画饼充饥;任何光辉的愿景、宏伟的蓝图、理想的目标,都只能成为水中月、镜中花。最终都成为不了现实!首先,落实是一种观念。观念决定思想,思想支配行为,行为决定结果。一个人如果没有强烈的落实观念,不能时时刻刻想到落实,不能时时刻刻注意落实,那么,他在工作中,就会忽视落实;就会只唱高调,不管实效;就会见到风险躲着走,见到矛盾绕着走,见到困难往回走;就会喊得凶、抓得松。落实,自然也就成了一句空话。其次,落实是一种责任。责任,就是分内应该做的事。任何一位组织成员,都应该把组织所提出的目标当做自己的目标来追求,都应该把组织所描绘的蓝图当做自己的蓝图来描绘,都应该把组织制定的计划当做自己所肩负的责任来实施,都应该把组织所制定的制度当做对自己的严格要求来遵守。而不能事不关己,高高挂起。再次,落实是一种意志。落实,说来简单,但要真正以实际行动来实践目标,实施计划,却并非是一件很容易的事,它需要有坚持不懈的韧劲,需要有坚定不移的意志。有了坚定的意志,才能把简单事情千百万次地重复做好;有了坚定的意志,才能把大家公认的非常容易的事情认真地做好;有了坚定的意志,才能把决策真正地实践好,最终达到设定的目标和标准。落实最终是一种文化,落实作为一种文化,对组织成员起着内驱力的作用。如果一个组织内的绝大多数成员都是说话的巨人,行动的矮子,那么,这个组织就不会有落实的文化氛围,任何制度、措施、决策、任务在这里都不会得到有效的落实;相反,如果一个组织内的绝大多数成员都以落实为荣,以不落实为耻,那么,这个组织就会形成落实的文化氛围,任何制度、措施、决策在这里都会得到有效的落实。

(一)落实的核心是敬业

敬业指的是对职业的一种尊敬、尊崇的态度,它包括敬业的观念与激情。在敬业的观念与激情之间,敬业的观念是首要的,而敬业的激情是最根本的;敬业的观念不转化为敬业的激情,就没有来自生命深处的行动。

1.对工作永远怀有满腔的热忱

做一名落实型的职员,首要的准则,就是要对自己所担负的工作怀有满腔的热忱。热忱是一种有矢量性的精神力量,是人们奋斗的原动力。它可以调动人们积极主动工作的态度,有了这种态度,枯燥的工作会变得兴趣盎然;它可以帮助人们增添克服困难的勇气,有了这种勇气,即使是困难的工作,也会变得简单易做。作为一名员工,如果你想成为卓有成效的人,你就必须对工作怀有满腔的热忱。态度热忱,会使你充满活力,工作会干得有声有色;态度冷漠,会使你垂头丧气,工作会干得黯然失色。作为一名员工,如果你想成为受领导器重的人,你就必须以满腔的热忱对待领导安排的任何一项工作,而不是跟领导讨价还价。当你对工作怀有满腔的热忱时,你就会发现,你的工作是那么的有意义,那么的有价值;当你对工作怀有满腔的热忱时,你就会发现,你的工作不再是一种负担,而是一种快乐的活动;当你对工作怀有满腔的热忱时,你就会发现,在你的潜能得到发挥的同时,你也会有意想不到的收获。同志们！要想实现你功成名就的梦想,那就请付出你全部的热忱。

2.要养成尽职尽责的做事风格

做一名落实型的职员,第二个准则,就是要养成尽职尽责的做事风格。一是要树立正确的职业观。正确的职业观是全心投入、尽职尽责的前提,在我们当今的社会里,职业只有分工的不同,没有高低贵贱之分,我们都是人民的服务员、人民的勤务员、人民群众中的普通一员。那些工作做不好、对工作感到烦闷厌倦的员工,很大程度上就是因为他们看不起自己的工作。二是要热爱自己的职业和岗位。一个连自己的职业和岗位都不热爱的人,是很难对工作全心投入、尽职尽责的。你在什么位置,就应该热爱这个位置,因为这里就是你发展的起点。只要我们对自己的工作出自内心的热爱,即使是在平凡的岗位上,我们也能创造出奇迹来。干一行,爱一行,钻一行,才能全心投入地搞好工作,出成绩、出效益。三是要有对工作高度负责的精神。美国巴顿将军说得好:“任何人,不管从事何种职业,如果满足于碌碌无为,就是不忠于自己。”我们应该一丝不苟地做好我们所担负的工作,将自己的全部精力、全部知识、全部智慧都奉献给我们所从事的职业。

3.把每项工作都当成事业去做

做一名落实型职员,第三个准则,就是要把每一项工作都当成事业去做。荀子说过:“百事之成也,必在敬之;其败也,必在慢之。”用我们今天的话来说就是,对工作怀有敬畏之心,是各项事业成功的基础;怠慢轻视自己的工作,是导致事业失败的关键。对工作怀有敬畏,就是要保持对本职工作的信念并追求岗位的社会价值,坚信自己所从事的工作是最有意义的、最有价值的。工作本身并没有贵贱之分,但是对工作的态度却有高低之别。作为一名称职的员工,你不应只是为工资而工作,还要为你的前程、为你的团队而工作,把工作当成事业,实现你的价值!

(二)落实的关键是执行

执行是我们在一年的365天里最基本的行为,执行是目标与结果之间重要的一环,没有执行就没有结果。有的人有敬业精神,但就是不能落实组织的意图,关键就是执行力不够。执行力是组织成员所具备的能按质按量完成自己所承担的工作任务的能力,是一个组织将战略付诸实施的能力。执行力是落实的关键。抓落实,必须打造组织成员的执行力!一是培养组织成员执行高于一切的意识。在一个管理单位,作为管理人员可以在执行任务之前尽量了解事实的背景,但一旦接受任务就必须坚决地执行。领导层的命令,有的可以与执行者沟通,讲清理由;有的不行,必须无条件执行。二是调动组织成员执行的内在因素。需要是驱使人们从事各项活动的源动力。作为管理者,就要挖掘出促使组织内员工执行的内在驱动力。三是我们要的是没有任何借口的执行。没有任何借口,体现的是一种负责、敬业的精神,一种服从、诚实的态度,一种完美的执行力。习惯性拖延的人常常是制造诸多借口与托辞的专家,他存心拖延、逃避,但他能找出成千上万个理由来辩解——管理太困难、群众工作太难做、没有办公经费,等等。你们在执行任务的时候,要想办法去完成,而不应找借口来敷衍塞责!

(三)落实的本质是结果

我们有的工作,大家也一心想干好,也是在尽力地执行,但事与愿违,往往是到头来没有结果,工作投入了人力、物力和财力,但结果是徒劳无益。这里也许有决策的、客观的因素,但重要的是我们缺少对工作追求精益求精的态度。

追求精益求精,要避免应付了事的态度。应付了事,是一些人常犯的毛病。他们做一天和尚撞一天钟,对于组织布置的工作,从不认真去做,而是敷衍塞责,做一些表面文章来应付。应付了事的工作态度对组织所造成的危害,远远超过拒绝执行。如果你拒绝执行,领导者会重新安排其他人员来替换你的工作,但你接受了任务而应付了事,则会使领导者遭受蒙蔽,并最终使工作不能有效地完成。追求精益求精,要克服马虎轻率的毛病。有的人不能很好地落实工作责任,并非是他不想落实,而是他患有马虎轻率的毛病。做事马马虎虎不认真,处理问题轻率大意不慎重。特别是在工程管理的险工处理上,由此可能导致灾难性的后果。追求精益求精,要防止虎头蛇尾的做法。有的人能力很强,但却不能很好地落实组织所下达的工作任务。究其原因,主要在于他们做事总是虎头蛇尾。工作开始时,热情百倍,干劲十足;但是,工作持续一段时间,尤其是遭遇到困难或挫折之后,则热情逐渐减弱,干劲逐渐消减。

落实,其过程的合法性、合理性固然很重要,但落实的本质是结果,是成效,是把理想的决策变成实实在在的现实!

四、当前和今后一个时期的几项主要工作

刚才,就提高职工素质、抓好工程管理、提高工程效益这三个方面由理论到实践进行了阐述,希望起到一个抛砖引玉的作用,下面,结合我单位的实际,安排一下当前和今后一个时期的几项主要工作:

(1)认真贯彻落实党的十六届六中全会和省委第八次党代会会议精神,做构建和谐社会、和谐单位、和谐团队的模范。首先,处班子和我本人要坚持民主集中制的原则,重大的决策、重大的问题,要先下而上,再自上向下,反复征求大家的意见和班子成员的意见,使决策进一步科学化、民主化;其次,在政策和法律许可的情况下,要多为职工办实事、办好事;第三,广大干部职工尊重领导,团结同志,心往一处想,劲往一处使,爱岗敬业,团结拼搏,发挥各自的最大潜能干好本职工作;第四,都能换位思考,处理好个人利益和集体利益之间的关系,树立正气,压制邪气,客观公正地对待领导和同志;第五,树立个人及单位的好形象,处理好同内部及外部的各种关系,为单位及个人的发展创造良好的内外环境。

(2)坚持科学的发展观,提高水的利用率,最大限度地发挥工程效益。全员培训的目的是提高大家的素质,用高素质的人员管理工程,使之发挥更大的效益。科学发展观在我单位的具体体现,就是合理调配水资源,让有限的水资源尽可能大地发挥经济和社会效益,也就是在满足效益区灌溉补源及生态要求的情况下,尽可能地减少引水量,这也是和谐水利、科学发展及处经济效益的需要。为此,我们提出,2007 年在我处搞经济效益年活动,这次培训也是这项活动的序曲。为了搞好这项活动,还要制订具体的活动方案,通过这项活动,使每位职工任务具体,责任明确,奖惩严明,效益显著。

(3)建立职工培训学习的长效机制,创建学习型团队。这次培训只是起到一个抛砖引玉的作用,要解决发展中的问题,单靠几次培训不能解决问题,而是要求大家树立一种长期学习的理念,要结合实际学,不断改进工作。各科室、各管理段每个时期都要提出工作中应改进的内容,让大家去讨论、去学习、去交流,并总结出改进的办法和经验。学习的内容和方式要多样化,如果每个科室、每个段每隔一定时间都能结合实际提出新办法、新理论,并用于不断改进和提高工作水平,那么,我们这个单位就充满了生机和活力,就会带动单位的大发展。对单位学习贡献突出的同志,管理处提供到外地学习进修的机会,在提拔使用上优先考虑。每个职工要做善于学习的职工,每个科、室、段要做善于学习的科、室、段,使我单位形成浓厚的学习氛围,为水利事业的发展提供动力和源泉。

(4)要长期树立艰苦奋斗的思想。我处多数人工作在基层,今年投资 100 多万元改善了几处管理段所的办公、生活条件,但和市里比、和家里比相差很远,这也是工作性质决定的。工作多年的老同志适应了这种生活,而你们年轻同志还要有一个过程,你们多数为独生子女,在家父母娇惯,而在单位你是战斗一员,要尽快实现角色转变,全身心地投入到工

作中去,要以工作为荣,在工作中寻找快乐。

(5)保持工作的连续性,搞好传、帮、带。目前,新同志占全处职工总数的1/5,你们文化层次高,但工作经验少,几年之后,你们就是我处工作的中坚力量,所以管理处特别注重对你们的培训和锻炼。老同志要搞好传、帮、带,多关心、多支持年轻同志的工作,年轻同志要虚心向老同志学习,学习他们的实践经验,学习他们艰苦奋斗的精神。我们走到一起是一种缘分,要相互帮助、相互学习,齐心协力完成领导交办的各项工作任务。

(6)关于今年的工作目标。今年的工作时间只剩下一个多月,各科室、各管理段要对照年初签订目标情况进行一次检查,要确保每位职工、每个单位全年工作目标精彩完成。

同志们!千里之行,始于足下。高楼大厦平地起,需要一砖一瓦。我们工程管理的宏伟蓝图,需要我们大家共同描绘。历历千言,难表殷殷寸心,扬扬洒洒,挥展的是愿景纷纷!雄关漫道真如铁,而今迈步从头越!让我们携手共进、同心同德、同舟共济,开创我处引黄工程管理工作的新局面!

爱岗敬业　奉献水利

苏冠忠

为使我处新招聘的20多位职工很快上岗工作,经处领导班子会议研究,拿出半个月时间,组织一次政治理论、业务技能培训。这次短期培训的目的是,让同志们能够了解我处的机构建制、工程概况、服务对象、工作目标、机关工作制度及要求、文明建设的基本指导思想,通过培训以提高政治思想素质、熟练掌握业务技术技能,为今后的工作打下良好的基础。

我今天讲课的题目是:爱岗敬业,奉献水利。

下面分两个问题进行讲授。

一、我处的机构建制情况介绍

我处的全称是濮阳市引黄工程管理处,成立于1987年1月24日,属副县级事业单位,实行市财政差额补贴、企业管理、自负盈亏,不属于“吃皇粮”的单位,主要依靠经营黄河水、收取农业水费来支撑单位的生存和发展。明年的1月24日,将是我处建处20周年!市人事部门核准我处人员编制总数为123人,你们的到来,实现了我处编制达到满员。在你们20多人当中,主力是新毕业的大学生,其次是在其他单位已上班工作的同志,给我的一个总体印象是,受过专业教育的人多,水利科班出身的人多,并且有的同志在原有的工作岗位上已是骨干分子。因此,在课程的安排上,有些内容大家不但熟悉,而且很专业;但照顾到不同层次的人员,我们搞培训仍注重基础技能培训。下面介绍我处的机构设置,处领导班子设1正3副和总工程师1名,机关内设6个科室:办公室、财务科、工程科、灌溉科、保卫科和工程队。我处辖管全市三条濮清南引黄工程:第一濮清南引黄工程南起渠村引黄闸,由总干渠和马颊河两部分组成,穿越濮阳县、华龙区、清丰县、南乐县的中部地区,总干工程计98km,设置3个管理段:渠首管理段、濮阳南关管理段和清丰高庄管理段。第二濮清引黄工程南自濮阳县柳屯金堤河拦河闸至清丰县和南乐县的东部,干渠长40余km,设置3个管理段:柳屯管理段、黄龙潭管理段和马村管理段。第三濮清引黄工程南自庆祖镇至清丰县和南乐县的西部地区,干渠全长90km,设置3个管理段:庆祖管理段、黄甫管理段、顺河管理段。在现有123人中,干部49名,工人74名;科以上干部29人,党员47名,团员11名;本科学历21人,大专学历52人;高级工程师5人,中级职称23人,初级职称7人;男职工76人,女职工47人。以上是我处机构设置的基本情况。

二、珍惜工作,发奋学习,爱岗敬业,自强不息,为实现小康社会贡献力量

我们的多数同志都度过十年寒窗,甚至更长的时间,辛苦学习,不懈奋斗,走上了工作岗位,成为国家事业单位的一名正式职工,工资月薪1000多元,生活有了保障,对于得来

这份工作实在是不容易。我们市城市不大,目前毕业的学生近 3 万人待业找不到合适的工作,如果一个大学生毕业后,年龄在 23 岁左右,找不到工作,在家吃闲饭,无论是自己还是家长都是一件十分头痛的事,通过艰辛的努力,我们在座的得到了一份工作,应该十分珍惜。有了工作,并不是一劳永逸,并不是说明这一辈子就有了铁饭碗,目前处在的市场经济时期,是信息变化无穷的时代,有了昨天和今天,并不是明天就万事大吉,更不能代表将来。明天和将来要想一帆风顺,成就大事,必须从今天开始,从现在开始,从点滴做起,努力学习,勤奋工作,开拓创新,打牢基础。要想在改革开放的大潮中,在激烈竞争的年代有立身之地,不能靠神仙皇帝,从来就没有什么救世主,不能靠领导靠同志,只能靠我们自己,也就是说,你自己努力工作了吗?你的工作做好了吗?你所做的工作被领导被同志甚至被社会认可了吗?你对社会做出贡献了吗?你是推动社会发展的动力,还是阻力?多问几个为什么,找准自己在社会中的坐标,是中流砥柱,还是被边缘化,甚至被社会的发展所淘汰,要慎思、勤勉!说到底,你做到爱岗敬业了吗?

爱岗敬业问题,是我今天讲课的主题,下面我从三个方面进行阐述。

(一)什么是爱岗敬业

所谓岗,就是指我们所工作的岗位,爱岗就是热爱自己的工作岗位,热爱本职工作,亦称热爱本职。爱岗是对人们工作态度的一种普通要求,热爱本职,就是职业工作者以正确的态度对待各种职业劳动,努力培养自己所从事工作的幸福感、荣誉感。一个人,一旦爱上了自己的事业,他的身心就会融合在职业工作中,就能在平凡的岗位上做出不平凡的事业,如楷模雷锋、劳模李素丽。作为我们引黄处来说,大岗位就是管理好三县两区的三条濮清南引黄工程,为工程效益区人民引好水、服好务。具体来讲,围绕着总体目标,分设了 6 个科室、9 个管理段,全处设有领导岗位、行管岗位、技术岗位、工勤岗位等,每一个大岗位中,具体到每一个人,又分设许多具体的岗位,联系到一块,组成了一个有机的整体。比如就我们管理段来讲吧,有管理桥梁和涵闸的,有护堤的,有调水的,具体每一个人,又分配了具体的水闸和堤防等。有了岗位,就有了具体的责任,岗和责是紧密相连的,这个岗交给了你,也就是说,这个责任同时也交给了你,出了问题唯你是问。要履行好所在的岗位职责,尽职尽责管理好你的岗位工作,一个重要的前提就是要热爱这个岗,要喜欢这个岗,要建设这个岗,要维护这个岗,要珍惜这个岗。爱岗分两种情况:一个是组织分配工作后,得到一份称心如意的工作,对自己来讲是真心的爱;另一个是自己不喜欢所分配的岗位而违心的爱,违心的爱不但没有原动力,甚至心里有一种压抑和阻力。俗话讲,革命工作千千万,件件都要人来干,每个岗位都承担着一定的社会职能,都是从业人员在社会分工中所获得并扮演的一个公共角色。在现阶段,就业不仅意味着以此获得生活来源,掌握了一个谋生手段,而且还意味着有了一个社会承认的正式身份,能够履行社会的职能。在社会主义制度下,要求从事各行各业的人员,都要热爱自己的本职工作岗位。

对一种职业是否热爱,有一个个人对职业的兴趣问题。有兴趣就容易产生爱的感情,没有兴趣就谈不上爱。但每一个岗位都要有人去干,缺一不可。因此,国家要通过一定的方式,把人安排到各个工作岗位上去。不论你对从事的工作是否感兴趣,你都要从整个社会需要的角度出发,培养兴趣,热爱这一工作,这是基本觉悟的一种表现。需要指出的是,对于那些人们比较喜欢的,条件好、待遇高、专业性强、工作又轻松的工作,做到爱岗相对比较容易;对于那些工作环境艰苦,繁重劳累或是工作地点偏僻,工作单调,技术性低,重复性大,甚至还有危险性的工作,要做到爱岗就不容易了,在这种情况下,热爱这些岗位并在这些岗位上认真工作的人就是有高尚品德的人。从濮阳市来讲,300 多万人口,市长只有 1 个,许多人都想当市长,但扫大街的工作也需要人干,恐怕想当市长的人多,喜欢扫大街的人少,但大家都喜欢当市长,而不希望被安排到扫大街的岗位上去,如果没人去扫大街,那么濮阳市不就成了一个垃圾城市了吗?我们市只所以创得"五城二奖",就是有了各种合理的岗位设置,是各岗位人们敬岗爱岗的辛勤劳动,才换取了今天的成果。我们处的同志,多数人都想到机关工作,但我们属生产型的事业单位,所服务的对象是农村、农业和农民,基层岗位必须设置,也非常关键,并且要管理好、建设好、维护好、发挥好,所以分配的岗位属违心的爱,但要改变成称心的爱、全心的爱,并为此付出心血和劳动,做到爱岗如爱家。所谓敬业,就是敬重所做的事业。敬业就是用一种严肃的态度对待自己的工作,勤勤恳恳、兢兢业业、忠于职守、尽职尽责。中国古代思想家就提倡敬业精神,孔子称之为"执事敬",朱熹解释敬业为"专心致志,以事其业"。

整个社会好比一台大机器,其中的任何一个环节哪怕是其中的一个小小的螺丝钉出现了问题,都会影响整台机器的运转。如果一个从业人员不能尽职尽责、忠于职守,就会影响整个企业或单位的工作进程,严重的还会给企业和国家带来损失,甚至还会在国际上造成不良影响。

目前,敬业包含两层涵义:一为谋生敬业。许多人是抱着强烈的挣钱养家、发财致富的目的对待职业的。这种敬业道德因素较少,个人利益色彩增加。二为真正认识到自己工作的意义敬业,这是高一层次的敬业,这种内在的精神,才是鼓舞人们勤勤恳恳、认真负责工作的强大动力。

爱岗与敬业总的精神是相通的,是相互联系在一起的。爱岗是敬业的基础,敬业是爱岗的具体表现,不爱岗就很难做到敬业,不敬业也很难说是真正的爱岗。我们每一个同志,不论组织上分配你什么工作,都是组织的需要、工作的需要,任何时候都必须个人服从组织,尽全责搞好工作,这是个原则问题。一份工作不论你喜欢与否,只要被分配到了这个岗位,你就要全心地负起责,要干好事创好业;否则,庸碌一生,终将被社会所抛弃。

(二)爱岗敬业的意义

爱岗敬业既具有伟大的现实意义,又具有深远的历史意义,它与我们党、我们国家、我们单位的事业紧密相联。今天我只讲三条意义。

一是提倡爱岗敬业精神是贯彻落实"三个代表"重要思想的重要体现。"三个代表"重要思想写进了中国共产党的党章,是我们党的指导思想,我们建设中国特色的社会主义,构建和谐社会,建设小康社会,同样必须用"三个代表"重要思想作理论指导。"三个代表"重要思想,其中一条是代表中国最广大人民的根本利益,怎样代表这个利益,这就需要我们的广大党员干部要立党为公,执政为民;要求我们的每一个国家工作人员,勤奋工作,辛劳为民,心里始终想人民,一切工作为了人民,权为民所用,利为民所谋,为人民谋福祉,学雷锋,讲奉献,做划时代的中国青年,这样才能把"三个代表"重要思想落实到实处。贯彻落实"三个代表"重要思想,不能光讲大话、讲空话、讲套话,贵在实际行动,我们的每个干部职工都要有"先天下之忧而忧,后天下之乐而乐"的精神,做到国家兴亡,匹夫有责;单位发展,人人有责;农民致富,我们有责!只有这样,认清了自己肩负的使命,才能尽心干好自己的每一份工作,以实际行动实践"三个代表"重要思想。

二是提倡爱岗敬业精神是构建和谐社会和建设小康社会的需要。构建和谐社会和建设小康社会,需要社会上的每个成员去勤奋工作,在工作岗位上尽职尽责,创造价值,创造财富,构建和谐社会,需要大力提倡无私奉献的精神,需要千千万万个雷锋式的人物回报社会、献身社会。大家知道,和谐社会应该是民主法治、公平正义、诚信友爱、充满活力、安定有序、人与自然和谐相处。要达到这个目标,除了强调道德修养和依法治国外,很重要的一点,就是需要每个人踏踏实实地敬业爱岗,创造丰富的物质财富,以辛勤劳动为荣,以好逸恶劳为耻。我们建设小康社会,同样需要伟大的敬业精神,牢固树立科学发展观,以经济建设为中心,把发展的硬道理唱响,使我们的国家发达兴旺、繁荣富强。

三是提倡爱岗敬业精神是促进单位发展的需要。一个单位要生存和发展,需要每一个职工爱岗敬业,各司其职,恪尽职守。我们引黄处123人,分配有不同的工作岗位,引水是我们的中心任务,不引水,收取不了水费,我们将无法生存,更谈不上发展。若我们的职工不爱岗敬业,造成工程损毁,甚至开口淹地,一旦造成损失,大家势必都要受经济损失,甚至单位发不起工资。因此,单位要生存和发展,必须提倡敬业精神。

(三)大力提倡爱岗敬业精神,扎扎实实地工作,奉献我市水利事业

做到爱岗敬业,要认真做足100分,只有认真负责,方能爱岗敬业。

认真是一种敬业的表现。一个人是否有作为不在于他做什么,而在于他是否尽心尽力地、认真地把自己的事做好,人们常说的"干一行、爱一行、精一行"就在于此。敬业是传统职业道德的基本原则,偏离了这条原则,我们的职业道德就有问题了。敬业是我们的使命所在。敬业就是敬重自己的工作,将工作当成自己的事,其具体表现为忠于职守、尽职尽责、认真负责、一丝不苟、善始善终等职业道德。而敬业精神就是要求我们恪守职责,扎实勤恳地做好本职工作。敬业是一种职业态度,是一种情感,也是职业道德的崇高表现。唯有对自己的职业投入情感才能更容易在工作中取得突破;唯有尊重自己的劳动成果,我们才能创造辉煌。敬业不仅仅是为了保住饭碗,拥有一定的收入,更重要的是要树立职业责任心和职业道德感。在所有的职业道德中,认真又是最重要的。敬业的人都是一些认真负责的人,而认真负责的人也是最敬业的人。

当面临问题,特别是难以解决的问题时,我们可能会情绪低落,甚至对工作失去信心。这时有一个基本原则可用,而且永远适用。这个原则非常简单,那就是:认真负责,永远不找借口,爱岗敬业。认真敬业的人也许一时并不能获得领导的赏识,也不一定能得到极大的利益,但至少可以获得他人的尊重。这样,时间一长,敬业精神会让我们得到丰厚的回报。那些投机取巧的人即使利用某种手段爬到一个高位,但这种人"高处不胜寒",终会受冻挨饿的,同时这种人往往被视为人格低下,无形之中给自己的成功之路设置了障碍。不劳而获也许非常有诱惑力,但事情泄露后就会付出沉重的代价。他们会失去最宝贵的资产——名誉。受人尊重会让我们的自尊心和自信心增加。只要我们敬业,毫不吝惜地投入我们的精力和热情,渐渐地我们就会为自己的工作感到骄傲和自豪,就会赢得他人的尊重。以主人翁的精神,认真负责地对待工作,工作自然就会做得更好。

事实上,各行各业都需要认真的人,因为认真精神是培养敬业精神的土壤。如果我们在工作中没有认真精神，我们的生活就会变得毫无意义。所以，不管我们从事什么样的工作，平凡的也好，令人羡慕的也好，都应该认真负责，以求不断地进步。认真做到尽职尽责，会让我们的事业走向成功。一个成功的经营者说："如果你能真正制好一枚别针，应该比你制造出粗糙的蒸汽机赚的钱更多。"然而，在现实生活中，很多人并没有领悟到这个道理。我们应该把认真当做敬业的一种表现，有了这种习惯，我们就不会为事业的发展而发愁了。即使我们的职业是平凡的，如果我们能以认真敬业的态度去工作，成功就会离我们越来越近。所有的成功人士无不是以认真的态度来经营自己的事业的。

世界上的石油大亨洛克菲勒就是一个对工作十分认真敬业的人。他的老搭档克拉克曾这样说过："他有条不紊认真到了极点，如果有一分钱该归我们，他要拿来；如果少给客户一分钱，他也要客户拿走。"洛克菲勒对数字有着极强的敏感性，他时常在算账，以免"钱从指缝中悄悄溜走"。他曾给西部一个炼油厂的经理写过一封信，严厉质问"为什么你们提炼一加仑油要花 1 分 8 厘 2 毫，而另一个炼油厂却只需 9 厘"，"上一个月你厂报告有 11 119个塞子，本月初送给你厂 10 000 个，本月你厂报告用去 19 537 个，现在只剩有 1 012个，其他 570 个哪里去了"。据说这样的信洛克菲勒写过上千封。他就是从这样的书面数字——精确到毫、厘，从中分析出公司的生产经营情况和弊端所在，认真有效地经营着他的石油帝国。洛克菲勒的这种严谨认真的工作作风是在年轻时养成的。他 16 岁时初涉商海，在一家商行当簿记员。他说："我从 16 岁参加工作后就记收入支出账，记了一辈子账。记账是一种能让自己知道怎样用钱的唯一方法，也是一种能事先计划怎样用钱的最有效的途径。如果不这样做，钱就会从你的指缝中溜走。"

由此我们可以看出，认真是干大事业的必备素质，这种超乎寻常的敬业精神是成功的可靠保障。认真还需要持之以恒。偶尔认真一下很容易，时时事事皆认真就极其困难了。很多事情不是败在做不到，而是败在半途而废、草草收场。功亏一篑的事情太多了。比如，开水烧到 99℃，你想差不多了，不用再烧了。很抱歉，你永远喝不到真正的开水，在这种情况下，99%的努力等于零，只有"认真做足了 100 分"，才不会功亏一篑。无论做什么工作都要静下心来，脚踏实地地去做。一个人把时间花在哪里，就会在哪里看到成绩，只要我们持之以恒地对待"认真"，就能做出非凡的成就。

爱岗敬业的人都是一些能管住自己的人。有很多人认为管住自己似乎太简单了，而实际上能时时事事自律的人则是凤毛麟角。最简单的事情是给自己找寻一个又一个理由，这一点每个人做来都游刃有余。工作也许会让我们感到很累，但是如果我们认真对待，尽心尽力去做，"累"也是一种享受，它会让我们找到天堂。当我们在接受一项新任务时，有时会有一定的压力和厌烦感，有时候我们不能克制自己，常会因为外界的压力而不能把精力投入到工作中去，能否努力克制自己是认真负责的员工与平庸员工的最大区别之一。

认真精神的内涵就是把敬业当做一种习惯。敬业所表现出来的就是认真负责、认真做事、一丝不苟，并且有始有终！有人天生就有敬业精神，任何工作一接上手就废寝忘食，但有些人的敬业精神却需要培养和锻炼。如果我们认为自己的敬业精神不够，那就应该立即强迫自己敬业——以认真负责的态度做任何事！经过一段时间，敬业就会变成一种习惯。敬业的习惯或许在一段时间内不能给我们带来可观的好处，但可以肯定的是，如果养成了一种“不敬业”的不良习惯，我们的成就会受到限制。那样，散漫、马虎、不负责任的做事态度就会深入我们的意识与潜意识中，遇事不认真就会从此抬头，做任何事都会“随便做一做”，其后果可想而知，长此以往，我们就会蹉跎一生。

敬业还是一种人生态度，是珍惜生命、珍视未来的一种表现。将敬业当成一种习惯，我们就能全身心地投入到工作中，并在工作中找到快乐。

我们不应抱怨单位和领导、抱怨社会，我们应该秉持着感恩的态度去认真工作。既然单位给了我们工作的机会，给了我们发展的空间，我们每一个人都有责任、有义务去做好每一项工作，我们每一位员工都应该为单位尽一份心，出一份力。敬业精神是衡量员工素质的首要标准，因为它关系到单位的生存与发展，关系到我们每一位员工的切身利益。因此，我们在岗一天，就要认真负责地对待工作，时刻把敬业精神放在首位。爱岗敬业不仅是一种美德，也是自己尊重自己的一种表现，更是我们获取丰富人生的基石。

我们引黄输水，直接服务于农业、农村和农民，中国 80% 的人口从事农业生产，我们能够为他们服务，这是我们的光荣和自豪。我处自 1987 年开始引黄，每年引水量达 2 亿多 m^3，为我市三县两区的农业发展做出了重要贡献，有好多老同志在基层工作了几十年，他们不讲条件，不喊苦不叫怨，爱岗敬业，心想着农民，热心工作服务农民，农民才把我们管理的濮清南工程誉为富民工程，把引水干渠称为幸福渠、致富渠！希望我们在座的同志要向他们学习，做到爱岗敬业，只要党和人民需要你在这个岗位上工作，你就应该认真负责，把工作做好、做扎实，让党和人民放心，为我处的发展、为濮阳农业经济的发展做出积极的贡献。

引黄工程概述 引黄事业展望

魏凤民

第一部分 自然地理概况

濮阳市是随着中原油田的开发而建立的石化新城。地处河南省的东北部，黄河下游北岸，辖濮阳、南乐、清丰、范县、台前五县和华龙区、高新技术开发区二区。耕地面积380.66万亩，人口359.75万人。东西宽108km，南北长95km，面积4 263km^2，属华北平原豫北黄河低洼地带，以缓坡地为主，其次是洼地，黄河滩地高出大堤外侧平地2～3m，少量沙丘地分布于黄河故道中。气候为暖温带大陆性季风型，平均气温13.4℃，多年平均降水量不足600mm，且年内年际分配不均，冬春干旱少雪雨。金堤以北属海河流域，以南属黄河流域；小于60m的浅层地下水埋深，金堤以南受黄河影响，多在2～5m；金堤以北干旱缺水，大部在5～10m，20世纪70年代后期，由于超量开采，地下水水位迅速下降，形成漏斗。

濮阳市地表径流总量为1.85亿m^3，浅层地下水总量为6.73亿m^3。地表径流大部分在汛期排泄，地下水每年开采控制不超过5亿m^3（主要是金堤北井灌区）。黄河水量丰富、水质好，年平均径流总量400多亿m^3，流量大于200m^3/s的天数平均每年有350多天，水质为一级，再加上地形有利于引水，是濮阳市唯一可利用的过境水。现已建起9个大中型引黄灌区；沿黄水资源开发正在迅速发展，但可利用量受到一定限制，增加了开发难度。

一、地理位置及行政区划

濮阳市位于河南省的东北部，东南基本以黄河为界，隔河与山东省的东明、菏泽、鄄城、郓城、梁山等县相望，北与阳谷、莘县及河北省的大名、魏县毗邻，西与安阳市的内黄、滑县及新乡市的长垣接壤。公路成网，交通便利。

1983年9月濮阳市建制后，辖滑县、内黄、长垣、南乐、清丰、濮阳、范县、台前8县，其中濮阳县划为郊区。1986年市区划分变为：长垣划归新乡市，滑县和内黄划归安阳市，市郊区划出5个乡成为濮阳市区（胡村、孟轲、王助、岳村、城关）。1987年恢复濮阳县制，市区划出城关镇归濮阳县，濮阳县划出5个行政村归市区。1992年市区划分为华龙区和高新技术开发区。2005年濮阳县的新习乡、清丰县的王什乡划归高新区。目前，濮阳市辖5县2区，乡（镇）77个（镇14个），行政村2932个；面积639.45万亩，其中耕地面积380.66万亩；人口359.75万人，其中农业人口为301.85万人，农业人口平均耕地面积1.26亩，乡村劳动力122.55万人，占农业人口的40.6%。

二、地形地貌

市境属黄河冲积平原，地形平缓，局部稍有起伏，宽浅坡洼相连，形成许多流势。境内南高北低，上宽下窄，总的地势由西南向东北倾斜。地面高程由59m(黄海标高，下同)逐渐下降到台前县张庄附近的40m；地面坡度南北1/5 000～1/6 000，东西1/6 000～1/8 000。由于黄河曾多次决口、改道，对市内地貌的形成有直接影响。

(一)黄河滩区

随着黄河的流向，黄河大堤至河床之间为宽窄不一的滩区，最宽为7km。濮、范、台三县滩长150.5km，面积493.6km^2，耕地39.5万亩。滩区分嫩滩和老滩，嫩滩在河床至生产堤之间，常被洪水淹没；老滩在生产堤与黄河大堤之间，地面高低不平，有串沟，大部属耕地。由于黄河多沙，逐年淤积，嫩滩高于老滩，老滩又高于大堤背河地面2～3m，形成"悬河中的悬河"。

(二)洼地

洼地是黄河泛滥冲淤形成的，相对高差1～2m，有背河洼地和碟形洼地。面积1 178.1km^2，其中耕地面积106.9万亩。

(1)背河洼地分布在黄河大堤的外侧，沿大堤走向，平均宽约5km，是一狭长平洼地形。其被黄河决口时形成的冲积锥所隔断，分割成单独的槽形洼地。

(2)碟形洼地多分布在相邻的两条黄河故道之间。较大的如位于濮阳清河头和古干城间的赵村坡；清丰县六塔东、瓦屋头南的黄龙潭。南乐县有名称的坡洼共达30处，尤其在张果屯、千口乡，坡洼多，面积也大。

(三)沙丘

沙丘分布在金堤以北的黄河故道及其两侧。面积共151.2km^2，其中耕地面积13.5万亩。一条是公元前602年黄河在浚县宿胥口改道的故道，经濮阳、清丰、南乐的西部，其间沙丘、沙垄相连，沙地广阔，土质瘠薄；另一条是唐代至北宋时期黄河流经的故道(或称京东故道)，从内黄县的南部，经濮阳县的新习、城关、清河头、柳屯、岳村等，断续可见，以柳屯岳村附近较为集中连片，沙丘明显。

(四)缓坡地

除了上述类型地貌外，其余为缓坡平地，地势平缓，坡度较小，是市境地貌的主体，面积为2 440.1km^2，其中耕地面积220.8万亩。但从整体看，市境处于华北平原豫北黄河低洼地带。

三、气候、水文

(一)气候

濮阳市属暖温带大陆性季风气候。冬春干旱，夏秋多雨，四季分明。其几项特征值分述于下：

(1)气温。多年平均气温为13.4℃。7月最热，平均气温27℃，平均最高气温为32.1℃，1966年7月出现42.2℃的高温天气；1月份最冷，平均气温－2.2℃，平均最低气温为－8.7℃，1971年12月出现－20.7℃的低温天气。全市年平均日照时数在2 288～

2 507.5小时之间，最多年为2 969.4小时(1965年)，最少年为1 822.5小时(1984年)，全市日照最多月出现在5月，多年平均值为244.3～266.4小时，最多月极值325小时(1965年5月)。2月份日照时数最少，多年平均值在149.8～164.8小时，最少月极值82.8小时(1990年2月)。

(2)风。主导风向是北风和南风，冬季多偏北风，夏季多偏南风，最大风速达24m/s。

(3)霜冻。初霜期在10月25日前后，终霜期多在3月底前后，无霜期平均为210天。冻土层深一般为0.1～0.2m，最大达0.41m。

(4)蒸发。多年平均水面蒸发量为1 878mm，最大为1966年的2 444mm，最小为1973年的1 541mm，陆面蒸发量为500～600mm。年均相对湿度为67%。

(5)降水量。多年平均降水量为580.8mm。年最大降水量，据《濮阳市志》记载，1930年为1 438.07mm，1937年为1 397.07mm；清丰县1963年为1 029.5mm。全市多年平均最大降水量为917.1mm，最小为263.3mm。汛期(6～9月)，多年平均降水量为409.8mm，约占多年平均降水量的70%。年内年际分配悬殊，冬春干旱少雪雨，夏秋雨量集中，形成"先旱后涝，涝后又旱，旱涝交替"的气候特征。"七(月)下(旬)八(月)上(旬)"为多雨大雨的季节。

(二)水文

地表径流靠天然降水补给，多年平均径流总量为1.85亿m^3，径流深为43.4mm。

(1)河流分属两大流域：金堤以北属海河流域，总面积1991km^2，有卫河、马颊河和徒骇河；金堤以南属黄河流域，支流有金堤河和天然文岩渠。除黄河干流水量比较丰富外，其他各河都是人工开挖的排水河道，干旱季节河水很少或断流，一般汛期水多，但绝大部分下泄外流。

(2)浅层地下水。主要受气候、地质、地貌等因素控制。境内处于历史上黄河泛滥区的中下游，含水沙层多由中细沙及粉细沙组成。小于60m的含水沙层厚度为10～25m，单位涌水量3～5t/(h·m)。

地下水埋深，金堤以南受黄河侧渗及引黄灌区影响，大部分地区为2～5m，少数地区小于2m；金堤以北，干旱缺水，大部埋深在5～10m间。市区的王助，清丰的六塔、双庙、纸房，南乐的城关等乡镇都在10～16m，形成下降漏斗。据《河南省地下水资料》，王助乡崔寨15号井观测：1985年地下水埋深为13.85m；1986年为14.97m，枯水期(5～6月)平均最大埋深为15.83m；1988年平均埋深16.26m，枯水期平均最大埋深为16.72m。该井地下水埋深3年下降了2.41m，平均每年下降0.8m。

(3)地下水水质。一般属重碳酸型淡水，矿化度0.5～1.0g/L。但在濮阳县的庆祖、八公桥、梁庄、鲁河等乡镇的狭长地带，矿化度达2～14g/L，其他如范县南部，台前的侯庙乡，南乐的中、西部，潴龙河沿岸等地也有矿化度较高区。据1981年和1982年调查，矿化度大于3g/L的面积全市有51万亩。

根据对水井测验，部分井水含氟量偏高(大于0.5g/L)，长期饮用对人体有害。到1990年，全市饮用含氟水的人数尚有20万人。

随着工农业生产的发展，大量施用化肥，工业废水超标排放，多种有害物质进入河道、地下，对河水和地下水水质有一定不良影响。

四、现代河流

现代河流分布在黄河和海河两个流域范围,黄河流域的河流有天然文岩渠、金堤河;海河流域的河流有卫河、马颊河、徒骇河、潴龙河。

(一)黄河水系

1.黄河

黄河自清咸丰五年(1855年)兰阳铜瓦厢决口改道流过市境后,于1938年6月,国民党为阻止日军进犯,扒开郑州花园口,黄水南泛,旧道绝流8年多,至1947年3月口门堵复,又复归故道。现干流自新乡的长垣县何寨东入境,流入濮阳渠村乡,向东北流经濮阳县郎中、习城、徐镇、梨园、白罡、王称固,范县的辛庄、杨集、陈庄、陆集、张庄、高码头,台前县的清水河、马楼、孙口、打渔陈、夹河、吴坝等3县19个乡镇,至台前张庄出境入山东,境内河长163.5km,流域面积2 278km^2,占全市总面积的53.4%。临黄大堤约长152km。在迄今行河127年中,新中国成立前,漫溢决口,灾害频繁;新中国成立后,在“依靠群众,保证不决口、不改道,以保障人民生命财产安全和国家建设”的方针指导下,不断培修加固堤防,整治河道,保证了大堤的安全。此外,还建成渠村分洪大闸,以及引黄闸、虹吸共20处,北金堤滞洪区建设也做了大量工作。

黄河水量丰富、水质好,是濮阳市主要过境水资源。多年平均流量为580m^3/s,每年平均径流总量为46.6亿m^3。流量大于200m^3/s的天数平均每年353天。至1999年底,境内共修引黄闸门9个,引黄灌区9处,引黄总干渠9条、长达170km,干渠31条、长379km。全年总引水量5.09亿m^3,浇地603.3万亩次,最大引水流量51m^3/s。黄河水已可灌溉濮阳市7县(区)的绝大部分乡村。

2.金堤河

因金堤而得名,属平原坡水河道。新中国成立初,常积水淹地。发源于新乡县荆张村,经新乡、延津、卫辉、浚县、封丘、滑县、长垣及濮阳市的濮阳、范县、台前和山东省的莘县、阳谷等12县(市),现流域总面积5 047km^2。干流起自滑县耿庄,沿金堤南侧至台前县张庄闸入黄,长158.6km,市境内131km,流域面积1 750km^2。占流域总面积的35%。从1951年到1964年,进行了6次部分河段疏挖。1965年经水电部批准,进行了系统治理。标准按3年一遇除涝、20年一遇防洪,流量分别是280m^3/s、800m^3/s。河道比降1/11 000~1/16 480。濮阳市境内主要支流有回木沟、三里店沟、五星沟、房刘庄沟、青碱沟、胡状沟、濮城干沟、孟楼河、彭楼总干排水及梁庙沟等;安阳市的滑县境内有黄庄河等。多年平均径流总量为1.66亿m^3,多年平均流量为5.26m^3/s。1965年后,一直没有治理,河道淤积、堤防损坏都很严重。1994年以来,分别进行金堤河一期、二期治理,目前,土方工程已完成,建筑物工程正分部实施,河道防洪流量200m^3/s。

(二)海河水系

1.潴龙河

潴龙河每年平均流量为2.47m^3/s,平均年径流总量为0.7亿m^3。现潴龙河自濮阳县新城店,经岳村及清丰的双庙、纸房、大流,向北在清丰、南乐县界阎王庙入马颊河。河长68.4km,流域面积247.9km^2。1972年按3年一遇排涝标准疏挖,流量为31m^3/s。

2. 徒骇河

今徒骇河发源于山东莘县西南隅同智营，干流起自大沙河文明寨经南乐的闫村、大清、毕屯以下入山东境，后入渤海，全长404km，总流域面积15 084km^2。濮阳市境干流长约15km，流域面积707km^2，有17条支沟汇入此河。

五、水资源

水资源分为地表水（当地径流）、地下水和过境水。根据河南省水利厅《水利建设发展十年纲要》和濮阳市水利局的测算，全市水资源总量基本情况如下。

（一）地表水

据1987年以前资料，濮阳市多年平均径流总量为1.85亿m^3，径流深为43.4mm，平水年（频率为50%）径流总量为1.39亿m^3，偏旱年（频率为75%）为0.8亿m^3。可供利用的当地径流总量，在平水年为0.7亿m^3，偏旱年只有0.4亿m^3。

（二）地下水

市境内主要是浅层地下水（深度小于60m），总量为6.73亿m^3，其中可供开采量为6.24亿m^3。浅层地下水，在金堤河以南的滞洪区，一般埋深浅，又有黄河补给，水量较丰富；金堤河以北的井灌区，一般埋深深，水量也较小。地下水实际开采量控制在5亿m^{3}以内。

（三）过境水

1. 黄河

黄河干流经过濮阳、范县、台前三县的南界，河段长，水量也比较丰富，是濮阳市的主要过境水资源。据高村水文站1934～1981年资料，黄河多年平均流量为580m^3/s，多年平均径流总量为46.6亿m^3。据1970～1978年实测，黄河流量大于200m^3/s的天数平均每年有353天。

黄河在濮阳市境有2条支流：一条是天然文岩渠，多年平均径流总量约2亿m^3，但市境只有下游滩区入黄段的4km，能利用的水量很少；另一条支流是金堤河，据濮阳水文站资料，多年平均流量为5.26m^3/s，多年平均径流总量为1.66亿m^3，最大年径流总量为7.04亿m^3，最小年径流总量仅为0.13亿m^3。实际上，近年金堤河在干旱季节的水源主要是引黄灌溉退水，可利用量也很有限。

2. 卫河

卫河源远流长，一般水流不断，但是上游水利设施增多，干旱季节水量不足，甚至断流。据南乐资料，卫河多年平均径流总量为27.47亿m^3，平水年为23.91亿m^3，偏枯年为14.92亿m^3。卫河水大部分在汛期下泄排走，清丰和南乐两县年平均实用量仅0.08亿m^3。

3. 马颊河和徒骇河

濮阳市处于两河最上游。两河水源全靠当地降水补给。据平邑水文站资料（1956～1985年），马颊河多年平均流量为2.47m^3/s，平均年径流总量仅0.7亿m^3；徒骇河多年平均径流总量仅0.1亿m^3。20世纪80年代，两河都建有拦河闸，1986年第一濮清南引黄补源工程建成后，马颊河被作为总干渠，灌排两用。

过境水中,引用黄河的潜力最大。偏旱年,可供利用的过境水量为 8.54 亿 m^3;平水年则为 6.56 亿 m^3。其中大部分是黄河水。

(四)水资源总量、供需水量

全市水资源总量为 7.53 亿 m^3(《河南省志·水利志》载:8.27 亿 m^3),即当地径流量与浅层地下水总量之和再减去地表水与地下水重复部分 1.05 亿 m^3。人均水资源为 209.3m^3,每亩耕地平均 197.8m^3。

当前,可供利用的地表水 0.4 亿 m^3、地下水 6.7 亿 m^3(含中深层地下水 0.46 亿 m^3),过境水量(黄、卫河):偏旱年 8.54 亿 m^3(频率为 75%),平水年为 6.56 亿 m^3(频率为 50%)。水资源总量共 15.64 亿 m^3,平水年(频率为 50%)共 13.66 亿 m^3。

全市农业、工业、城乡生活等的需水量:偏旱年为 20.37 亿 m^3,与供水量相比,差 4.73 亿 m^3;平水年为 15.64 亿 m^3,缺水量 1.98 亿 m^3。

实际用水量,因旱情不同,年际也很不平衡,如 1980 年用水量为 12.15 亿 m^3,1985 年则为 8.97 亿 m^3,1986～1990 年在 11 亿 m^3 左右。

(五)水质

市境内大部分地下水水质良好,但各县都有少量苦咸水区,矿化度较高,所含离子成分以氯化物、硫酸盐、钠镁型为主,不宜用于农田灌溉和生活用水。

据高村水文站 1978～1983 年对黄河水质监测统计,pH 值为 8.1,溶解氧均值为 8.7mg/L,耗氧量均值为 1.6mg/L,氯化物均值为 57.5mg/L,氨氮含量为 0.07mg/L。经鉴定,黄河水为一级水,可作为生活、工业和农业灌溉水源。但黄河含沙量较大,多年平均为 27kg/m^3。

其他各河都有不同程度的污染,水质都次于黄河水。

第二部分　引黄灌溉

中华人民共和国成立后,50 年代兴建了“红旗渠”——渠村、彭楼、刘楼、王集等引黄灌溉工程。由于大引大蓄大水漫灌,灌排不配套,地下水水位上升,造成大面积涝碱灾害,农业减产。到 1961 年,濮阳、清丰、南乐、范县 4 县,粮食平均亩产由 100kg 下降到 50kg(据灌区调查)。后中央政府决定暂停引黄,废渠还耕,在平原地区实行“以排为主,排、灌、滞兼施”的治水方针。濮阳从 1962 年开始拆除阻水工程,恢复自然流势。1975 年以后引黄灌溉开始健康发展。濮阳、范县、台前三县相继恢复了引黄,先后建成 9 个引黄灌区,1983 年后又建成了 3 个引黄补源工程。到 1990 年,共有引黄闸 9 处、虹吸 15 处、提水站 2 处,引水流量 316m^3/s,年引水量 6 亿～8 亿 m^3,设计灌溉面积 192.09 万亩,有效灌溉面积 91.86 万亩。

一、渠村灌区

渠村灌区位于金堤河与临黄堤间,东至董楼沟,西至滑县界。设计灌溉面积 49.63 万亩。1958 年兴建,因灌区初期运用不当,造成土地严重盐碱化,被迫停灌。后由黄委会设计院设计,报国家水电部批准,1979 年完成渠首闸改建,设计流量为 100m^3/s。灌区内另有虹吸 3 处，总引水流量 $7m^3/s$。至 1990 年建成干、支、斗、农渠共 589 条，长 807.5km，建筑物 1 161 座，有效灌溉面积达 23.3 万亩。

渠村灌区工程由豫北院设计，省水利厅批复，濮阳县组织施工。1990 年工程共投资 698.67 万元，其中省投资 500 万元，市、县投资 104.91 万元，劳务折资 93.76 万元，控制灌溉面积 23.72 万亩。完成混凝土 3 $057m^3$，砌体 13 $201m^3$。

二、南小堤灌区

该灌区位于濮阳县的中南部，西至董楼沟，东与王称固灌区相连，南至临黄堤。灌区始建于 1957 年，引水口位于濮阳县习城乡南小堤处，引水形式为 4 根直径 1m 的虹吸管，引水能力 $8m^3/s$，灌溉面积 5.6 万亩。由于运用不当，1958 年被迫停灌。1959 年 8 月重新立项，经上级批准，于 1960 年 2 月动工建闸，引水能力 $80m^3/s$。当时还开挖总干 1 条，干渠 2 条，共长 32.77km。后因灌区土地次生盐碱化再度停灌。1973 年复灌，1974～1975 年开挖支渠 12 条、干排沟 4 条、支排 5 条。1983 年渠首闸改建，设计流量为 $50m^3/s$。至 1990 建成干、支、斗、农渠共 714 条，总长 1 506.21km，建筑物 1 524 座。有效灌溉面积达 28.97 万亩，其中提灌 10 万亩。

三、王称固灌区

该灌区位于濮阳县东南部，南临黄河，北至金堤河，西与南小堤灌区邻接，东至濮、范县界，南北长 20km(包括滩区)，东西宽 6～10km，包括王称固乡、户部寨乡和文留镇的东部。1975 年开灌，设计灌溉面积 13.28 万亩，至 1990 年有效灌溉面积达 7.19 万亩。其中提灌 3.91 万亩。

四、彭楼灌区

该灌区位于范县西部，南临黄河大堤，北依金堤河，西至濮阳县界与王称固灌区为邻，东至孟楼河支流大屯沟。包括濮城镇、辛庄、王楼、杨集、白衣阁等 5 个乡和孟楼、陈庄乡一部分。规划灌溉面积 25.78 万亩，其中水稻田面积 2 万亩。灌区始建于 1960 年，1962 年春停灌，1966 年复灌，1985 年新建成彭楼闸，设计流量 $50m^3/s$。到 1990 年共建成干、支、斗、农渠 792 条，长 438.8km，建筑物 1 102 座，有效灌溉面积达到 12.36 万亩。

五、邢庙灌区

该灌区位于范县中部，西至大屯沟，东至张大庙沟，北至范台公路，南依临黄大堤。包括陈庄、孟楼、龙王庄乡的大部分和陆集、颜村铺乡的一小部分。1972 年在邢庙建成虹吸管 2 道，用以补充彭楼灌区东部水量的不足；1980 又建虹吸 2 道，同时，建成总干渠和烟屯、贾刘石、孙堤口干渠，配套 5 条支渠，使邢庙成为独立灌区。1988 年改建渠首闸，设计流量 $15m^3/s$。设计灌溉面积 17.11 万亩，到 1990 年建成干、支、斗、农渠共 328 条，长 291.1km，建筑物 1 156 座，有效灌溉面积达到 6.79 万亩。

六、于庄灌区

该灌区位于范县东部，西至张大庙沟，东至台前县界，北至山东莘县界，南到临黄大堤,包括张庄和高码头两乡。1980年建成于庄顶管闸,设计流量5.5m^3/s,设计灌溉面积7万亩,当年开灌。到1990年建成干、支、斗渠14条,共长37.9km,干支渠建筑物70座,有效灌溉面积达到0.84万亩。

七、满庄灌区

满庄灌区原名刘楼灌区,位于台前县西部,北靠金堤,南临黄河,东至王集灌区,西接范县界,包括清水河、侯庙两乡及后方、城关镇、马楼等乡(镇)一部分,还有山东阳谷县金堤南耕地2万亩,总设计效益面积13.47万亩。灌区于1959年兴建,1962年因涝碱灾害停灌,1965年因大旱复灌,1974年台前工委成立后,灌区建设加快。到1990年有干、支、斗渠55条,长87.9km,渠系建筑物252座,有效灌溉面积达到4.67万亩。

八、王集灌区

王集灌区位于台前县中部,南临黄河,北至金堤,东西各与孙口和满庄灌区相连。包括马楼、后方、台前3个乡(镇)及孙口乡一部分。灌区始建于1959年,设计灌溉面积10.35万亩,1962年停灌,1965年复灌。1974年台前工委成立后,发展较快。到1990年灌区有干、支、斗、农渠187条,长214.8km,建筑物118座,有效灌溉面积5.32万亩。

九、孙口灌区

孙口灌区位于台前县东部,地处黄河与金堤河之间三角地带,西与王集灌区相接,包括孙口、城关、打渔陈、夹河、吴坝5个乡(镇)。自1972年到1977年,灌区依靠影堂虹吸、毛河虹吸、姜庄和邵庄提灌站取水。设干渠4条,设计灌溉面积10.26万亩。到1990年建成干、支、斗渠36条,长191.3km,建筑物116座,有效灌溉面积达到2.4万亩。

第三部分　引黄蓄灌补源

金堤以北的濮阳、清丰、南乐和华龙区、高新区纯井灌区,20世纪70年代以来,随着农业的迅速发展,用水量不断增加,中等干旱年年用水量已达到6.305亿m^3,而实际可供水量只有4.646亿m^3,每年缺水1.659亿m^3,所缺水量都是依靠超量开采地下水索取的,从而造成地下水水位大幅度下降,每年下降0.7m以上。干旱缺水成为该地区农业发展的制约因素。为解决这一突出问题,1986年建成第一濮清南引黄补源工程,该工程以灌代补,蓄灌补源,以现有河沟为主体,引、蓄、灌、排综合利用,沟、塘、井、站密切结合,进行田间工程配套,完成蓄灌补源系统,从而使该地区的缺水问题得到缓解。其后又兴建了第二、第三濮清南引黄补源工程。到1990年,蓄灌补源面积达到40万亩。

一、第一濮清南引黄补源工程

金堤以北的濮阳、清丰、南乐三县井灌区,由于水源不足,超量开采地下水,地下水埋深急速下降到10m左右。为缓和地下水下降,解救机井危机,开始试验引水补充地下水。1974年南乐在马颊河平邑处打坝蓄水浇地。1975年编报《马颊河流域濮、清、南地区回灌工程初步设计》;1976 年由中国农科院新乡灌溉研究所会同安阳地区提出《马颊河流域濮、清、南地区地下水回灌问题的初步研究报告》;1977 年省水利厅批准了金堤进水闸,马颊河上段土方及平邑闸工程。1982 年 11 月 16 日省计划委员会对濮、清、南抗旱补源工程设计任务书批复,补源规模限于金堤北马颊河两侧,近期灌溉 30 万亩,引水流量 30 m^3/s,年引水不超过 50 天,全年引水总量 1.2 亿 m^3;主体工程有新建 2 号沉沙池、扩建总干渠、兴建金堤河交叉工程等。1983 年,完成了沉沙池退水闸和进口公路桥,1 号条渠土方,1 号枢纽及渠村公路桥等项工程。1984 年度,成立了濮阳市濮、清、南抗旱补源工程指挥部,由副市长赵振乾任指挥长,农委主任侯茂生、市水利局局长孔德明和副局长杜森山及濮、清、南三县各一名副县长任副指挥长。工程由三县水利局施工队等单位施工。9 月下旬,第一濮清南输水总干渠动工。主要完成了 3 号枢纽、4 号枢纽和新建各级桥 16 座,翻修延长桥 8 座,维修 4 座及管理房等。1985 年度由省水利厅施工二队承建过金堤河倒虹工程。1986 年度完成了总干扩挖土方 75 万 m^3、2 号枢纽节制闸、渠道衬砌护岸等。当年,输水总干渠、马颊河全线通水。至 1990 年主要建筑物及干支沟渠配套大部完成,1991 年补源面积达到 26.2 万亩,粮食亩产 343kg,比 1978 年增加 195kg。

(一)输水渠道

1.总干渠

第一濮清南输水渠道由两部分组成。

一是渠村灌区总干渠(原来丰收渠),南至渠村引黄闸,北到金堤河回灌闸,全长 34km,设计灌溉面积 49.63 万亩,设计流量 100m^3/s,河底宽 8～16m,边坡系数 2.0～2.5,比降 1/6 000,目前过水流量最大达到 38m^3/s。

二是金堤以北到南乐平邑闸,全长 64km,这段输水工程主要通过马颊河,将黄河水送到濮阳县北部和清丰、南乐、华龙区的中部,为下游补充了地下水和灌溉用水,由于上段濮阳县城关马颊河上游输水断面小,目前,马颊河过水流量最大为 20m^3/s。

2.干渠

(1)桑村干渠。位于渠首闸下游西岸 80m 处,由省水利厅 1988 年立项建设,全长 14.6km,设计流量 25m^3/s,渠底高程 56.29m,水深 2.33m,比降 1/5 000～1/7 000,边坡系数 1.5。目前,干渠最大引水量 8m^3/s,保证渠村乡西南 7 个村的灌溉用水和滑县东部大寨乡、桑村等 4 个乡(镇)用水。2006 年引黄闸改建,桑村干渠进水闸相应西移。

(2)南湖干渠。位于南湖西南寨,干渠设计总长为 14.06km,始建于 1988 年,设计流量为 8.1m^3/s,灌溉面积 10.86 万亩。

(3)牛寨干渠。位于总干渠首下游,始建于 1988 年,全长 15km,设计流量为13.12m^3/s,灌溉面积为 15.35 万亩。2000 年牛寨干渠进水闸下移至渠村乡关寨村东,总干渠 3+050 位置。

(4)郑寨干渠。位于前郑寨西南,建于 1990 年,全长 7.8km,设计流量为 5.9m^3/s,灌溉面积为 5.99 万亩。

(5)高铺干渠。位于高铺东北,始建于 1986 年,全长 5.2km,设计流量为 3.8m^3/s,灌溉面积为 5.81 万亩。

(6)安占干渠。位于安占西北,建于 1989 年,全长 7.59km,设计流量 5.8m^3/s,灌溉面积为 7.78 万亩。

(7)东一干沟(渠)。在清丰县南,马颊河以东,潴龙河以西,控制面积 7.5 万亩。由马庄桥闸上游引水。干沟(渠)长 12.3km,桥闸 12 座,支沟 3 条。

(8)东二干沟(渠)。干沟及其支沟系 1964 年以后开挖的老沟,位于清丰县城东北,起自马颊河赵庄分水闸,经潴龙河的王庄节制闸、六塔沟,到理直闸止,长 32km。有支沟 5 条:北一支沟(即理直沟的南支沟)、北二支沟(即理直沟的北支沟)、北三支沟(即张庄沟)、北四支沟(即吴村沟)、北五支沟(即高堡沟)。东二干沟(渠)灌补高堡、马村、巩营、仙庄等乡耕地 21.3 万亩。

东一、东二干沟(渠)位于马颊河上段(上段长 26.9km)。

(9)东三干沟(渠)。由马颊河南乐吉七节制闸引水向东,沿已开挖的杨吉道河,穿南清沟、三里庄沟在睢杨村前接杨村沟,再向东过吴村沟,穿大屯沟,在烟庄与张庄沟接通,然后再穿过张果屯沟,向东接韩南沟,经王洛沟入永顺沟,到徒骇河上的大清闸止,全长 29km,其中新挖沟 4.5km,拓宽原排水沟 24.5km。灌补杨村、城关、张果屯、韩张等乡耕地 18.7 万亩。

(10)东四干沟(渠)。位于南乐县东北,在永顺沟韩张闸前引水,经八里月牙沟上段,穿南宋沟、福龙沟、李肖沟,到扣吕村沟止,全长 13.7km,灌补面积 6.53 万亩。新挖沟 6.2km,改造老沟 7.5km。

东三、东四干沟(渠)位于马颊河下段(下段长 21.5km)。

(二)节水闸

(1)1 号节制闸。位于渠村南,建于 1983 年,设计流量 $34m^3/s$,孔数 6 孔,孔闸宽 3.6m,高 3.2m。

(2)2 号节制闸。位于肖家东,建于 1986 年。设计流量 $33m^3/s$,闸孔尺寸 4 孔,孔宽 2.5m,高 2.7m。

(3)3 号节制闸。位于郑寨西南,建于 1984 年,设计流量 $33m^3/s$,闸孔尺寸 4 孔,每孔宽 2.5m,高 2.6m。

(4)4 号节制闸。位于高寨北,建于 1984 年。设计流量 $32.8m^3/s$,闸孔尺寸 3 孔,每孔宽 2.5m,高 2.7m。

(5)5 号节制闸。位于安寨西北,建于 1990 年。设计流量为 $32m^3/s$,闸孔尺寸 3 孔,每孔宽 2.2m,高 3.4m。

(6)金堤河倒虹吸。位于濮阳南关公路桥东 150m,正交金堤河河槽。断面为 3 孔钢筋混凝土箱涵,单孔宽 2.0m,高 2.2m,管身总长 211m,埋于河底以下 1m(按金堤河 5 年一遇治理标准,河底高程 46.61m);进口底板高程 47.41m;进口水位 49.76m,出口水位 49.10m;进出口都是采用钢丝网水泥闸门,8t 螺杆式启闭机。进口右侧建有流量为 $30m^3/s$ 的退水闸。

(7)金堤闸。位于濮阳南关东侧金堤上,建于 1978 年,3 孔,高、宽均为 2.5m,流量 $30m^3/s$。

(8)北里商节制闸。位于濮阳北里商村北马颊河上,马颊河桩号 15+300 处,建于 1979 年,6 孔,单孔高×宽为 3.3m×3.6m,底板高程 45.2m,流量 $120m^3/s$。

(9)马庄桥节制闸。位于清丰县马庄桥镇,马颊河桩号 16+500 处,共 5 孔,单孔净宽 3.7m,闸底高程 44.9m,蓄水位 48.6m,防洪流量 $76m^3/s$,由市水利局设计,于 1991 年 7 月由清丰县建成,市投资 75 万元。该闸向西沿顺河沟送水入第三濮清南干渠,向东引水入东二干渠。

(10)高庄节制闸。位于清丰西关,马颊河桩号 26+900 处,1979 年 10 月完成,砌石钢筋混凝土结构,10 孔,单孔高×宽为 4m×3m,闸长 37.2m,闸底高程 44.00m,流量 $149m^3/s$。

(11)大流节制闸。位于清丰县大流,马颊河桩号 38+850 处,1978 年建成,砌石钢筋混凝土结构,10 孔,单孔高×宽为 3.4m×3.6m,闸长 43m,闸底高程 42.74m,过闸流量 $172m^3/s$。

(12)吉七节制闸。位于南乐县近德固乡西吉七村附近马颊河上,马颊河桩号 42+850 处,共 9 孔,单孔净宽 4.7m,高 5.3m,闸底高 42.1m,蓄水位 47m,防洪流量 $172m^3/s$。该闸由市水利局设计,于 1991 年 3~7 月由南乐县建成,为钢筋混凝土平板闸门,手摇、电动两用启闭,市投资 160 万元。该闸西可向西西沟送水,东通东三干渠。

(13)平邑节制闸。位于南乐县平邑,马颊河桩号 56+560 处,于 1976 年动工兴建,1977 年 12 月底完成,总投资 90.8 万元。井柱桩钢筋混凝土开敞式,钢丝网水泥双曲扁壳直升闸门,共 12 孔,单孔净高×宽为 3.7m×4.7m,长 65.2m,闸底高程 41.00m,排洪水位为 45.20m 时流量 $237m^3/s$,启闭系统为机电双配。闸前水深 3.7~4.0m,河道一次蓄水 250 万 m^3。

(三)沉沙池

沉沙池是引黄输水工程中的一部分,它的重要作用就是将从黄河引来的泥沙通过沉沙池的沉积后,把含沙量较小的黄河水源送到总干渠,达到引黄输水灌溉的目的。减少总干渠及下游河道的泥沙淤积,加大引水量,这项工程很重要,市委、市政府也非常重视,在市财政经费最紧张情况下,也对沉沙池工程建设设法筹集资金,少则几百万元,多则达千万元以上。管理处对这项工作也很重视,建设每方沉沙池都投入了很大的人力、物力和财力,保证了沉沙池工程建设,使我们的引黄输水灌溉发挥最大效益。

自引黄灌溉以来,我市共建设 8 方沉沙池,占地 22 687 亩,沉沙土方 2 723.6 万 m^3。沉沙池建设与使用,一般的周期为 2~4 年,前 7 方沉沙池已使用期满,平整过后已交给当地政府使用。把一些较为低洼不平、种植条件恶劣的土地变为肥沃良田还给农民,粮食产量比原来高几倍,农民得到实惠后很满意,因此说沉沙池工程是一项利国利民的好工程。

目前,我们正在使用的第八方沉沙池是 2005 年 12 月建设完工投入使用的,总投资 600 多万元,其中:市政府投资 440 万元,各县自筹 160 多万元,沉沙池的位置是在濮阳县渠村乡安邱村北、海通乡甘吕邱村以南、濮渠公路以西、三里店沟以东,占地面积 1 600 亩,设计淤深 1.4m,沉沙量 168 万 m^3,使用年限 2~3 年。沉沙池工程主要有三部分组织:一是引水渠 4 400m;二是沉沙池围堤 6.8km,土方 30 多万 m^3;三是建筑物,主要有建公路桥 2 座,改建退水闸 1 座,各种附属建筑物 11 座。整个工程建成使用运行良好,安全顺畅,达到预期目的,效益也非常好。

(四)引水量

第一濮清南工程自1986年建成起用到2006年,21年共引水43.024亿 m^3,其中为灌区送水17.485亿 m^3,为补源区送水22.703亿 m^3,为城市工业、生活供水2.836亿 m^3。

第一濮清南工程各年引水情况见表1。

表1 第一濮清南工程各年引水情况

年度	引水时间(天)	全年引水量(万 m^3)	灌区用水量(万 m^3)	补源区用水量(万 m^3)	工业用水量(万 m^3)	环境用水量(万 m^3)
1986	171	19 880	7 952	11 928	0	0
1987	206	16 583	5 923	10 660	0	0
1988	216	17 310	7 602	9 708	0	0
1989	233	20 253	9 716	10 042	495	0
1990	173	15 632	5 347	9 841	444	0
1991	220	21 798	7 430	12 858	719	791
1992	191	20 284	8 659	10 515	1 110	0
1993	155	18 975	8 137	9 904	765	169
1994	160	15 387	5 577	7 952	1 250	608
1995	183	17 481	7 658	8 743	1 080	0
1996	183	24 644	8 881	13 405	2 358	0
1997	227	23 968	7 761	13 770	2 437	0
1998	228	19 763	4 757	12 612	2 394	0
1999	200	20 011	7 402	10 716	1 893	0
2000	193	19 804	7 178	10 507	1 328	791
2001	204	22 946	6 945	13 401	2 600	0
2002	179	30 526	14 688	13 669	2 000	169
2003	162	27 552	13 951	11 740	1 253	608
2004	139	17 093	8 010	8 664	419	0
2005	162	26 623	13 140	12 887	443	153
2006	180	35 178	16 088	15 436	3 070	584
合计	3 965	451 691	182 802	238 958	26 058	3 873

(五)管理机构

第一濮清南工程管理分两块:一是渠村灌区的干支渠工程,由濮阳县渠村灌区管理局负责管理;二是总干渠、马颊河输水骨干工程,由濮阳市引黄工程管理处负责管理。1987年市编委以濮编[1987]75号文批准,成立濮阳市濮清南抗旱补源工程管理处,人员编制

65人，下设9个科、室、段、队，其中有现在的渠首管理段、濮阳县南关段、清丰高庄段，管理段的主要工作有三方面：一是对渠道、河堤的看护，确保输水安全；二是对各节制闸保养和合理运用，保证开起灵活，按时起闸；三是对过水流量和各县的引水量做好整理、记录，保证无差错。2001年濮阳市濮清南抗旱补源工程管理处更名为濮阳市引黄工程管理处。

目前管理段的情况如下：

(1)渠首段。正副段长各1人，正式职工12人，护堤员15人，共计29人。管理范围：一是总干渠渠道15km，沉沙池围堤6km；二是总干渠一号、二号闸及沉沙池退水闸的管养；三是牛寨、南湖、桑村干渠引水闸、引水量的记录。

(2)庆祖段。正副段长各1人，正式职工15人，护堤员14人，共计31人。管理范围：一是总干渠渠道6km，第三濮清南渠道13km；二是3号闸、第三濮清南进水闸、金堤河倒虹吸闸、退水闸；三是做好第三濮清南引水记录、整理。

(3)濮阳南关段。段长1人，正式职工7人，护堤员7人，共计15人。管理范围：一是总干渠渠道15km，马颊河8km；二是4号、5号、金堤倒虹吸、退水闸、金堤闸、马呼闸。

(4)清丰高庄段。正副段长各1人，正式职工10人，临时工5人，共计17人。管理范围：一是马颊河56km河道输水，第三濮清南、清丰、南乐用水；二是北里商闸、马庄桥闸、高庄闸、大流闸、顺河闸、乜庄闸；三是做好清丰、南乐及濮阳市城区、华龙区的用水记录。

(六)存在问题

1.总干渠

(1)水屯沟排涝入总干渠，子岸段存在灌排矛盾问题，制约总干渠的输水流量。

(2)总干渠两岸无节制分水，斗涵漏水严重，总干输水与小渠道存在引水矛盾。渠道水利用系数较低。

(3)总干渠两岸边界不清，被沿线居民、村庄、企业侵占严重，进行清理执法困难。

2.马颊河

(1)马颊河是排涝河道，河道比降较缓，河水流速较缓，淤积严重，补源流量受限。

(2)马颊河清淤困难，清淤出土区受限，成本较高，又长年承担城区内的排水任务。

(3)马颊河的功能在改变，是我市未来的城区环境景点，这与灌溉补源产生了新的矛盾。

二、第二濮清南工程

(一)工程简述

市政府在总结第一濮清南工程经验的基础上，经过慎重研究，决定兴建第二濮清南工程。1987年9月8日以濮政[1987]114号文向河南省人民政府报送了《关于要求修建第二濮清南抗旱补源工程的请示》，同年11月市水利局编制了《南小堤引黄补源灌区工程计划任务书》报省计经委和水利厅。1988年4月21日省水利厅对该任务书提出初审意见，“南小堤引黄补源灌区位于濮阳市的濮阳县、清丰县、南乐县的东部，内有耕地面积62万亩，其中渠村补源区35万亩。由于大面积地下水水位逐年下降，造成大量机井不能发挥作用，为巩固井灌效益，发展农业生产，同意一期从金堤河引水，补水工程控制面积潴龙河以东27万亩”，“自南小堤引黄闸引水，在不影响南小堤灌区的前提下，相机补水”，“基本同意计划任务书中的渠系部署”。同年6月省计经委对任务书批复,同意兴建。当年省投资220万元,市投资380万元。8月29日市水利局向省水利厅报送了《南小堤引黄补源工程规划》。1987年市成立南小堤补源工程指挥部,组织濮阳、清丰、南乐和市区民工近6万人,完成总干渠和西干渠土方152万m^3,建桥闸16座。1988年1月河南黄河河务局完成金堤进水闸(濮阳柳屯)扩大的初步设计,同年6月建成通水。濮阳县完成输水总干渠下段(即南小堤灌区的一干四支渠)14.6km,扩建土方和建筑物施工,做土方26万m^3,建桥闸28座,市投资390万元。1988年冬清丰县动用民工2.1万人,完成北干渠上段22.28km,做土方130万m^3,建桥闸48座,市投资471万元。1989年冬清丰、南乐两县完成下段16.32km,做土方83万m^3,建桥23座,当年建成黄龙潭枢纽闸,北干渠全线通水,市投资864万元,引水能力15m^3/s。1990年、1991年,省投资890万元,市投资445万元,建成过金堤河倒虹吸、金堤河拦河闸等主要建筑物及干支渠建筑物34座(全干渠共修桥闸等159座)。有效蓄灌补源面积达到10万亩,部分地区地下水水位开始回升。

(二)水利工程

1.总干渠

第二濮清南工程位于濮阳华龙区、清丰县、南乐县的东部,总干渠南至濮阳县南小堤,北抵南乐县永顺沟、韩张镇,全长83km,其中:金堤河南35.6km为南小堤灌区,总干渠设计流量50m^3/s(目前引水流量约20m^3/s);金堤河以北到清丰县六塔乡的黄龙潭闸长8.8km(第二濮清南总干渠),引水流量30m^3/s,该工程于1987年由市南小堤引黄补源工程指挥部组织濮阳县、清丰县、南乐县、市区三县一区6万人完成,土方152万m^3。北干渠,自黄龙潭向北到永顺沟止,全长38.6km,该段渠道上段22.28km,是清丰县1988年11月组织2.1万人施工开挖的,做土方130万m^3,同期还开挖双庙支沟2.7km,做土方30万m^3;下段北到南乐韩张乡永顺沟,全长16.32km,由清丰县、南乐县于1989年开挖完成,共做土方160万m^3。

2.节制闸

(1)金堤河倒虹吸。为输水渠与金堤河的交叉工程,位于濮阳县柳屯镇南,金堤河桩号92+546处。倒虹吸流量为30m^3/s,工程按金堤河5年一遇排涝标准设计,20年一遇洪水校核。虹吸为3孔2m×2.2m的箱式涵管,进口段设有进水闸与退水闸,出口段设有出水闸与引金堤河闸。

该工程由市水利局设计。设计任务书由省计经委批复,初步设计由省水利厅批复。由河南省水利第一工程局施工,于1990年12月1日开工,到1991年9月30日完成。共完成土方20万m^3,砌石2 900m^3,砌砖222.2m^3,混凝土2 080m^3,国家投资329.1万元。1991年10月4日由市组织验收。

(2)金堤河拦河闸。金堤河拦河闸位于金堤河倒虹吸下游110m处。共13孔,单孔净宽6m,闸底高程44.6m,蓄水位47.4m,1998年管理处加高闸门板0.3m。过闸流量284m^3/s。该闸由市水利局设计,为升卧式平板钢闸门,中7孔启闭为一机一孔,两边6孔为一机三孔,手摇、电动两用。由第一濮清南管理处及南小堤灌区管理所施工,于1991年4月开工,12月底完成。每年可拦截金堤河径流3 000万~5 000万m^3。

(3)金堤河进水闸。位于濮阳县柳屯镇南,北金堤桩号26+630处。闸为钢筋混凝土

箱涵,共3孔,单孔净宽2.1m,高2.5m,过闸流量30m³/s,闸底板高程45.50m,闸前水位49.10m,上下游水位差0.35m,防洪水位为52.50m(即滞洪水位),堤顶高55.00m(1983年设计标准)。

(4)毛岗闸。毛岗闸位于第二濮清南总干渠桩号7+126处,工程分二期建设,始建于1995年10月,建成于2000年10月,设计流量30m³/s,闸底板高程44.00m,墩高4.6m,分6孔,钢筋混凝土平面闸门,设有胸墙,10t螺杆式启闭机,配有闸房,位于濮阳县柳屯镇境内,是第二濮清南的重要枢纽工程。

(5)黄龙潭闸。黄龙潭闸位于第二濮清南总干渠桩号8+607处,始建于1988年10月,设计流量30m³/s,闸底板高程44.90m,墩高4.0m,分节制闸2孔,位于第二濮清南总干渠,分水闸2孔,通往潴龙河,退水闸2孔,通往碱场沟,三闸相连成一整体,钢筋混凝土平面闸门,10t螺杆式启闭机,没有闸房,位于清丰县六塔乡境内,是第二濮清南的重要枢纽工程。

(6)马村闸。马村闸位于第二濮清南总干渠桩号29+009处,始建于1988年10月,设计流量10m³/s,闸底板高程42.86m,节制闸1孔,钢筋混凝土平面闸门,10t螺杆式启闭机,没有闸房,位于清丰县马村乡境内,是第二濮清南的重要枢纽工程。

(三)引水情况

自第二濮清南建设使用以来,15年共计引水24 477.543万m³,年平均引水量1 631.83万m³,补充了地下水源,提供了本地灌溉用水。

第二濮清南工程各年引水情况见表2。

表2　第二濮清南工程各年引水情况

年度	引水时间(天)	全年引水量(万m³)	补源区引水量(万m³)
1992		2 488	2 488
1993		703	703
1994		1 836	1 836
1995		1 307	1 307
1996			
1997		561.6	561.6
1998		1 326.9	1326.9
1999		1 807.3	1 807.3
2000	66	1 391.7	1 391.7
2001	66	2 086.6	2 086.6
2002	98	2 151.3	2 151.3
2003	93	1 712.96	1 712.96
2004	61	1 536.19	1 536.19
2005	65	1 717.55	1 717.55
2006	150	3 851.44	3 851.44
合计	599	24 477.54	24 477.54

(四)管理机构

第二濮清南引黄工程目前分两块管理:一是金堤以南南小堤灌区,由濮阳县管理;二是金堤河以北,由市引黄工程管理处管理。1992年,市政府批准设制3个管理段:柳屯管理段、黄龙潭管理段和马村管理段,编制人员25名,为正科级单位,他们的主要工作任务就是负责水利工程管理和养护,负责南小堤灌区退水,金堤河引水,濮阳、清丰、南乐县调水,确保水资源的合理运用。目前的情况是:柳屯段有正副段长3人,管理人员3人,临时人员5人;黄龙潭段有段长1人,管理人员2人,临时人员2人;马村段有段长1人,管理人员2人。

(五)存在的问题

(1)第二濮清南补源总干渠年引水量不足4 000万m^3,引水量不足。

(2)总干渠部分地段工程不畅通,向北输水困难,最大流量不足$10m^3/s$。

(3)金堤河河水污染严重,长年引水水质差,两岸群众叫苦不迭。

(4)总干渠两岸被当地群众侵占,河道断面缩小。

(5)在管理方面:一是管理体制没理顺;二是没有基层管理设施,人员不能全部到位。

三、第三濮清南工程

第三濮清南工程位于濮阳市西部,南起第一濮清南总干渠庆祖三号闸,北抵南乐卫河,总干渠输水渠全长108.57km,东西约宽10km,区域内总面积1 080km^2,涉及濮阳市高新区,清丰、南乐县区的15个乡(镇),耕地面积63.8万亩,人口44.74万人。内沟河有新老赵北沟(现在的濮水河)、顺河沟(在高新区)、胡村沟、古城沟、绪村沟、十干排沟、留固店沟、西西沟和志节沟(均在清丰、南乐境内)。本区属于黄河古道区,地势高亢,沙丘、沙垄起伏,风沙土约占全区面积的70%,是我市农业条件最低下、环境条件最恶劣的地区之一,也是我市最缺水的地区。该区无过境河和外来水源,由于大量超采地下水,致使地下水水位大幅度下降,地下水濒于枯竭,前几年,地下水平均埋深17m,深者已达21m多。根据水量平衡计算,该区缺水1.1亿m^3。由于缺水,加之土质不好,部分耕地无耕作,呈沙化趋势,部分耕地靠天收,粮食产量非常低;遇着干旱年份,一部分耕地颗粒无收。为了改变本区域的农业生产条件和环境条件,市委、市政府于1990年11月6日组织清丰县兴建第三濮清南一期工程。自马庄桥镇马颊河引水,扩挖顺河沟,至顺河村北与加五支沟相接,再扩挖五支到志节沟入卫河志节闸。全长38.2km。清丰县动工15万人,挖干渠土方448万m^3,引水流量$15m^3/s$,控制补源面积26.3万亩。1991年春建干渠桥10座,马庄桥马颊河节制闸1座。

1996年濮阳市委、市政府决定,兴建第三濮清南工程,同年由市水利局和市水利勘测设计院编制出《第三濮清南引黄蓄灌工程可行性研究报告》。1997年11月,省水利厅、濮阳市水利局专家对可研报告进行实地考察论证。省水利厅以豫水计字[1997]164号文对可研报告提出初步意见。1998年3月8～21日,省工程咨询公司受省计委委托,组织专家对可研报告进行评估,并以豫咨[1998]第19号文对可研报告提出评估意见。省计委以豫计农经[1998]384号文对可研报告进行批复,同意兴建第三濮清南引黄蓄灌工程。

(一)输水工程

1.总干渠

第三濮清南引水总干渠一条,南起濮阳县庆祖镇第一濮清南3号闸前200m,北抵南乐县卫河,输水总干渠全长108.57km。其中:金堤河以南输水渠长31.37km(属于地上河),渠底宽5.5m,边坡系数2.0,比降1/6 000,设计流量$25m^3/s$。金堤河以北输水总干渠77.2km,金堤河闸以北到高新区黄甫闸长19km,设计水深为2.8m,渠底宽7m,边坡系数2.0,比降1/7 000,过水流量$25m^3/s$,流速0.71m/s,黄甫闸至南乐张浮丘闸长58km,这段渠道是该县自己做的工程,断面不一样,大概情况是设计水深在2~2.8m,渠底宽1~7m,边坡系数2~2.5,过水流速0.35~0.71m/s,流量$5\sim20m^3/s$。

2.干渠

干渠从清丰马庄桥到高新区顺河闸,全长9.4km,底宽8.4m,边坡系数2.0,比降1/20 000,过水流量$4m^3/s$。二干渠从范石村到志节闸,退水渠不作介绍,其他支渠是各县开挖的蓄水工程,也不作介绍。

(二)节制闸

(1)庆祖进水闸:1998年建设,设计流量$25m^3/s$,桩号0+000,设计水位54.94m,闸底高程52.34m,闸孔尺寸为2孔闸,高2.6m,宽3m。运行中,2004年过最大流量为$13m^3/s$,正常运行中,过水流量$4\sim8m^3/s$。

(2)倒虹吸闸:1998年建设,设计流量$25m^3/s$,桩号12+700,设计水位51.78m,闸孔尺寸为2孔,高2.5m,宽2.5m,它的作用主要是将上游水通过金堤河底倒虹管引到下游,控制上游的来水量。

(3)黄甫闸:1998年建设,设计流量$20m^3/s$,桩号19+000,闸孔为2孔,高3m,宽2m,闸底高程46.57m,它的主要作用是控制调节高新区王助胡村乡用水和濮上园、绿色庄园用水。

(4)顺河闸:1998年建设,设计流量$20m^3/s$,桩号25+600,闸孔为2孔,高3m,宽2.5m,闸底高程45.90m,主要调节高新区、清丰县的用水,调节第三、第一濮清南的用水。

(5)范石村闸:1998年建设,设计流量$15m^3/s$,桩号42+000,闸孔2孔,高3m,宽1.5m,闸底高程44.55m,它的作用:一是杨邵乡西部用水;二是汛期将多余的水排入卫河。

(6)乜庄闸:1998年建设,设计流量$15m^3/s$,桩号47+000,闸孔为2孔,高3m,宽1.5m,闸底高程44.05m,主要作用:一是调节清丰县用水;二是计量南乐县用水。

(7)王庄闸:1998年建设,设计流量$10m^3/s$,桩号58+400,闸孔为2孔,高2m,宽2m。闸底高程43.53m,它的作用是调节南乐县用水和马颊河的水量。

(8)张浮丘闸:1998年建设,设计流量$5m^3/s$,桩号67+000,闸孔为2孔,高2.5m,宽2.5m,闸底高程42.66m,它的主要作用是调节南乐县用水和汛期退水。

(三)管理机构

第三濮清南管理机构,市政府批设三个管理段:庆祖段、黄甫段、清丰顺河段,编制人员33名。目前情况如下:庆祖段现有正式人员12名,临时人员14名,负责金堤闸以南12.7km渠道,以及庆祖渠首闸、金堤退水闸、倒虹吸闸的管理;黄甫段现有正式人员6名,临时人员3名，主要负责金堤河以北清丰顺河闸以南25.6km总干渠渠道和黄甫闸的管理。顺河闸以北至清丰屯庄闸21.4km总干渠渠道和顺河闸、范石村闸、屯庄闸，现由清丰高庄管理段负责，正式人员2名。

（四）存在问题

（1）上游12.7km总干渠存在分水、漏水、险工、滑坡，安全输水流量仅6m^3/s。

（2）总干渠金堤河以北段淤积严重，河道清淤困难，两岸岸坡庄稼丛生，影响输水。

（3）总干渠两岸管理区被侵占严重，河口缩窄，行走不便，管理困难，应疏通管理道路。

（4）在管理方面，因没有基层管理设施，人员不能全部到位。

堤防抢险技术

徐　赟

第一部分　抢险技术知识

一、险情分类、评估及抢险方案制定

(一)险情分类

堤防险情一般可分为漏洞、管涌、渗水、穿堤建筑物接触冲刷、滑坡、裂缝等。

1. 漏洞

漏洞即集中渗流通道。在汛期高水位下,堤防背水坡或堤脚附近出现横贯堤身或堤基的渗流孔洞,俗称漏洞。根据出水清浑情况可分为清水漏洞和浑水漏洞。如漏洞出浑水,或由清变浑,或时清时浑,则表明漏洞正在迅速扩大,堤防有发生蛰陷、坍塌甚至溃口的危险。因此,若发生漏洞险情,特别是浑水漏洞,必须慎重对待,全力以赴,迅速进行抢护。

2. 管涌(翻沙鼓水)

汛期高水位时,沙性土在渗流力作用下被水流不断带走,形成管状渗流通道的现象,即为管涌,也称翻沙鼓水、泡泉等。出水口冒沙并常形成“沙环”,故又称沙沸。在黏土和草皮固结的地表土层,有时管涌表现为土块隆起,称为牛皮包,又称鼓泡。管涌一般发生在背水坡脚附近地面或较远的潭坑、池塘或洼地,多呈孔状冒水冒沙。出水口孔径小的如蚁穴,大的可达几十厘米。个数少则一两个,多则数十个,称做管涌群。

管涌险情必须及时抢护,如不抢护,任其发展下去,就将把地基下的沙层淘空,导致堤防骤然塌陷,造成堤防溃口。

3. 渗水

高水位下浸润线抬高,背水坡出逸点高出地面,引起土体湿润或发软,有水逸出的现象,称为渗水,也叫散浸或洇水,是堤防较常见的险情之一。当浸润线抬高过多,出逸点偏高时,若无反滤保护,就可能发展为冲刷、滑坡、流土甚至陷坑等险情。

4. 穿堤建筑物接触冲刷

穿堤建筑物与土体结合部位,由于施工质量问题,或不均匀沉陷等因素发生开裂、裂缝,形成渗水通道,造成结合部位土体的渗透破坏。这种险情造成的危害往往比较严重,应给予足够的重视,

5. 滑坡

堤防滑坡俗称脱坡,是由于边坡失稳下滑造成的险情。开始在堤顶或堤坡上产生裂

缝或蛰裂，随着裂缝的逐步发展，主裂缝两端有向堤坡下部弯曲的趋势，且主裂缝两侧往往有错动。根据滑坡范围，一般可分为深层滑动和浅层滑动。堤身与基础一起滑动为深层滑动；堤身局部滑动为浅层滑动。前者滑动面较深，滑动面多呈圆弧形，滑动体较大，堤脚附近地面往往被推挤外移、隆起；后者滑动范围较小，滑裂面较浅。以上两种滑坡都应及时抢护，防止继续发展。堤防滑坡通常先由裂缝开始，如能及时发现并采取适当措施处理，则其危害往往可以减轻；否则，一旦出现大的滑动，就将造成重大损失。因此，应及时抢护，以免影响堤防安全，造成溃堤决口。

6.裂缝

堤防裂缝按其出现的部位可分为表面裂缝、内部裂缝；按其走向可分为横向裂缝、纵向裂缝、龟纹裂缝；按其成因可分为沉陷裂缝、滑坡裂缝、干缩裂缝、冰冻裂缝、震动裂缝。其中以横向裂缝和滑坡裂缝危害性最大，应加强监视监测，及早抢护。堤防裂缝是常见的一种险情，也可能是其他险情的先兆。因此，对裂缝应给予足够的重视。

(二)堤防险情程度的评估

堤防在汛前要进行安全评估，其目的是把汛前的险情调查、汛期的巡查与安全评估相结合，以便判断出险情的严重程度，使领导和参加抗洪抢险的人员做到心中有数，同时便于按险情的严重程度，区别轻重缓急，安排除险加固。

安全评估的内容和方法一般包括：

(1)对堤防(包括距河岸100m范围)的地形测量应隔几年进行一次，每年汛前完成，对先后两次测量成果进行对比分析。

(2)对堤身、堤基的土质进行室内外试验，确定其物理力学指标。

(3)对重点险工险段进行稳定计算和沉降计算。

(4)检查护坡、护岸的完整性。

(5)对上述四个方面的资料进行综合分析。

将安全评估的资料与险情调查、汛期巡查的资料归纳分析后，确定险情的严重程度。长江流域有的省把险情分为三类：一类是险象尚不明显；二类是险情较重，且有继续发展趋势；三类是险情十分严重，在很短时间内，有可能造成严重后果。但是各种险情都是随着时间的推移而变化的，很难进行定量的判断。为便于险情程度划分并促进险情程度划分的规范化，表1给出了堤防工程险情程度划分的参考意见，把各类险情划分为重大险情、较大险情和一般险情三种情况，建议适用Ⅰ～Ⅲ级堤防。

重大险情如不及时采取措施，往往会在很短时间内造成严重后果。因此，如有重大险情发生，应迅速成立抢险专门组织(如成立抢险指挥部)，分析判断险情和出险原因，研究抢险方案，筹集人力、物料，立即全力以赴投入抢护。有的险情，虽然不会马上造成严重后果，也应根据出险情况进行具体分析，预估险情发展趋势。如果人力、物料有限且险情没有发展恶化的征兆，可暂不处理，但应加强观察，密切注视其动向。有的险情只需要进行简单处理，即可消除险象的，应视情况进行适当处理。总之，一旦发现险情，就应将险情消除在萌芽状态。

(三)抢险方案制定

正确鉴别险情，查明出险原因，因地制宜，根据当时当地的人力、物力及抢险技术水平,制定科学、恰当的抢护方案,并果断予以实施,才能保证抢险成功。

表 1　堤防工程险情程度划分参考

险情分类	重大险情	较大险情	一般险情
漏洞	贯穿堤防的漏水洞	尚未发现漏水的各类孔洞	
管涌(泡泉、翻沙鼓水)	距堤脚的距离小于15倍水位差(或100m以内),出浑水;计算的水力坡降大于允许坡降	距堤脚100～200m,出浑水,出水口直径、出水量较大	
渗水	渗浑水或渗清水,但出逸点较高	渗较多清水,出逸点不太高,有少量沙粒流动	渗清水,出逸点不高,无沙粒流动
穿堤建筑物接触冲刷	刚体建筑物与土体结合部位出现渗流,出口无反滤保护		
滑坡	深层滑坡或较大面积的深层滑坡;计算的安全系数小于允许值	小范围浅层滑坡	浅层裂缝,或缝宽较细,或长度较短
裂缝	穿堤横缝	纵向裂缝	

防汛抢险时间紧,困难多,风险大。应遵循"抢早、抢小、抢了"的原则,争取主动,把险情消灭在萌芽状态或发展阶段。因此,在出现重大险情时,应根据当时条件,采取临时应急措施,尽快尽力进行抢护,以控制险情进一步恶化,争取抢险时间。在采取临时措施的同时,应抓紧研究制定完善的抢护方案。

1.险情鉴别与出险原因分析

正确的险情鉴别及原因分析,是进行抢险的基础。只有对险情有正确的认识,选用抢险方法才有针对性。因此,首先要根据险情特征判定险情类别和严重程度,准确地判断出险原因。对于具体出险原因,必须进行现场查勘,综合各方面的情况,认真研究分析,做出准确的判断。

2.预估险情发展趋势

险情的发展往往有一个从无到有、从小到大、逐步发展的过程。在制定抢险方案前,必须对险情的发生、发展有一个准确的预估,才能使抢险方案有实施的基础。例如长江干堤1998年洪水期出现的管涌(泡泉)险情,占各类险情总和的60%以上。对出现在离堤脚15倍水头差范围以内的管涌,就应该引起特别的注意。如果险情发展速度不快,或者危害不大,如发生渗水、风浪险情等,可采取稳妥的抢护措施;如果险情发展很快,不允许稍有延缓,则应根据现有条件,快速制定方案,尽快进行抢护,与此同时,还应从坏处打算,制定出第二、第三方案,以便第一、第二方案万一抢护失败,能有相应的措施跟上,如果条件许可,几种方案可同时进行。

3.制定抢险方案

制定抢护方案,要依据上述判定的险情类别和出险原因、险情发展速度以及险情所在堤段的地形地质特点,现有的与可能调集到的人力、物力以及抢险人员的技术水平等,因地制宜地选择一种或几种抢护措施。在具体拟定抢护方案时,要积极慎重,既要树立信心,又要有科学的态度。

4.制定实施办法

抢险方案拟定以后,要把它落到实处,这就需要制定具体的实施办法,包括组织。如指挥人员、技术人员、技工、民工等各类人员的具体分工,工具、料物供应,照明、交通、通讯及生活的保障等。应特别注意以下几点:①人力必须足够。要考虑到抢险施工人数、运料人数、换班人数及机动人数。②料物必须充足。应根据制定的抢险方案进行计算或估算,要比实际需要数量多出一些备用量,以备急需。③要有严格的组织管理制度。在人、料具备的条件下,严密的组织管理往往是抢险成功的关键。④抢险必须连续作战,不能间断。

5.守护监视

在险情经过抢护稳定以后,应继续守护观察,密切注视险情的发展变化。险情的发生,其情况往往是比较复杂的,一处工程出险,说明该堤段肯定有缺陷;一处险情抢护稳定后,还可能出现新的险情。因而,继续加强巡查监视,并及时做好抢护新险的准备是十分必要的。

二、堤身漏洞抢险

在汛期高水位情况下,洞口出现在背水坡或背水坡脚附近横贯堤身的渗流孔洞,称为漏洞。如漏洞流出浑水,或由清变浑,或时清时浑,均表明漏洞正在迅速扩大,堤身有可能发生塌陷甚至溃决的危险。因此,发生漏洞险情,必须慎重对待,全力以赴,迅速进行抢护。

(一)漏洞产生的原因

漏洞产生的原因是多方面的,一般说来有:①由于历史原因,堤身内部遗留有屋基、墓穴、阴沟、暗道、腐朽树根等,筑堤时未清除;②堤身填土质量不好,未夯实,有土块或架空结构,在高水位作用下,土块间部分细料流失;③堤身中夹有沙层等,在高水位作用下,沙粒流失;④堤身内有白蚁、蛇、鼠、獾等动物洞穴,在汛期高水位作用下,将平时的淤塞物冲开,或因渗水沿隐患、松土串连而成漏洞;⑤在持续高水位条件下,堤身浸泡时间长,土体变软,更易促成漏洞的生成,故有“久浸成漏”之说;⑥位于老口门和老险工部位的堤段、复堤结合部位处理不好或产生的贯穿裂缝处理不彻底,一旦形成集中渗漏,即有可能转化为漏洞。

发生在堤脚附近的漏洞,很容易与一些基础的管涌险情相混淆,这样是很危险的。1998年汛期就有类似情况发生,幸好在堤临水侧及时发现了进水口,否则若一直当管涌抢险,其后果将不堪设想。

(二)漏洞险情的判别

1.漏洞险情的特征

从上述漏洞形成的原因及过程可以知道,漏洞贯穿堤身,使洪水通过孔洞直接流向堤背水坡(见图1)。漏洞的出口一般发生在背水坡或堤脚附近,其主要表现形式有:

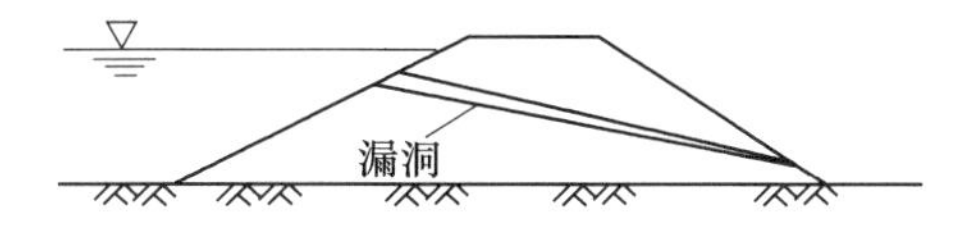

图1 漏洞险情示意图

(1)漏洞开始因漏水量小,堤土很少被冲动,所以漏水较清,叫做清水漏洞。此情况的产生一般伴有渗水的发生,初期易被忽视。但只要查险仔细,就会发现漏洞周围“渗水”的水量较其他地方大,应引起特别重视。

(2)漏洞一旦形成后,出水量明显增加,且渗出的水多为浑水,因而湖北等地形象地称为“浑水洞”。漏洞形成后,洞内形成一股集中水流,漏洞扩大迅速。由于洞内土的崩解、冲刷,出水水流时清时浑、时大时小。

(3)漏洞险情的另一个表现特征是水深较浅时,漏洞进水口的水面上往往会形成旋涡,所以在背水侧查险发现渗水点时,应立即到临水侧查看是否有旋涡产生。

2.漏洞险情的探测

(1)水面观察。漏洞形成初期,进水口水面有时难以看到旋涡。可以在水面上撒一些漂浮物,如纸屑、碎草或泡沫塑料碎屑,若发现这些漂浮物在水面打旋或集中在一处,即表明此处水下有进水口。

(2)潜水探漏。漏洞进水口如水深流急,水面看不到旋涡,则需要潜水探摸。潜水探摸是有效的方法。由体魄强壮、游泳技能高强的青壮年担任潜水员,上身穿戴井字皮带,系上绳索由堤上人员掌握,以策安全。探摸方法:一是手摸脚踩;二是用一端扎有布条的杆子探测。如遇漏洞,洞口水流吸引力可将布条吸入,移动困难。

(3)投放颜料观察水色。该法适宜水流相对小的堤段。在可能出现漏洞且为水浅流缓的堤段分段分期分别撒放石灰或其他易溶于水的带色颜料,如高锰酸钾等,记录每次投放时间、地点,并设专人在背水坡漏洞出水口处观察,如发现出洞口水流颜色改变,记录时间,即可判断漏洞进水口的大体位置和水流流速大小。然后改变颜料颜色,进一步缩小投放范围,即可较准确地找出漏洞进水口。

(4)电法探测。如条件允许可在漏洞险情堤段采用电法探测仪进行探查,以查明漏水通道,判明埋深及走向。

(三)漏洞险情的抢护原则

一旦漏洞出水,险情发展很快,特别是浑水漏洞,将迅速危及堤防安全。所以一旦发现漏洞,应迅速组织人力和筹集物料,抢早抢小,一气呵成。抢护原则是:“前截后导,临重于背”。即在抢护时,应首先在临水侧找到漏洞进水口,及时堵塞,截断漏水来源。同时,在背水漏洞出水口采用反滤和围井,降低洞内水流流速,延缓并制止土料流失,防止险情扩大。切忌在漏洞出口处用不透水料强塞硬堵,以免造成更大险情。

（四）漏洞险情的抢护方法

1.塞堵法

塞堵漏洞进口是最有效、最常用的方法，尤其是在地形起伏复杂、洞口周围有灌木杂物时更适用。一般可用软性材料塞堵，如针刺无纺布、棉被、棉絮、草包、编织袋包、网包、棉衣及草把等，也可用预先准备的一些软楔（见图2）、草捆塞堵。在有效控制漏洞险情的发展后，还需用黏性土封堵闭气，或用大块土工膜、篷布盖堵，然后再压土袋或土枕，直到完全断流为止。1998年汛期，汉口丹水池防洪墙背水侧发现冒水洞，出水量大，在出口处塞堵无效，险情十分危急，后在临水面探测到漏洞进口，立即用棉被等塞堵，并抛填黏性土封堵闭气，使险情得以控制与消除。

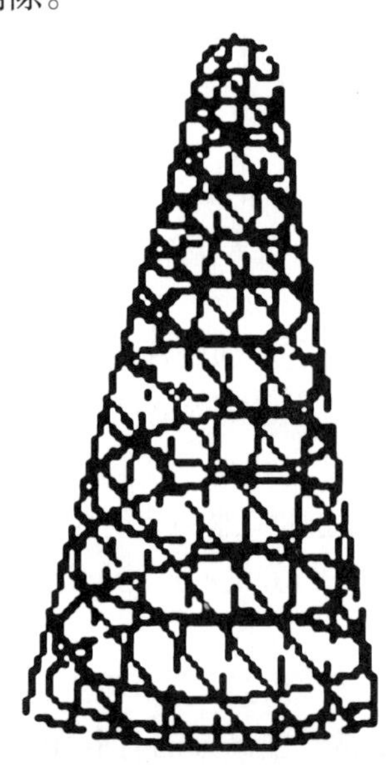

图2　软楔示意图

在抢堵漏洞进口时，切忌乱抛砖石等块状料物，以免架空，致使漏洞继续发展扩大。

2.盖堵法

（1）复合土工膜排体（见图3）或篷布盖堵。当洞口较多且较为集中，附近无树木杂物，逐个堵塞费时且易扩展成大洞时，可采用大面积复合土工膜排体或篷布盖堵，可沿临水坡肩部位从上往下，顺坡铺盖洞口，或从船上铺放，盖堵离堤肩较远处的漏洞进口，然后抛压土袋或土枕，并抛填黏土，形成前戗截渗（见图4）。

（2）就地取材盖堵。当洞口附近流速较小、土质松软或洞口周围已有许多裂缝时，可就地取材，用草帘、苇箔等重叠数层作为软帘，也可临时用柳枝、秸料、芦苇等编扎软帘。软帘的大小也应根据洞口具体情况和需要盖堵的范围决定。在盖堵前，先将软帘卷起，置放在洞口的上部。软帘的上边可根据受力大小用绳索或铅丝系牢于堤顶的木桩上，下边附以重物，以利于软帘下沉时紧贴边坡，然后用长杆顶推，顺堤坡下滚，把洞口盖堵严密，再盖压土袋，抛填黏土，达到封堵闭气（见图5）。

采用盖堵法抢护漏洞进口，需防止盖堵初始时，由于洞内断流，外部水压力增大，洞口覆盖物的四周进水。因此，洞口覆盖后必须立即封严四周，同时迅速用充足的黏土料封堵闭气;否则一旦堵漏失败,洞口扩大,将增加再堵的困难。

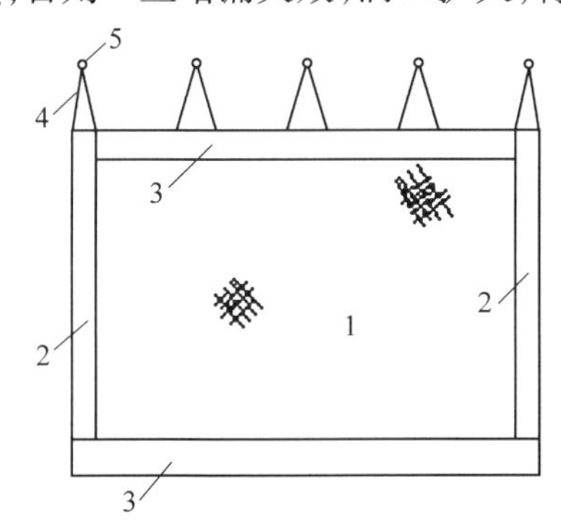

图 3 复合土工膜排体

1—复合土工膜;2—纵向土袋筒(Φ60cm);

3—横向土袋筒(Φ60cm);4—筋绳;5—木桩

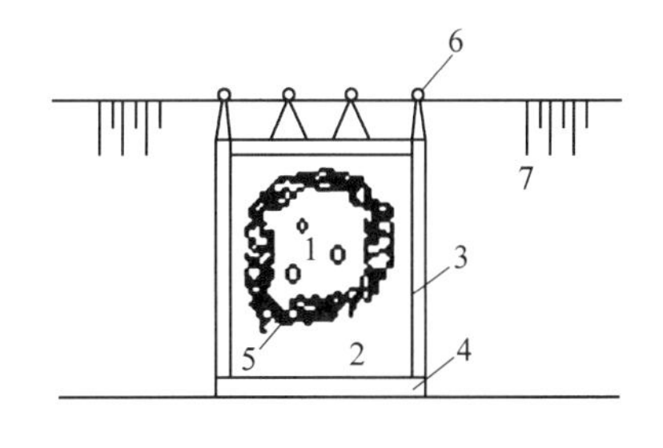

图 4 复合土工膜排体盖堵漏洞进口

1—多个漏洞进口;2—复合土工膜排体;

3—纵向土袋枕;4—横向土袋枕;

5—正在填压的土袋;6—木桩;7—临水堤坡

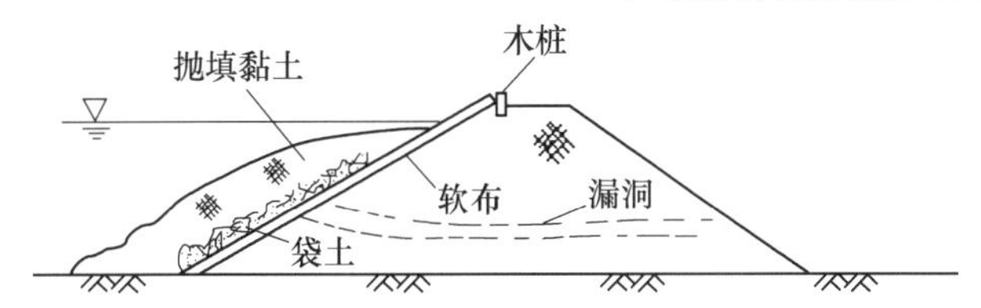

图 5 软帘盖堵示意图

3.戗堤法

当堤坝临水坡漏洞口多而小,且范围又较大时,在黏土料备料充足的情况下,可采用抛黏土填筑前戗或临水筑月堤的办法进行抢堵。

(1)抛填黏土前戗。在洞口附近区域连续集中抛填黏土,一般形成厚 3~5m、高出水面约 1m 的黏土前戗,封堵整个漏洞区域,在遇到填土易从洞口冲出的情况下,可先在洞口两侧抛填黏土,同时准备一些土袋,集中抛填于洞口,初步堵住洞口后,再抛填黏土,闭气截流,达到堵漏的目的(见图 6)。

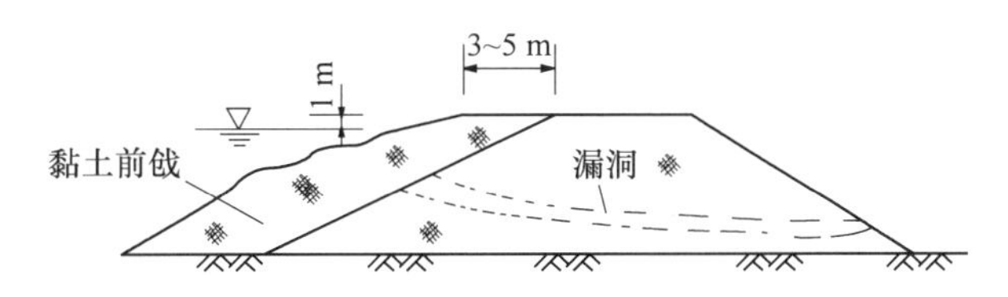

图 6 黏土前戗截渗示意图

(2)临水筑月堤。如果临水水深较浅,流速较小,则可在洞口范围内用土袋迅速连续抛填,快速修成月形围堰,同时在围堰内快速抛填黏土,封堵洞口(见图 7)。漏洞抢堵闭气后,还应有专人看守观察,以防再次出险。

4.辅助措施

在临水坡查漏洞进口的同时,为减缓堤土流失,可在背水漏洞出口处构筑围井,反滤

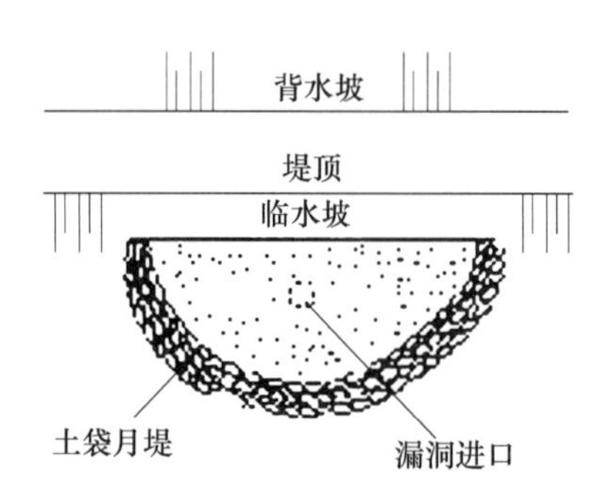

图7　临水筑月堤堵漏示意图

导渗,降低洞内水流流速。切忌在漏洞出口处用不透水料强塞硬堵,致使洞口土体进一步冲蚀,导致险情扩大,危及堤防安全。

三、堤基管涌抢险

在渗流水作用下土颗粒群体运动,称为“流土”。填充在骨架空隙中的细颗粒被渗水带走,称为“管涌”。通常将上述两种渗透破坏统称为管涌(又称翻沙鼓水、泡泉)。管涌险情的发展以流土最为迅速,它的过程是随着出水口涌水挟沙增多,涌水量也随着增大,逐渐形成管涌洞,如将附近堤(闸)基下沙层淘空,就会导致堤(闸)身骤然下挫,甚至酿成决堤灾害。据统计,1998年汛期,长江干堤近2/3的重大险情是管涌险情。所以发生管涌时,决不能掉以轻心,必须迅速予以处理,并进行必要的监护。

(一)管涌险情产生的原因

管涌形成的原因是多方面的。一般来说,堤防基础为典型的二元结构,上层是相对不透水的黏性土或壤土,下面是粉沙、细沙,再下面是砂砾卵石等强透水层,并与河水相通(图8)。在汛期高水位时,由于强透水层渗透水头损失很小,堤防背水侧数百米范围内表土层底部仍承受很大的水压力。如果这股水压力冲破了黏土层,在没有反滤层保护的情况下,粉沙、细沙就会随水流出,从而发生管涌。

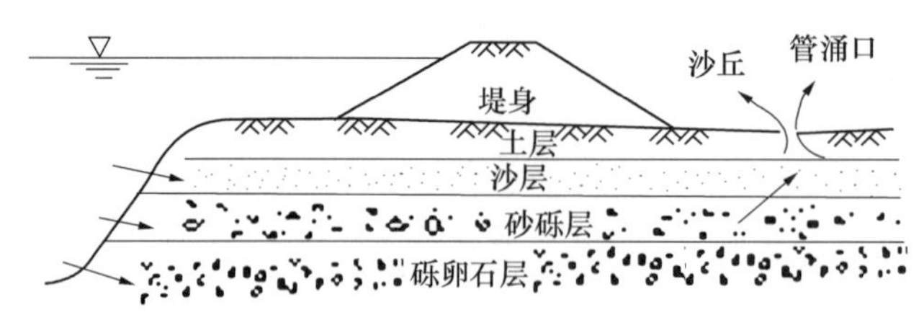

图8　管涌险情示意图

堤防背水侧的地面黏土层不能抗御水压力而遭到破坏的原因大致有:

(1)防御水位提高,渗水压力增大,堤背水侧地面黏土层厚度不够。

(2)历史上溃口段内黏土层遭受破坏,复堤后,堤背水侧留有渊潭,渊潭中黏土层较薄,常有管涌发生。

(3)历年在堤背水侧取土加培堤防,将黏土层挖薄。

(4)建闸后渠道挖方及水流冲刷将黏土层减薄。

(5)在堤背水侧钻孔或勘探爆破孔封闭不实和一些民用井的结构不当,形成渗流通

道。如1995年荆江大堤柳口堤段,距背水侧堤脚数百米的地方因钻孔封填不实,汛期发生了管涌;1998年汛期,湖北省公安县及江西省的九江市均有因民用井结构不当而出现险情的。

(6)由于其他原因将堤背水侧表土层挖薄。

(二)管涌险情的判别

管涌险情的严重程度一般可以从以下几个方面加以判别,即管涌口离堤脚的距离;涌水浑浊度及带沙情况;管涌口直径;涌水量;洞口扩展情况;涌水水头等。由于抢险的特殊性,目前都是凭有关人员的经验来判断。具体操作时,管涌险情的危害程度可从以下几方面分析判别:

(1)管涌一般发生在背水堤脚附近地面或较远的坑塘洼地。距堤脚越近,其危害性就越大。一般以距堤脚15倍水位差范围内的管涌最危险,在此范围以外的次之。

(2)有的管涌点距堤脚虽远一点,但是管涌不断发展,即管涌口径不断扩大,管涌流量不断增大,带出的沙越来越粗,数量不断增大,这也属于重大险情,需要及时抢护。

(3)有的管涌发生在农田或洼地中,多是管涌群,管涌口内有沙粒跳动,似“煮稀饭”,涌出的水多为清水,险情稳定,可加强观测,暂不处理。

(4)管涌发生在坑塘中,水面会出现翻花鼓泡,水中带沙、色浑,有的由于水较深,水面只看到冒泡,可潜水探摸,检查是否有凉水涌出或在洞口是否形成沙环。需要特别指出的是,由于管涌险情多数发生在坑塘中,管涌初期难以发现。因此,在荆江大堤加固设计中曾采用填平堤背水侧200m范围内水塘的办法,有效地控制了管涌险情的发生。

(5)堤背水侧地面隆起(牛皮包、软包)、膨胀、浮动和断裂等现象也是产生管涌的前兆,只是目前水的压力不足以顶穿上覆土层。随着水位的上涨,有可能顶穿,因而对这种险情要高度重视并及时进行处理。

(三)抢护原则

抢护管涌险情的原则应是制止涌水带沙,而留有渗水出路。这样既可使沙层不再被破坏,又可以降低附近渗水压力,使险情得以控制和稳定。

值得警惕的是,管涌虽然是堤防溃口极为明显和常见的原因,但对它的危险性仍有认识不足,措施不当,或麻痹疏忽,贻误时机的。如大围井抢筑不及时,或高围井倒塌都会造成决堤灾害。

(四)抢护方法

1.反滤围井

在管涌口处用编织袋或麻袋装土抢筑围井,井内同步铺填反滤料,从而制止涌水带沙,以防险情进一步扩大,当管涌口很小时,也可用无底水桶或汽油桶做围井。这种方法适用于发生在地面的单个管涌或管涌数目虽多但比较集中的情况。对水下管涌,当水深较浅时也可以采用。

围井面积应根据地面情况、险情程度、料物储备等来确定。围井高度应以能够控制涌水带沙为原则,但也不能过高,一般不超过1.5m,以免围井附近产生新的管涌。对管涌群,可以根据管涌口的间距选择单个或多个围井进行抢护。围井与地面应紧密接触,以防造成漏水,使围井水位无法抬高。

围井内必须用透水料铺填，切忌用不透水材料。根据所用反滤料的不同，反滤围井可分为以下几种形式。

1)砂石反滤围井

砂石反滤围井是抢护管涌险情的最常见形式之一。选用不同级配的反滤料，可用于不同土层的管涌抢险。在围井抢筑时，首先应清理围井范围内的杂物，并用编织袋或麻袋装土填筑围井。然后根据管涌程度的不同，采用不同的方式铺填反滤料：对管涌口不大、涌水量较小的情况，采用由细到粗的顺序铺填反滤料，即先装细料，再填过渡料，最后填粗料，每级滤料的厚度为20～30cm，反滤料的颗粒组成应根据被保护土的颗粒级配事先选定和储备；对管涌口直径和涌水量较大的情况，可先填较大的块石或碎石，以消杀水势，再按前述方法铺填反滤料，以免较细颗粒的反滤料被水流带走。反滤料填好后应注意观察，若发现反滤料下沉可补足滤料，若发现仍有少量浑水带出而不影响其骨架改变(即反滤料不下陷)，可继续观察其发展，暂不处理或略抬高围井水位。管涌险情基本稳定后，在围井的适当高度插入排水管(塑料管、钢管和竹管)，使围井水位适当降低，以免围井周围再次发生管涌或井壁倒塌。同时，必须持续不断地观察围井及周围情况的变化，及时调整排水口高度(如图9所示)。

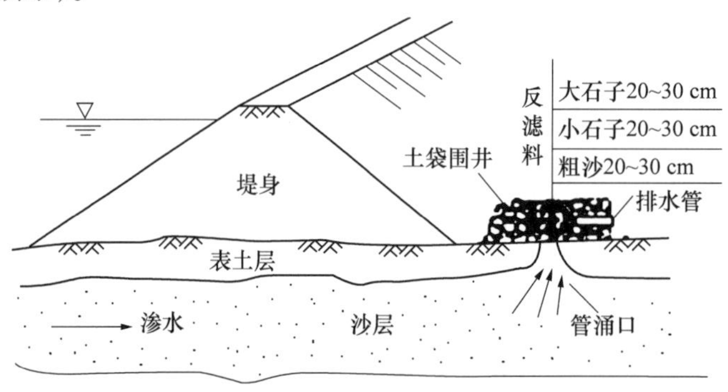

图9　砂石反滤围井示意图

2)土工织物反滤围井

首先对管涌口附近进行清理平整，清除尖锐杂物。管涌口用粗料(碎石、砾石)充填，以消杀涌水压力。铺土工织物前，先铺一层粗沙，粗沙层厚30～50cm。然后选择合适的土工织物铺上。需要特别指出的是，土工织物的选择是相当重要的，并不是所有土工织物都适用。选择的方法是可以将管涌口涌出的水沙放在土工织物上从上向下渗几次，看土工织物是否淤堵。若管涌带出的土为粉沙，一定要慎重选用土工织物(针刺型)；若为较粗的沙，一般的土工织物均可选用。最后要注意的是，土工织物铺设一定要形成封闭的反滤层，土工织物周围应嵌入土中，土工织物之间用线缝合。然后在土工织物上面用块石等强透水材料压盖，加压顺序为先四周后中间，最终中间高、四周低，最后在管涌区四周用土袋修筑围井。围井修筑方法和井内水位控制与砂石反滤围井相同(见图10)。

3)梢料反滤围井

梢料反滤围井用梢料代替砂石反滤料做围井，适用于砂石料缺少的地方。下层选用麦秸、稻草，铺设厚度20～30cm。上层铺粗梢料，如柳枝、芦苇等，铺设厚度30～40cm。

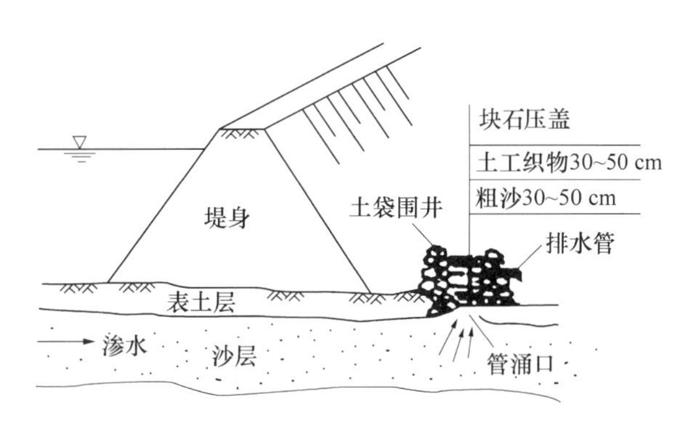

图 10　土工织物反滤围井示意图

梢料填好后，为防止梢料上浮，梢料上面压盖块石等透水材料。围井修筑方法及井内水位控制与砂石反滤围井相同(见图 11)。

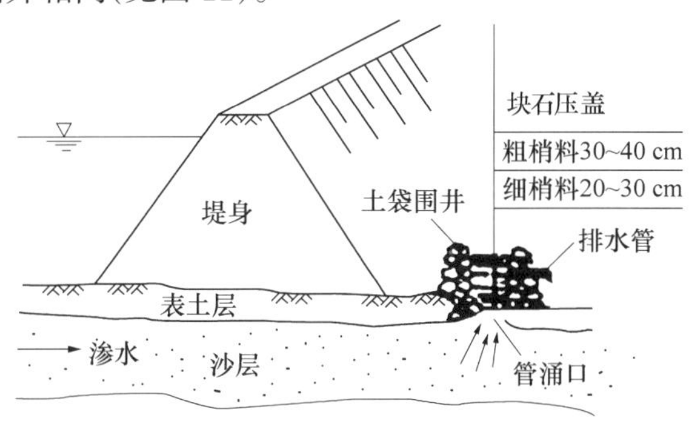

图 11　梢料反滤围井示意图

2. 反滤层压盖

在堤内出现大面积管涌或管涌群时，如果料源充足，可采用反滤层压盖的方法，以降低涌水流速，制止地基泥沙流失，稳定险情。反滤层压盖必须用透水性好的材料，切忌使用不透水材料。根据所用反滤材料不同，可分为以下几种。

1)砂石反滤压盖(见图 12)

在抢筑前，先清理铺设范围内的杂物和软泥，同时对其中涌水涌沙较严重的出口用块石或砖块抛填，消杀水势，然后在已清理好的管涌范围内铺粗沙一层，厚约 20cm，再铺小石子和大石子各一层，厚度均为 20cm，最后压盖块石一层，予以保护。

2)梢料反滤压盖(见图 13)

当缺乏砂石料时，可用梢料做反滤压盖。其清基和消杀水势措施与砂石反滤压盖相同。在铺筑时，先铺细梢料，如麦秸、稻草等，厚 10～15cm，再铺粗梢料，如柳枝、秫秸和芦苇等，厚 15～20cm，粗细梢料共厚约 30cm，然后再铺席片、草垫或苇席等，组成一层。视情况可只铺一层或连铺数层，然后用块石或沙袋压盖，以免梢料漂浮。梢料总的厚度以能够制止涌水挟带泥沙、变浑水为清水、稳定险情为原则。

3. 蓄水反压(俗称养水盆)

即通过抬高管涌区内的水位来减小堤内外的水头差，从而降低渗透压力，减小出逸水力坡降，达到制止管涌破坏和稳定管涌险情的目的(见图 14)。

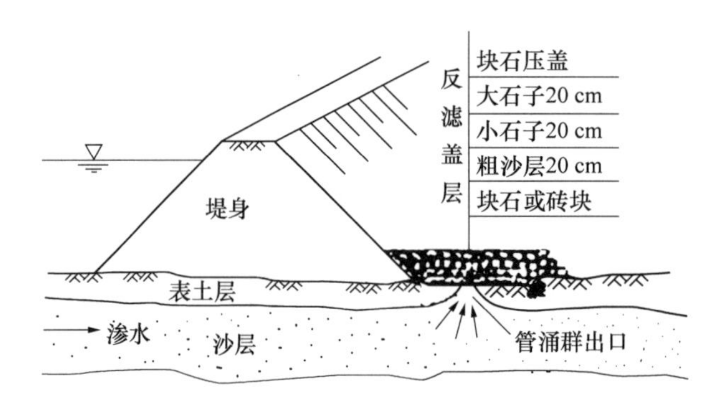

图 12 砂石反滤压盖示意图

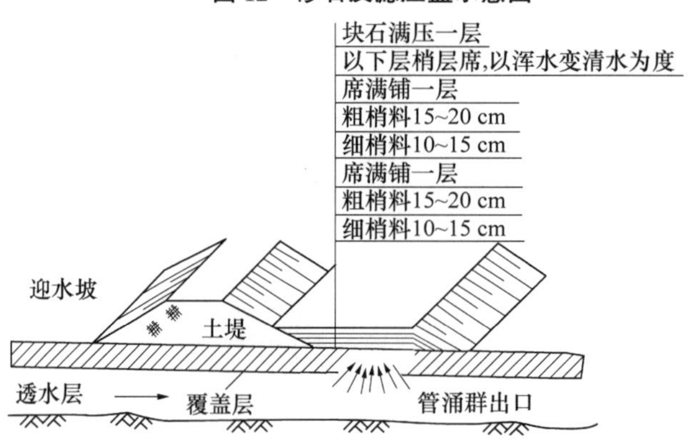

图 13 梢料反滤压盖示意图

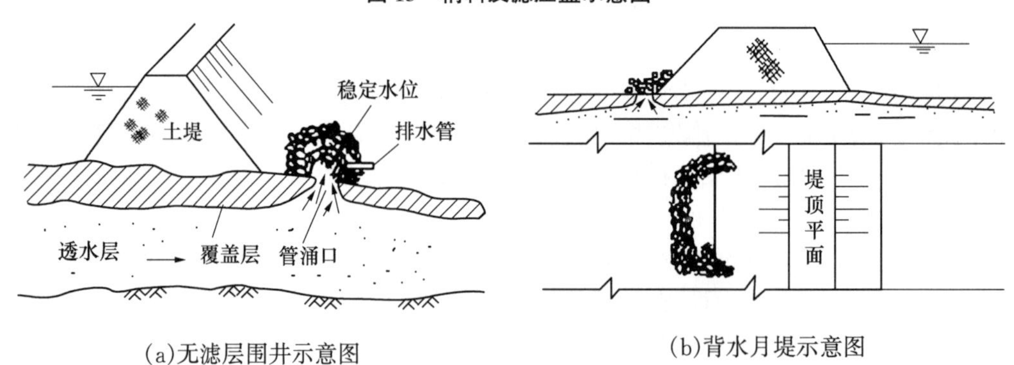

(a)无滤层围井示意图　　(b)背水月堤示意图

图 14 蓄水反压示意图

该方法的适用条件是:①闸后有渠道,堤后有坑塘,利用渠道水位或坑塘水位进行蓄水反压;②覆盖层相对薄弱的老险工段,结合地形,做专门的大围堰(或称月堤)充水反压;③极大的管涌区,其他反滤盖重难以见效或缺少砂石料的地方。蓄水反压的主要形式有以下几种。

(1)渠道蓄水反压。一些穿堤建筑物后的渠道内,由于覆盖层减薄常产生一些管涌险情,且沿渠道一定长度内发生。对这种情况,可以在发生管涌的渠道下游做隔堤,隔堤高度与两侧地面相平,蓄水平压后,可有效控制管涌的发展。如安徽省的陈洲电排站、新河口站等老险闸站都采用此法除险。

(2)塘内蓄水反压。有些管涌发生在塘中,在缺少砂石料或交通不便的情况下,可沿塘四周做围堤,抬高塘中水位以控制管涌。但应注意不要将水面抬得过高,以免周围地面出现新的管涌。

(3)围井反压。对于大面积的管涌区和老的险工段,由于覆盖层很薄,为确保汛期安全度汛,可抢筑大的围井,并蓄水反压,控制管涌险情。如1998年安庆市东郊马窝段,长江上的一个老险工段,覆盖层厚度仅0.8~3m,汛期抢筑了5个大的围井,有效控制了5km长堤段内管涌险情的发生。

采用围井反压时,由于井内水位高、压力大,围井要有一定的强度,同时应严密监视周围是否出现新管涌,切忌在围井附近取土。

(4)其他。对于一些小的管涌, ·时又缺乏反滤料,可以用小的围井围住管涌,蓄水反压,制止涌水带沙。也有的用无底水桶蓄水反压,达到稳定管涌险情的目的。

4.水下管涌险情抢护

在坑、塘、水沟和水渠处经常发生水下管涌,给抢险工作带来困难。可结合具体情况,采用以下处理办法:

(1)反滤围井。当水深较浅时,可采用这种方法。

(2)水下反滤层。当水深较深,做反滤围井困难时,可采用水下抛填反滤层的办法。如管涌严重,可先填块石以消杀水势,然后从水上向管涌口处分层倾倒砂石料,使管涌处形成反滤堆,沙粒不再带出,从而达到控制管涌险情的目的,但这种方法使用砂石料较多。

(3)蓄水反压。当水下出现管涌群且面积较大时,可采用蓄水反压的办法控制险情,可直接向坑塘内蓄水,如果有必要,也可以在坑塘四周筑围堤蓄水。

5."牛皮包"的处理

当地表土层在草根或其他胶结体作用下凝结成一片时,渗透水压把表土层顶起而形成的鼓包,俗称为"牛皮包"。一般可在隆起的部位,铺麦秸或稻草一层,厚10~20cm,其上再铺柳枝、秫秸或芦苇一层,厚20~30cm。如厚度超过30cm,可分横竖两层铺放,然后再压土袋或块石。

四、堤坡渗水抢险

(一)渗水险情产生的原因

堤防产生渗水的主要原因有:①超警戒水位持续时间长;②堤防断面尺寸不足;③堤身填土含沙量大,临水坡又无防渗斜墙或其他有效控制渗流的工程措施;④由于历史原因,堤防多为民工挑土而筑,填土质量差,没有正规的碾压,有的填筑时含有冻土、团块和其他杂物,夯实不够等;⑤堤防的历年培修,使堤内有明显的新老结合面存在;⑥堤身隐患,如蚁穴、蛇洞、暗沟、易腐烂物、树根等。

(二)渗水险情的判别

渗水险情的严重程度可以从渗水量、出逸点高度和渗水的浑浊情况等三个方面加以判别,目前常从以下几方面区分险情的严重程度:

(1)堤背水坡严重渗水或渗水已开始冲刷堤坡,使渗水变浑浊,有发生流土的可能,证明险情正在恶化,必须及时进行处理,防止险情的进一步扩大。

(2)渗水是清水,但如果出逸点较高(黏性土堤防不能高于堤坡的1/3,而对于沙性土堤防,一般不允许堤身渗水),易产生堤背水坡滑坡、漏洞及陷坑等险情,也要及时处理。

(3)因堤防浸水时间长,在堤背水坡出现渗水。渗水出逸点位于堤脚附近,为少量清水,经观察并无发展,同时水情预报水位不再上涨或上涨不大时,可加强观察,注意险情的变化,暂不处理。

(4)其他原因引起的渗水。通常与险情无关,如堤背水坡水位以上出现渗水,系由雨水、积水排出造成。

应当指出的是,许多渗水的恶化都与雨水的作用关系甚密,特别是填土不密实的堤段。在降雨过程中应密切注意渗水的发展,该类渗水易引起堤身凹陷,从而使一般渗水险情转化为重大险情。

(三)堤身渗水的抢护原则

渗水的抢护原则应是"前堵、后排"。"前堵"即在堤临水侧用透水性小的黏性土料做外帮防渗,也可用篷布、土工膜隔渗,从而减少水体入渗到堤内,达到降低堤内浸润线的目的;"后排"即在堤背水坡上做一些反滤排水设施,用透水性好的材料如土工织物、砂石料或稻草、芦苇做反滤设施,让已经渗出的水有控制地流出,不让土粒流失,增加堤坡的稳定性。需特别指出的是,背水坡反滤排水只缓解了堤坡表面土体的险情,而对于渗水引起的滑动效果不大,需要时还应做压渗固脚平台,以控制可能因堤背水坡渗水带来的脱坡险情。

(四)渗水险情的抢护方法

1.临水截渗

为减少堤防的渗水量,降低浸润线,达到控制渗水险情发展和稳定堤防边坡的目的,特别是渗水险情严重的堤段,如渗水出逸点高、渗出浑水、堤坡裂缝及堤身单薄等,应采用临水截渗。临水截渗一般应根据临水的深度、流速、风浪的大小及取土的难易,酌情采取以下方法。

(1)复合土工膜截渗。堤临水坡相对平整和无明显障碍时,采用复合土工膜截渗是简便易行的办法。具体做法是:在铺设前,将临水坡面铺设范围内的树枝、杂物清理干净,以免损坏土工膜。土工膜顺坡长度应大于堤坡长度1m,沿堤轴线铺设宽度视堤背水坡渗水程度而定,一般超过险段两端5～10m,幅间的搭接宽度不小于50cm。每幅复合土工膜底部固定在钢管上,铺设时从堤坡顶沿坡向下滚动展开,土工膜铺设的同时,用土袋压盖,以免土工膜随水浮起,同时提高土工膜的防冲能力,参见图4。

也可用复合土工膜排体作为临水面截渗体。

(2)抛黏土截渗。当水流流速和水深不大且有黏性土料时,可采用临水面抛填黏土截渗。将临水面堤坡的灌木、杂物清除干净,使抛填黏土能直接与堤坡土接触。抛填可从堤肩由上向下抛,也可用船只抛填。当水深较大或流速较大时,可先在堤脚处抛填土袋构筑潜堰,再在土袋潜堰内抛黏土。黏土截渗体一般厚2～3m,高出水面1m,超出渗水段3～5m,参见图6。

2.背水坡反滤沟导渗

当堤背水坡大面积严重渗水,而在临水侧迅速做截渗有困难时,只要背水坡无脱坡或渗水变浑情况,可在背水坡及其坡脚处开挖导渗沟,排走背水坡表面土体中的渗水,恢复土体的抗剪强度,控制险情的发展。

根据反滤沟内所填反滤料的不同,反滤导渗沟可分为三种:①在导渗沟内铺设土工织物,其上回填一般的透水料,称为土工织物导渗沟。②在导渗沟内填砂石料,称为砂石导渗沟。1998 年汛期,湖北监利和洪湖长江干堤采用该法效果较好。③因地制宜地选用一些梢料作为导渗沟的反滤料,称为梢料导渗沟。

(1)导渗沟的布置形式。导渗沟的布置形式可分为纵横沟、"Y"字形沟和"人"字形沟等。以"人"字形沟的应用最为广泛,效果最好,"Y"字形沟次之,见图 15(a)。

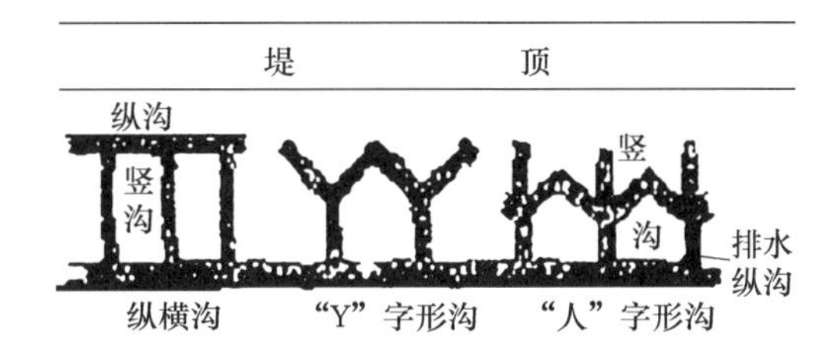

(a)堤内坡导渗沟类型平面示意图

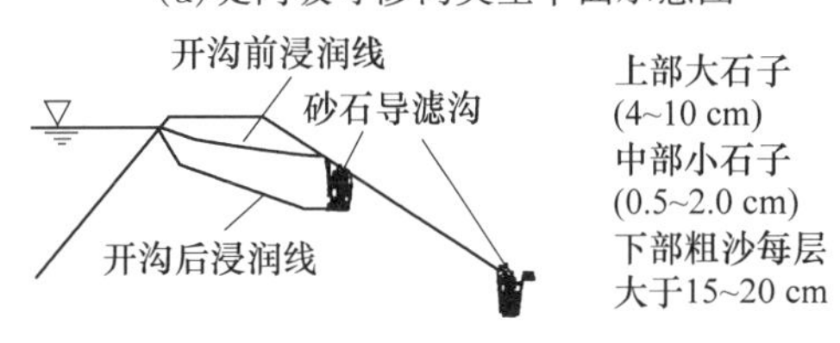

(b)砂石导渗沟剖面图

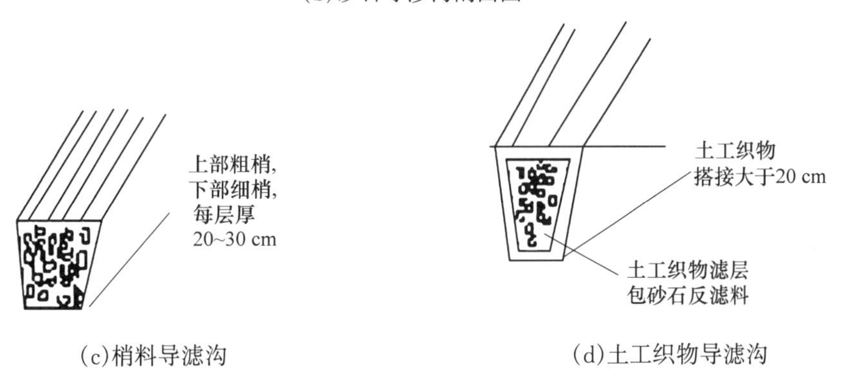

(c)梢料导滤沟

(d)土工织物导滤沟

图 15 导渗沟铺填示意图

(2)导渗沟尺寸。导渗沟的开挖深度、宽度和间距应根据渗水程度和土壤性质确定。一般情况下,开挖深度、宽度和间距分别选用 30~50cm、30~50cm 和 6~10m。导渗沟的开挖高度,一般要达到或略高于渗水出逸点位置。导渗沟的出口,以导渗沟所截得的水排出离堤脚 2~3m 外为宜,尽量减少渗水对堤脚的浸泡。

(3)反滤料铺设。边开挖导渗沟,边回填反滤料。反滤料为砂石料时,应控制含泥量,以免影响导渗沟的排水效果;反滤料为土工织物时,土工织物应与沟的周边结合紧密,其上回填碎石等一般的透水料，土工织物搭接宽度以大于 20cm 为宜；回填滤料为稻糠、麦秸、稻草、柳枝、芦苇等，其上应压透水盖（见图 15(b)、(c)、(d)）。

值得指出的是，反滤导渗沟对维护堤坡表面土的稳定是有效的，而对于降低堤内浸润线和堤背水坡出逸点高程的作用相当有限。要彻底根治渗水，还要视工情、水情、雨情等确定是否采用临水截渗和压渗脚平台。

3. 背水坡贴坡反滤导渗

当堤身透水性较强，在高水位下浸泡时间长久，导致背水坡面渗流出逸点以下土体软化，开挖反滤导渗沟难以成形时，可在背水坡做贴坡反滤导渗。在抢护前，先将渗水边坡的杂草、杂物及松软的表土清除干净；然后，按要求铺设反滤料。根据使用反滤料的不同，贴坡反滤导渗可以分为三种：土工织物反滤层；砂石反滤层；梢料反滤层（见图 16）。

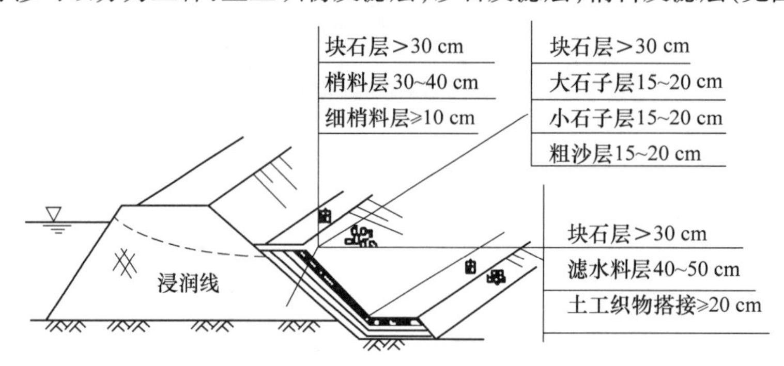

图 16　土工织物、砂石、梢料反滤层示意图

4. 透水压渗平台

当堤防断面单薄，背水坡较陡，发生大面积渗水，且堤线较长，全线抢筑透水压渗平台的工作量大时，可以结合导渗沟加间隔透水压渗平台的方法进行抢护。透水压渗平台根据使用材料不同，有以下两种方法：

(1)沙土压渗平台。首先将边坡渗水范围内的杂草、杂物及松软表土清除干净，再用砂砾料填筑后戗，要求分层填筑密实，每层厚度 30cm，顶部高出浸润线出逸点 0.5～1.0m，顶宽 2～3m，戗坡一般为 1∶3～1∶5，长度超过渗水堤段两端至少 3m（见图 17）。

(2)梢土压渗平台。当填筑砂砾压渗平台缺乏足够料物时，可采用梢土代替砂砾，筑成梢土压浸平台。其外形尺寸以及清基要求与沙土压渗平台基本相同，见图 18，梢土压渗平台厚度为 1～1.5m。贴坡段及水平段梢料均为三层，中间层粗，上、下两层细。

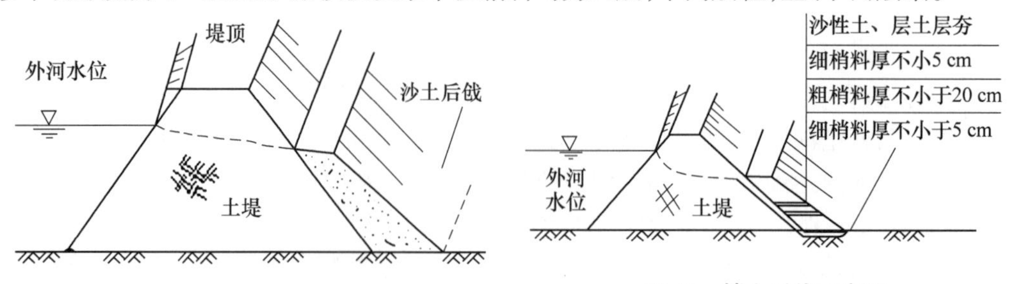

图 17　砂石后戗示意图

图 18　梢土后戗示意图

五、接触冲刷抢险

(一)接触冲刷险情产生的原因

接触冲刷险情产生的原因主要有:①与穿堤建筑物接触的土体回填不密实;②建筑物与土体结合部位有生物活动;③止水齿墙(槽、环)失效;④一些老的涵箱断裂变形;⑤超设计水位的洪水作用;⑥穿堤建筑物的变形引起结合部位不密实或破坏等;⑦土堤直接修建在卵石堤基上;⑧堤基土中层间系数太大的地方,如粉沙与卵石间也易产生接触冲刷。该类险情可以结合管涌险情来考虑,这里仅讨论穿堤建筑物的接触冲刷险情。

(二)接触冲刷的判别

汛期穿堤建筑物处均应有专人把守,同时新建的一些穿堤建筑物应设有安全监测点,如测压管和渗压计等。汛期只要加强观测,及时分析堤身、堤基渗压力变化,即可分析判定是否有接触冲刷险情发生。没有设置安全监测设施的穿堤建筑物,可以从以下几个方面加以分析判别:

(1)查看建筑物背水侧渠道内水位的变化,也可做一些水位标志进行观测,帮助判别是否产生接触冲刷。

(2)查看堤背水侧渠道水是否浑浊,并判定浑水是从何处流进的,仔细检查各接触带出口处是否有浑水流出。

(3)建筑物轮廓线周边与土结合部位处于水下,可能在水面产生冒泡或浑水,应仔细观察,必要时可进行人工探摸。

(4)接触带位于水上部分,在结合缝处(如八字墙与土体结合缝)有水渗出,说明墙与土体间产生了接触冲刷,应及早处理。

(三)接触冲刷险情的抢护原则

穿堤建筑物与堤身、堤基接触带产生接触冲刷,险情发展很快,直接危及建筑物与堤防的安全,所以抢险时应抢早抢小,一气呵成。抢护原则是在建筑物临水面进行截堵,背水面进行反滤导水,特别是基础与建筑物接触部位产生冲刷破坏时,应抬高堤内渠道水位,减小冲刷水流流速。对可能产生建筑物塌陷的,应在堤临水面修筑挡水围堰或重新筑堤等。

(四)接触冲刷险情的抢护方法

抢护接触冲刷险情可以根据具体情况采用以下几种方法。

1.临水堵截

1)抛填黏土截渗

(1)适用范围。临水不太深,风浪不大,附近有黏土料,且取土容易,运输方便。

(2)备料。由于穿堤建筑物进水口在汛期伸入江河中较远,在抛填黏土时需要土方量大,为此,要充分备料,抢险时最好能采用机械运输,及时抢护。

(3)坡面清理。黏土抛填前,应清理建筑物两侧临水坡面,将杂草、树木等清除,以使抛填黏土能较好地与临水坡面接触,提高黏土抛填效果。

(4)抛填尺寸。沿建筑物与堤身、堤基结合部抛填,高度以超出水面1m左右为宜,顶宽2~3m。

(5)抛填顺序。一般是从建筑物两侧临水坡开始抛填,依次向建筑物进水口方向抛填,最终形成封闭的防渗黏土斜墙。

2)临水围堰

当临水侧有滩地,水流流速不大,而接触冲刷险情又很严重时,可在临水侧抢筑围堰,截断进水,达到制止接触冲刷的目的。临水围堰一定要绕过建筑物顶端,将建筑物与土堤及堤基结合部位围在其中。可从建筑物两侧堤顶开始进行抢筑围堰,最后在水中合龙;也可用船连接圆形浮桥进行抛填,加大施工进度,即时抢护。

在临水截渗时,靠近建筑物侧墙和涵管附近不要用土袋抛填,以免产生集中渗漏;切忌乱抛块石或块状物,以免架空,达不到截渗的目的。

2.堤背水侧导渗

1)反滤围井

当堤内渠道水不深时(小于2.5m),可在接触冲刷水流出口处修筑反滤围井,将出口围住并蓄水,再按反滤层要求填充反滤料。为防止因水位抬高引起新的险情发生,可以调整围井内水位,直至最佳状态为止,即让水排出而不带走沙土。具体方法见管涌抢护方法中的反滤围井。

2)围堰蓄水反压

在建筑物出口处修筑较大的围堰,将整个穿堤建筑物的下游出口围在其中,然后蓄水反压,达到控制险情的目的。其原理和方法与抢护管涌险情的蓄水反压相同。

在堤背水侧反滤导渗时,切忌用不透水料堵塞,以免引起新的险情。在堤背水侧蓄水反压时,水位不能抬得过高,以免引起围堰倒塌或周围产生新的险情。同时,由于水位高、水压大,围堰要有足够的强度,以免造成围堰倒塌而出现溃口性险情。

3.筑堤

当穿堤建筑物已发生严重的接触冲刷险情而无有效抢护措施时,可在堤临水侧或堤背水侧筑新堤封闭,汛后作彻底处理。具体方法如下。

1)方案确定

首先应考虑抢险预案措施,根据地形、水情、人力、物力、抢护工程量及机械化作业情况,确定是筑临水围堤还是背水围堤。一般在堤背水侧抢筑新堤要容易些。

2)筑堤线路确定

根据河流流速、滩地的宽窄情况及堤内地形情况,确定筑堤线路,同时根据工程量大小以及是否来得及抢护,确定筑堤的长短。

3)筑堤清基要求

确定筑堤方案和线路后,筑堤范围也即确定。首先应清除筑堤范围内的杂草、淤泥等,特别是新、老堤结合部位应清理彻底;否则一旦新堤挡水,造成结合部集中渗漏,将会引起新的险情发生。

4)筑堤填土要求

一般选用含沙少的壤土或黏土,严格控制填土的含水量、压实度,使填土充分夯实或压实,填筑要求可参考有关堤防填筑标准。

六、堤防滑坡抢险

(一)滑坡产生的原因

堤防的临水面与背水面堤坡均有发生滑坡的可能,因其所处位置不同,产生滑坡的原因也不同,现分述如下。

1.临水面滑坡的主要原因

(1)堤脚滩地迎流顶冲坍塌,崩岸逼近堤脚,堤脚失稳引起滑坡。

(2)水位消退时,堤身饱水,容重增加,在渗流作用下,使堤坡滑动力加大、抗滑力减小,堤坡失去平衡而滑坡。

(3)汛期风浪冲毁护坡,侵蚀堤身引起的局部滑坡。

2.背水面滑坡的主要原因

(1)堤身渗水饱和而引起的滑坡。通常在设计水位以下,堤身的渗水是稳定的,然而,在汛期洪水位超过设计水位或接近设计水位时,堤身的抗滑稳定性降低或达到最低值,再加上其他一些原因,最终导致滑坡。

(2)遭遇暴雨或长期降雨而引起的滑坡。汛期水位较高,堤身的安全系数降低,如遭遇暴雨或长时间连续降雨,堤身饱水程度进一步加大,特别是对于已产生了纵向裂缝(沉降缝)的堤段,雨水沿裂缝很容易地渗透到堤防的深部,裂缝附近的土体因浸水而软化,强度降低,最终导致滑坡。

(3)堤脚失去支撑而引起的滑坡。平时不注意堤脚保护,更有甚者,在堤脚下挖塘,或未将紧靠堤脚的水塘及时回填等,这种地方是堤防的薄弱地段,堤脚下的水塘就是将来滑坡的出口。

(二)堤防滑坡的预兆

汛期堤防出现了下列情况,必须引起注意。

1.堤顶与堤坡出现纵向裂缝

汛期一旦发现堤顶或堤坡出现了与堤轴线平行且较长的纵向裂缝,必须引起高度警惕,仔细观察,并做必要的测试,如缝长、缝宽、缝深、缝的走向以及缝隙两侧的高差等,必要时要连续数日进行测试并做详细记录。出现下列情况时,发生滑坡的可能性很大。

(1)裂缝左右两侧出现明显的高差,其中位于离堤中心远的一侧低,而靠近堤中心的一侧高。

(2)裂缝宽度继续增大。

(3)裂缝的尾部走向出现了明显的向下弯曲的趋势,如图19所示。

(4)从发现第一条裂缝起,在几天之内与该裂缝平行的方向相继出现数道裂缝。

(5)发现裂缝两侧土体明显湿润,甚至发现裂缝中渗水。

2.堤脚处地面变形异常

滑坡发生之前,滑动体沿着滑动面已经产生移动,在滑动体的出口处滑动体与非滑动体相对变形突然增大,使出口处地面变形出现异常。一般情况下,滑坡前出口处地面变形异常情况难以发现。因此,在汛期,特别是在洪水异常大的汛期,应在重要堤防,包括软基上的堤防、曾经出现过险情的堤防堤段,临时布设一些观测点,及时对这些观测点进行观

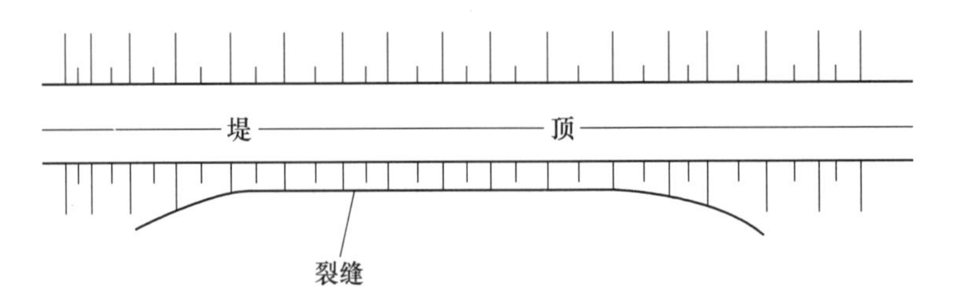

图19 滑坡前裂缝两端明显向下弯曲

测,以便随时了解堤防坡脚或离坡脚一定距离范围内地面变形情况。当发现堤脚下或堤脚附近出现下列情况,预示着可能发生滑坡。

(1)堤脚下或堤脚下某一范围隆起。可以在堤脚或离堤脚一定距离处打一排或两排木桩,测这些木桩的高程或水平位移来判断堤脚处隆起和水平位移量。

(2)堤脚下某一范围内明显潮湿,变软发泡。

3.临水坡前滩地崩岸逼近堤脚

汛期或退水期,堤防前滩地在河水的冲刷、涨落作用下,常常发生崩岸。当崩岸逼近堤脚时,堤脚的坡度变陡,压重减小。这种情况一旦出现,极易引起滑坡。

4.临水坡坡面防护设施失效

汛期水位较高,风浪大,对临水坡坡面冲击较大。一旦某一坡面处的防护被毁,风浪直接冲刷堤身,使堤身土体流失,发展到一定程度也会引起局部的滑坡。

(三)临水面滑坡抢护的基本原则

抢护的基本原则是:尽量增加抗滑力,尽快减小下滑力。具体地说,“上部削坡,下部固坡”,先固脚,后削坡。

(四)临水面滑坡抢护的基本方法

汛期临水面水位较高,采用的抢护方法必须考虑水下施工问题。

1.增加抗滑力的方法

(1)做土石戗台。在滑坡阻滑体部位做土石戗台,滑坡阻滑体部位一时难以精确划定时,最简单的办法是,戗台从堤脚往上做,分二级,第一级厚度为1.5~2.0m,第二级厚度为1.0~1.5m(见图20)。

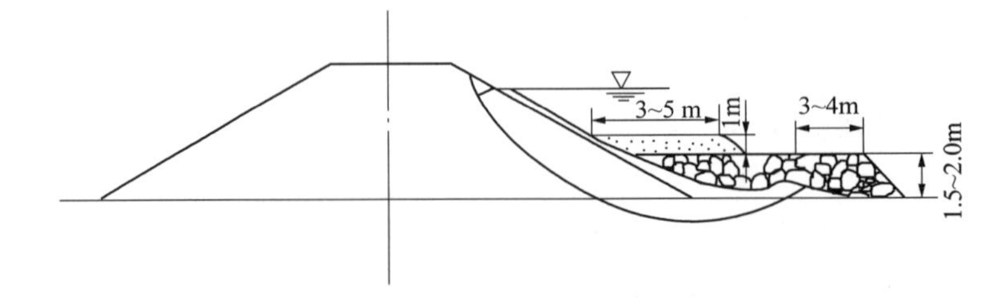

图20 土石戗台断面示意图

土石戗台断面结构示意图如图21所示。

采用本抢护方案的基本条件是:堤脚前未出现崩岸与坍塌险情,堤脚前滩地是稳定的。

(2)做石撑。当做土石戗台有困难时,比如滑坡段较长、土石料紧缺时,应做石撑临时

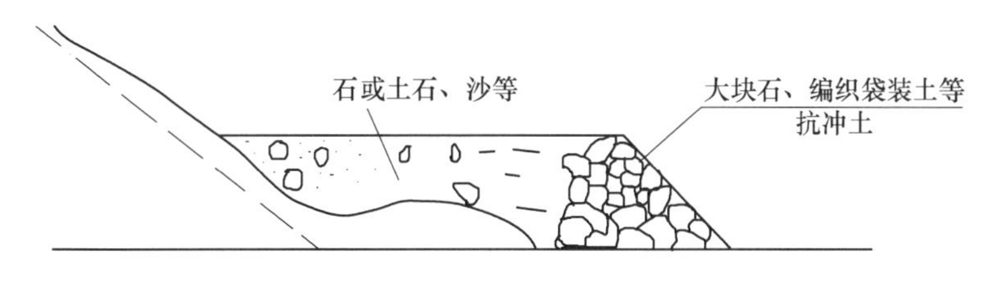

图 21 土石戗台断面结构示意图

稳定滑坡。该法适用于滑坡段较长、水位较高时。采用此法的基本条件与做土石戗台的基本条件相同。石撑宽度 4～6m，坡比 1∶5，撑顶高度不宜高于滑坡体的中点高度，石撑底脚边线应超出滑坡下口 3m(见图 22)。石撑的间隔不宜大于 10m。

(3)堤脚压重，保证滑动体稳定，制止滑动进一步发展。滑坡是由于堤前滩地崩岸、坍塌而引起的，那么，首先要制止崩岸的继续发展。最简单的办法是堤脚抛石块、石笼、编织袋装土石等抗冲压重材料，在极短的时间内制止崩岸与坍塌进一步发展。

2. 背水坡贴坡补强

当临水面水位较高、风浪大，做土石戗台、石撑等有困难时，应在背水坡及时贴坡补强。贴坡的厚度应视临水面滑坡的严重程度而定，一般应大于滑坡的厚度，贴坡的坡度应比背水坡的设计坡度略缓一些。贴坡材料应选用透水的材料，如沙、沙壤土等。如没有透水材料，必须做好贴坡与原堤坡间的反滤层(反滤层做法与渗水抢险中的背水反滤导渗法相同)，以保证堤身在渗透条件不被破坏。背水坡贴坡补强示意图见图 23。背水坡贴坡的长度要超过滑坡两端各 3m。

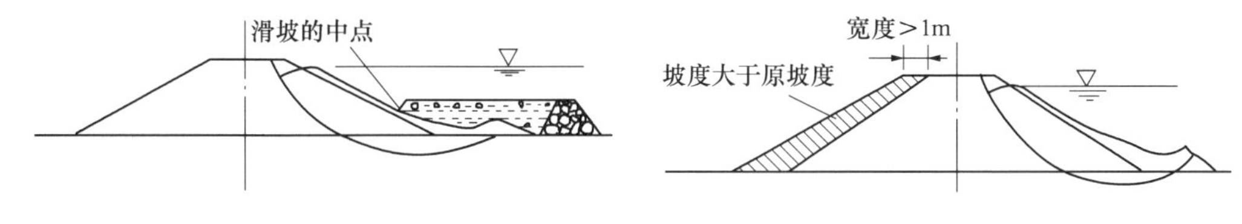

图 22 石撑断面示意图

图 23 背水坡贴坡补强示意图

(五)背水面滑坡抢护的基本原则

减小滑动力，增加抗滑力。即上部削坡，下部堆土压重。如滑坡的主要原因是渗流作用时应同时采取“前截后导”的措施。

(六)背水面滑坡抢护的基本方法

1. 减少滑动力

(1)削坡减载。削坡减载是处理堤防滑坡最常用的方法，该法施工简单，一般只用人工削坡即可。但在滑坡还在继续发展、没有稳定之前，不能进行人工削坡。一定要等滑坡已经基本稳定后(大约半天至 1 天时间)才能施工。一般情况下，可将削坡下来的土料压在滑坡的堤脚上做压重用。

(2)在临水面上做截渗铺盖，减少渗透力。当判定滑坡是由渗透力而引起的，及时截断渗流是缓解险情的重要措施之一。采用此法的条件是：坡脚前有滩地，水深也较浅，附近有黏土可取。在坡面上做黏土铺盖阻截或减少渗水，尽快减小渗透力，以达到减小滑动力的目的。

(3)及时封堵裂隙，阻止雨水继续渗入。滑坡后，滑动体与堤身间的裂隙应及时处理，以防雨水沿裂隙渗入到滑动面的深层，保护滑动面深处土体不再浸水软化、强度不再降低。封堵裂隙的办法是用黏土填筑捣实，如没有黏土，也可就地捣实后覆盖土工膜。该法与上述截渗铺盖一样，只能维持滑坡不再继续发展，而不能根治滑坡。在封堵滑坡裂隙的同时，必须尽快进行其他抢护措施的施工。

(4)在背水坡面上做导渗沟，及时排水，可以进一步降低浸润线，减小滑动力。

2.增加抗滑力

增加抗滑力才是保证滑坡稳定、彻底排除险情的主要办法。

增加抗滑力的有效办法是增加抗滑体本身的重量，该法见效快、施工简单、易于实施。

(1)做滤(透)水反压平台(俗称马道、滤水后戗等)。如用沙、石等透水材料做反压平台，因沙、石本身是透水的，因此在做反压平台前无须再做导渗沟。用沙、石做成的反压平台，称透水反压平台。

在欲做反压平台的部位(坡面)挖沟，沟深20～40cm，沟间距3～5m，在沟内放置滤水材料(粗沙、碎石、瓜子片、塑料排水管等)导渗，这与导渗沟相类似。导渗沟下端伸入排渗体内，将水排出堤外，绝不能将导渗沟通向堤外的渗水通道阻塞。做好导渗沟后，即可做反压平台。沙、石、土等均可做反压平台的填筑材料。

反压平台在滑坡长度范围内应全面连续填筑，反压平台两端应长至滑坡端部3m以外。第一级平台厚2m，平台边线应超出滑坡隆起点3m；第二级平台厚1m，详见图24。

(2)做滤(透)水土撑。当用沙、石等透水材料做土撑材料时，不需再做导渗沟，称此类土撑为透水土撑。由于做反压平台需大量的土石料，当滑坡范围很大，土石料供应又紧张时，可做滤(透)水土撑。滤(透)水土撑与反压平台的区别是：前者分段，一个一个地填筑而成。每个土撑宽度5～8m，坡比1:5。撑顶高度不宜高出滑坡体的中点高度。这样做是保证土撑基本上压在阻滑体上。土撑底脚边线应超出滑坡下出口3m，土撑的间隔不宜大于10m。滤(透)水土撑的断面如图25所示。

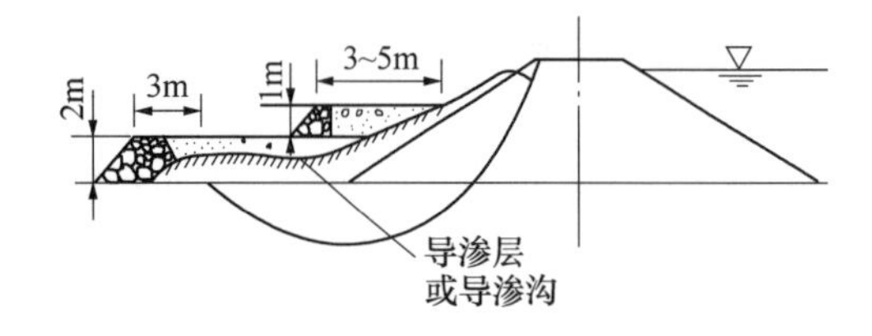

图24 滤(透)水反压平台断面示意图

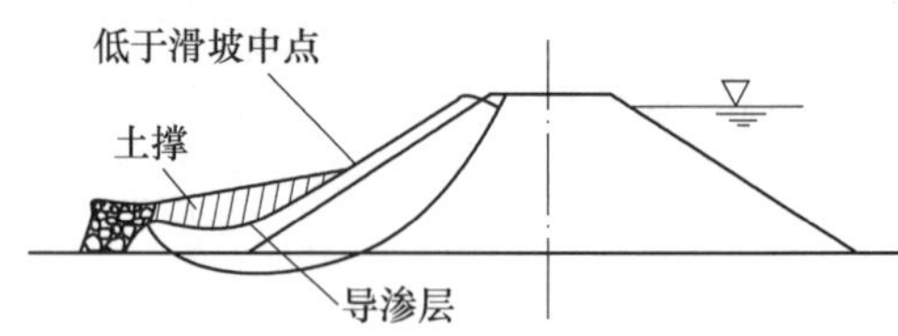

图25 滤(透)水土撑断面示意图

(3)堤脚压重。在堤脚下挖塘或建堤时，因取土坑未回填等原因使堤脚失去支撑而引起滑坡时，抢护最有效的办法是尽快用土石料将塘填起来，至少应及时地把堤脚已滑移的部位用土石料压住。在堤脚稳住后基本上可以暂时控制滑坡的继续发展，这样就争取了时间，可从容地实施其他抢护方案。实质上该法就是反压平台法的第一级平台。

在做压脚抢护时，必须严格划定压脚的范围，切忌将压重加在主滑动体部位。抢护滑坡施工不应采用打桩等办法，因为震动会引起滑坡的继续发展。

3.滤水还坡

汛前堤防稳定性较好，堤身填筑质量符合设计要求，在正常设计水位条件下，堤坡是稳定的。但是,如在汛期出现了超设计水位的情况,渗透力超过设计值将会引起滑坡。这类滑坡都是浅层滑坡,滑动面基本不切入地基中,只要解决好堤坡的排水,减小渗透力即可将滑坡恢复到原设计边坡,此为滤水还坡。滤水还坡有以下四种做法。

(1)导渗沟滤水还坡。先清除滑坡的滑动体,然后在坡面上做导渗沟,用无纺土工布或用其他替代材料将导渗沟覆盖保护,在其上用沙性土填筑到原有的堤坡,如图 26 所示。

导渗沟的开挖应从上至下分段进行,切勿全面同时开挖。

(2)反滤层滤水还坡。该法与导渗沟滤水还坡法一样,其不同之处是将导渗沟滤水改为反滤层滤水。反滤层的做法与渗水抢险中的背水坡反滤导渗的反滤做法相同。

(3)梢料滤水还坡。当缺乏砂石等反滤料时可用此法。本法的具体做法是:清除滑坡的滑动体,按一层柴一层土夯实填筑,直到恢复滑坡前的断面。柴可用芦柴、柳枝或其他秸秆,每层柴厚 0.2m,每层土厚 1～1.5m。梢料滤水还坡示意图如图 27 所示。

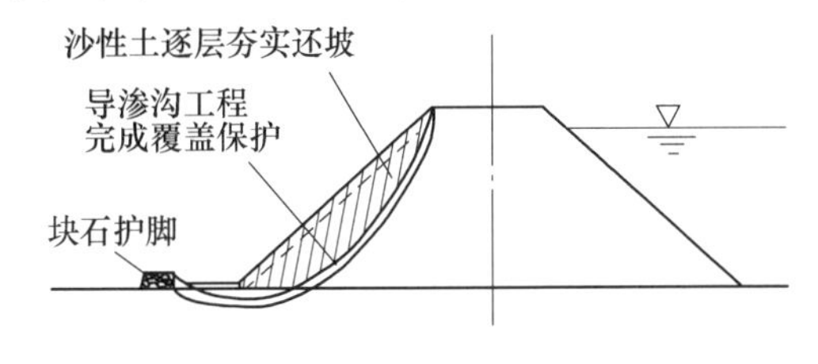

图 26　导渗沟滤水还坡示意图

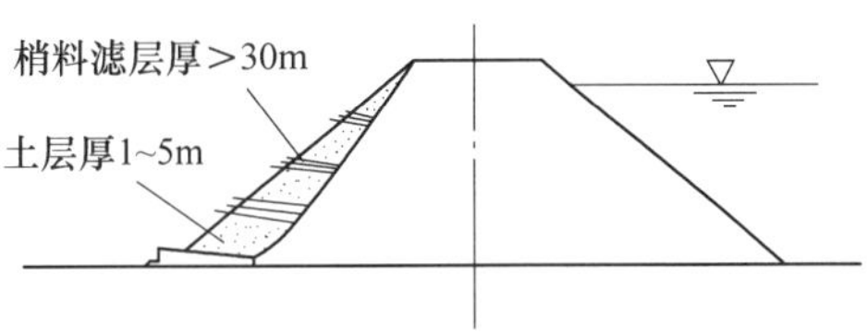

梢料滤层厚＞30m
土层厚1～5m

图 27　梢料滤水还坡示意图

用梢料滤水还坡抢护的滑坡,汛后应清除,重新用原筑堤土料还坡,以防梢料腐烂后影响堤坡的稳定。

(4)沙土还坡。因为沙土透水性良好,用沙土还坡时坡面不需做滤水处理。将滑坡的滑动体清除后,最好将坡面做成台阶形状,再分层填筑夯实,恢复到原断面。如果用细沙还坡,边坡应适当放缓。

填土还坡时,一定要严格控制填土的速率,当坡面土壤过于潮湿时,应停止填筑。最好在坡面反滤排水正常以后,在严格控制填土速率的条件下填土还坡。

七、堤身裂缝险抢险

(一)险情的分类

(1)按裂缝产生的成因可分为不均匀沉陷裂缝、滑坡裂缝、干缩裂缝、冰冻裂缝、振动裂缝。其中,滑坡裂缝是比较危险的。

(2)按裂缝出现的部位可分为表面裂缝、内部裂缝。表面裂缝容易引起人们的注意,可及时处理;而内部裂缝是隐蔽的,不易发现,往往危害更大。

(3)按裂缝走向可分为横向裂缝、纵向裂缝和龟纹裂缝。其中横向裂缝比较危险,特别是贯穿性横缝,是渗流的通道,属重大险情。即使不是贯穿性横缝,由于它的存在而缩短渗径,易造成渗透破坏,也属较重要险情。

(二)裂缝的成因

引起堤防裂缝的原因是多方面的,归纳起来,产生裂缝的主要原因有以下几个方面。

(1)不均匀沉降。堤防基础土质条件差别大,有局部软土层;堤身填筑厚度相差悬殊,引起不均匀沉陷,产生裂缝。

(2)施工质量差。堤防施工时上堤土料为黏性土且含水量较大,失水后引起干缩或龟裂,这种裂缝多数为表面裂缝或浅层裂缝,但北方干旱地区的堤防也有较深的干缩裂缝;筑堤时,填筑土料夹有淤土块、冻土块、硬土块;碾压不实,以及新老堤结合面未处理好,遇水浸泡饱和时,易出现各种裂缝,黄河一带甚至出现蛰裂(湿陷裂缝);堤防与交叉建筑物结合部处理不好,在不均匀沉陷以及渗水作用下引起裂缝。

(3)堤身存在隐患。害堤动物如白蚁、獾、狐、鼠等的洞穴,人类活动造成的洞穴如坟墓、藏物洞、军沟战壕等,在渗流作用下引起局部沉陷而产生的裂缝。

(4)水流作用。背水坡在高水位渗流作用下由于抗剪强度降低,临水坡水位骤降或堤脚被淘空,常可能引起弧形滑坡裂缝,特别是背水坡堤脚有塘坑、堤脚发软时容易发生。

(5)振动及其他影响。如地震或附近爆破造成堤防基础或堤身沙土液化,引起裂缝;背水坡碾压不实,暴雨后堤防局部也有可能出现裂缝。

总之,造成裂缝的原因往往不是单一的,常常多种因素并存。有的表现为主要原因,有的则为次要因素,而有些次要因素经过发展也可能变成主要原因。

(三)险情判别

裂缝抢险,首先要进行险情判别,分析其严重程度。先要分析判断产生裂缝的原因,是滑坡性裂缝,还是不均匀沉降引起的;是施工质量差造成的,还是由振动引起的。而后要判明裂缝的走向,是横缝还是纵缝。对于纵缝应分析判断是否是滑坡或崩岸性裂缝。如果是横缝要探明是否贯穿堤身。如果是局部沉降裂缝,应判别是否伴随有管涌或漏洞。此外,还应判断是深层裂缝还是浅层裂缝。必要时还应辅以隐患探测仪进行探测。

(四)抢护的原则

根据裂缝判别,如果是滑动或坍塌崩岸性裂缝,应先按处理滑坡或崩岸的方法进行抢护。待滑坡或崩岸稳定后,再处理裂缝,否则达不到预期效果。纵向裂缝如果仅是表面裂缝,可暂不处理,但须注意观察其变化和发展,并封堵缝口,以免雨水侵入引起裂缝扩展。较宽较深的纵缝,即使不是滑坡性裂缝,也会影响堤防强度,降低其抗洪能力,应及时处理,消除裂缝。横向裂缝是最为危险的裂缝,如果已横贯堤身,在水面以下时水流会冲刷扩宽裂缝,导致非常严重的后果。即使不是贯穿性裂缝,也会因渗径缩短、浸润线抬高造成堤身土体的渗透破坏。因此,对于横向裂缝,不论是否贯穿堤身,均应迅速处理。窄而浅的龟纹裂缝,一般可不进行处理。较宽较深的龟纹裂缝,可用较干的细土填缝,然后用水洇实。

(五)裂缝险情抢护方法

裂缝险情的抢护方法一般有开挖回填、横墙隔断、封堵缝口等。

1.开挖回填

这种方法适用于经过观察和检查已经稳定,缝宽大于1cm、深度超过1m的非滑坡(或坍塌崩岸)性纵向裂缝,施工方法如下。

1)开挖

沿裂缝开挖一条沟槽,挖到裂缝以下0.3～0.5m深,底宽至少0.5m,边坡的坡度应满足稳定及新旧填土能紧密结合的要求,两侧边坡可开挖成阶梯状,每级台阶高宽控制在

20cm 左右,以利于稳定和新旧填土的结合。沟槽两端应超过裂缝 1m。开挖回填处理裂缝示意图如图 28 所示。

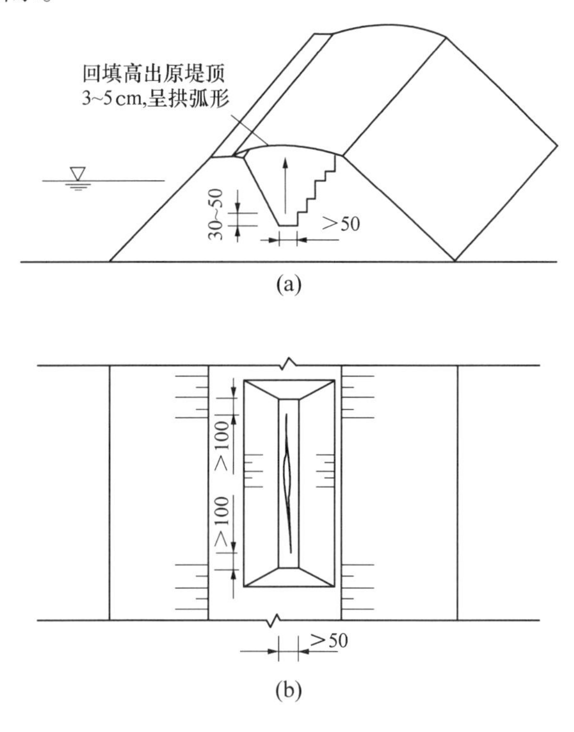

图 28　开挖回填处理裂缝示意图　(尺寸单位:cm)

(a)剖面图;(b)平面图

2)回填

回填土料应和原堤土类相同,含水量相近,并控制含水量在适宜范围内。土料过干时应适当洒水。回填要分层填土夯实,每层厚度约 20cm,顶部高出堤面 3～5cm,并做成拱弧形,以防雨水入浸。

需要强调的是,已经趋于稳定并不伴随有坍塌崩岸、滑坡等险情的裂缝,才能用上述方法进行处理。当发现伴随有坍塌崩岸、滑坡险情的裂缝,应先抢护坍塌、滑坡险情,待脱险并且裂缝趋于稳定后,再按上述方法处理裂缝本身。

2. 横墙隔断

此法适用于横向裂缝,施工方法如下。

(1)沿裂缝方向,每隔 3～5m 开挖一条与裂缝垂直的沟槽,并重新回填夯实,形成梯形横墙,截断裂缝。墙体底边长度可按 2.5～3.0m 掌握,墙体厚度以便利施工为度,但不应小于 50cm。开挖和回填的其他要求与上述开挖回填法相同,如图 29 所示。

(2)如裂缝临水端已与河水相通,或有连通的可能,开挖沟槽前应先在堤防临水侧裂缝前筑前戗截流。若沿裂缝在堤防背水坡已有水渗出,还应同时在背水坡修做反滤导渗,以免将堤身土颗粒带出。

(3)当裂缝漏水严重、险情紧急,或者在河水猛涨,来不及全面开挖裂缝时,可先沿裂缝每隔 3～5m 挖竖井,并回填黏土截堵,待险情缓和后再伺机采取其他处理措施。

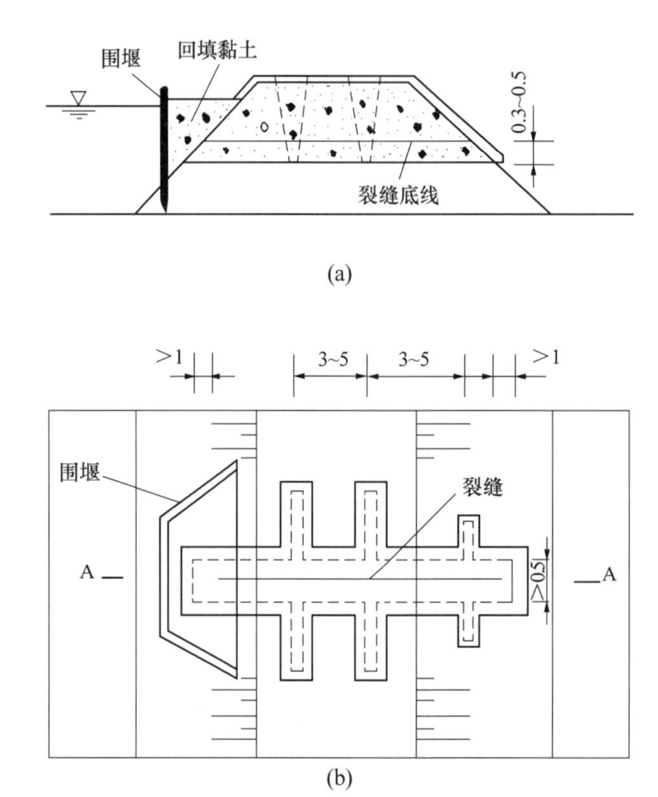

图 29　横墙隔断处理裂缝示意图　(尺寸单位:m)

(a)A—A 剖面图;(b)平面图

(4)采用横墙隔断是否需要修筑前戗、反滤导渗,或者只修筑前戗和反滤导渗而不做隔断横墙,应当根据险情具体情况进行具体分析。

3. 封堵缝口

1)灌堵缝口

裂缝宽度小于 1cm、深度小于 1m,不甚严重的纵向裂缝及不规则纵横交错的龟纹裂缝,经观察已经稳定时,可用灌堵缝口的方法。具体做法如下。

(1)用沙壤土由缝口灌入,再用木条或竹片捣塞密实。

(2)沿裂缝做宽 5～10cm、高 3～5cm 的小土埂,压住缝口,以防雨水侵入。

未堵或已堵的裂缝,均应注意观察、分析,研究其发展趋势,以便及时采取必要的措施。如灌堵以后,又有裂缝出现,说明裂缝仍在发展中,应仔细判明原因,另选适宜方法进行处理。

2)裂缝灌浆

缝宽较大、深度较小的裂缝,可以用自流灌浆法处理。即在缝顶开宽、深各 0.2m 的沟槽,先用清水灌下,再灌水土重量比为1∶0.15的稀泥浆,然后再灌水土重量比为 1∶0.25 的稠泥浆,泥浆土料可采用壤土或沙壤土,灌满后封堵沟槽。

如裂缝较深,采用开挖回填困难,可采用压力灌浆处理。先逐段封堵缝口,然后将灌浆管直接插入缝内灌浆,或封堵全部缝口,由缝侧打眼灌浆,反复灌实。灌浆压力一般控

制在 50～120kPa(0.5～1.2kg/cm^2),具体取值由灌浆试验确定。

压力灌浆的方法适用于已稳定的纵横裂缝,效果也较好。但是对于滑动性裂缝,将促使裂缝发展,甚至引发更为严重的险情。因此,要认真分析,采用时须慎重。

八、堤防决口抢险

江河、湖泊堤防在洪水的长期浸泡和冲击作用下,当洪水超过堤防的抗御能力,或者在汛期出险抢护不当或不及时,都会造成堤防决口。堤防决口对地区社会经济发展和人民生命财产安全的危害是十分巨大的。

在条件允许的情况下,对一些重要堤防的决口采取有力措施,迅速制止决口的继续发展,并实现堵口复堤,对减小受灾面积和缩小灾害损失有着十分重要的意义。对一些河床高于两岸地面的悬河决口,及时堵口复堤,可以避免长期过水造成河流改道。

堤防决口抢险是指在汛期高水位条件下,将通过堤防决口口门的水流以各种方式拦截、封堵,使水流完全回归原河道。这种堵口抢险技术上难度较大,主要牵涉到以下几个方面:一是封堵施工的规划组织,包括封堵时机的选择;二是封堵抢险的实施,包括裹头、沉船和其他各种截流方式,防渗闭气措施等。

(一)决口封堵时机的选择

堤防一旦出现决口重大险情,必须采取坚决措施,在口门较窄时,采用大体积料物,如篷布、石袋、石笼等,及时抢堵,以免口门扩大,险情进一步发展。

在溃口口门已经扩开的情况下,为了控制灾情的发展,同时也要考虑减少封堵施工的困难,要根据各种因素,精心选择封堵时机。恰当的封堵时机选择,将有利于顺利地实现封堵复堤,减少封堵抢险的经费和减少决口灾害的损失。通常要根据以下条件综合考虑,作出封堵时机的决策。

(1)口门附近河道地形及土质情况,估计口门发展变化趋势。

(2)洪水流量、水位等水文预报情况,一段时间内的上游来水情况及天气情况。

(3)洪水淹没区的社会经济发展情况,特别是居住人口情况,铁路、公路等重要交通干线及重要工矿企业和设施的情况。

(4)决口封堵料物的准备情况,施工人员组织情况,施工场地和施工设备的情况。

(5)其他重要情况。

(二)决口封堵的组织设计

1.水文观测和河势勘察

在进行决口封堵施工前,必须做好水文观测和河势勘察工作。要实测口门的宽度,绘制简易的纵横断面图,并实测水深、流速和流量等。在可能情况下,要勘测口门及其附近水下地形,并勘察土质情况,了解其抗冲流速值。

2.堵口堤线确定

为了减少封堵施工时对高流速水流拦截的困难,在河道宽阔并具有一定滩地的情况下,或堤防背水侧较为开阔且地势较高的情况下,可选择“月弧”形堤线,以有效增大过流面积,从而降低流速,减少封堵施工的困难。

3.堵口辅助工程的选择

为了降低堵口附近的水头差和减小流量、流速，在堵口前可采用开挖引河和修筑挑水坝等辅助工程措施。要根据水力学原理，精心选择挑水坝和引河的位置，以引导水流偏离决口处并能顺流下泄，降低堵口施工的难度。

对于全河夺流的堤防决口，要根据河道地形、地势选好引河、挑水坝的位置，从而使引河、堵口堤线和挑水坝三项工程有机结合，达到顺利堵口的目的。

4.抢险施工准备

在实施封堵前，要根据决口处地形、水头差和流量，做好封堵材料的准备工作。要考虑各种材料的来源、数量和可能的调集情况。封堵过程中不允许停工待料，特别是不允许在合龙阶段出现间歇等待的情况。要考虑好施工场地的布置和组织，充分利用机械施工和现代化的运输设备。传统的以人力为主采用人工打桩、挑土上堤的方法，不仅施工组织困难，耗时长、花费大，而且失败的可能性也较大。因此，要力争采用现代化的施工方式，提高抢险施工的效率。

堤防溃口险情的发生具有明显的突发性质。各地在抢险的组织准备、材料准备等方面都不可能很充分。因此，要针对这种紧急情况，采用适宜的堵口抢险应急措施。

(三)决口封堵的步骤

为了实现溃口的封堵，通常可采取以下步骤。

1.抢筑裹头

土堤一旦溃决，水流冲刷扩大溃口口门，以致口门发展速度很快，其宽度通常要达200～300m才能达到稳定状态，如湖北的簰州湾、江西九江的江心洲溃口。

如能及时抢筑裹头，就能防止险情的进一步发展，减少此后封堵的难度。同时，抢筑坚固的裹头也是堤防决口封堵的必要准备工作。因此，及时抢筑裹头是堤防决口封堵的关键之一。

要根据不同决口处的水位差、流速及决口处的地形、地质条件，确定有效抢筑裹头的措施。这里重要的是选择抛投料物的尺寸，以满足抗冲稳定性的要求；选择裹头形式，以满足施工要求。

通常，在水浅流缓、土质较好的地带，可在堤头周围打桩，桩后填柳或柴料厢护或抛石裹护。在水深流急、土质较差的地带，则要考虑采用抗冲流速较大的石笼等进行裹护。除了传统的打桩施工方法，可采用螺旋锚方法施工。螺旋锚杆其首部带有特殊的锚针，可以迅速下铺入土，并具有较大的垂直承载力和侧向抗冲力。首先在堤防迎水面安装两排一定根数的螺旋锚，抛下砂石袋，挡住急流对堤防的正面冲刷，减缓堤头的崩塌速度；然后，由堤头处包裹向背水面安装两排螺旋锚，抛下砂石袋，挡住急流对堤头的激流冲刷和回流对堤背的淘刷。亦有采用土工合成材料或橡胶布裹护的施工方案，将土工合成材料或橡胶布铺展开，并在其四周系重物使它下沉定位，同时采用抛石等方法予以压牢。待裹头初步稳定后，再实施打桩等方法进一步予以加固。

2.沉船截流

根据九江城防堤决口抢险的经验，沉船截流在封堵决口的施工中起到了关键的作用。沉船截流可以大大减小通过决口处的过流流量，从而为全面封堵决口创造条件。

在实现沉船截流时，最重要的是保证船只能准确定位。在横向水流的作用下，船只的定位较为困难，要精心确定最佳封堵位置，防止沉船不到位的情况发生。

采用沉船截流的措施，还应考虑到由于沉船处底部的不平整使船底部难与河滩底部紧密结合的情况(见图 30)。这时在决口处高水位差的作用下，沉船底部流速仍很大，淘刷严重，必须立即抛投大量料物，堵塞空隙。在条件允许的情况下，可考虑在沉船的迎水侧打钢板桩等阻水。有人建议采用在港口工程中已广泛采用的底部开舱船只抛投料物(见图 31)。这种船只抛石集中，操作方便。在决口抢险时，利用这种特殊的抛石船只，在堵口的关键部位开舱抛石并将船舶下沉，这样可有效地实现封堵，并减少决口河床冲刷。

3.进占堵口

在实现沉船截流减小过流流量的步骤后，应迅速组织进占堵口，以确保顺利封堵决口。常用的进占堵口方法有立堵、平堵和混合堵三种。

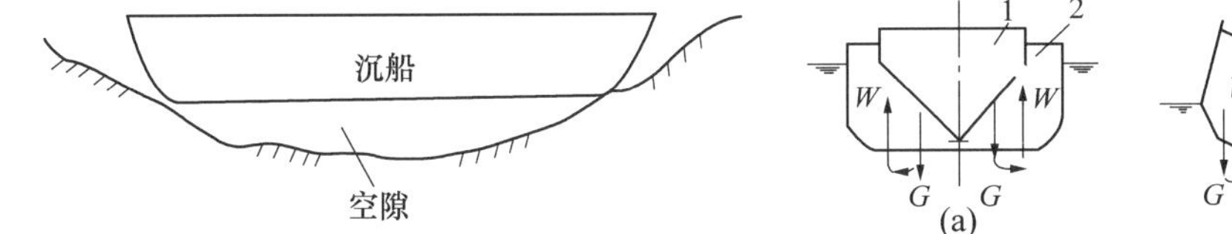

图 30　沉船底部空隙示意图

图 31　底部开舱船舶示意图

(a)装料时；(b)卸料时

1—料舱；2—空舱；3—统舱；G—重心；W—浮心

1)立堵

从口门的两端或一端，按拟定的堵口堤线向水中进占，逐渐缩窄口门，最后实现合龙。采用立堵法，最困难的是实现合龙。这时，龙口处水头差大，流速高，使抛投物料难以到位。在这样的情况下，要做好施工组织，采用巨型块石笼抛入龙口，以实现合龙。在条件许可的情况下，可从口门的两端架设缆索，以加快抛投速率和降低抛投石笼的难度。

2)平堵

沿口门的宽度，自河底向上抛投料物，如柳石枕、石块、石枕、土袋等，逐层填高，直至高出水面，以堵截水流。这种方法从底部逐渐平铺加高，随着堰顶加高，口门单宽流量及流速相应减小，冲刷力随之减弱，利于施工，可实现机械化操作。这种平堵方式特别适用于前述拱形堤线的进占堵口。平堵有架桥和抛投船两种抛投方式。

3)混合堵

混合堵是立堵与平堵相结合的堵口方式。堵口时，根据口门的具体情况和立堵、平堵的不同特点，因地制宜，灵活采用。在开始堵口时，一般流量较小，可用立堵快速进占。在缩小口门后流速较大时，再采用平堵的方式，减小施工难度。

在 1998 年抗洪斗争中，借助人民解放军工兵和桥梁专业的经验，采用了“钢木框架结构、复合式防护技术”进行堵口合龙。这种方法是用 40mm 左右的钢管间隔 2.5m 沿堤线固定成数个框架。钢管下端插入堤基 2m 以上，上端高出水面 1～1.5m 做护拦，将钢管以统一规格的连接器件组成框网结构，形成整体。在其顶部铺设跳板形成桥面，以便快速在框架内外由下而上、由里向外填塞料物袋，以形成石、木、钢、土多种材料构成的复合防护层。要根据结构稳定的要求，做好成片连接、框网推进的钢木结构。同时要做好施工组织,明确分工,衔接紧凑,以保证快速推进。

4.防渗闭气

防渗闭气是整个堵口抢险的最后一道工序。因为实现封堵进占后,堤身仍然会向外漏水,要采取阻水断流的措施。若不及时防渗闭气,复堤结构仍有被淘刷冲毁的可能。

通常,可用抛投黏土的方法实现防渗闭气。亦可采用养水盆法,修筑月堤蓄水以解决漏水。土工膜等新型材料,也可用以防止封堵口的渗漏。

第二部分　防汛抢险技术知识问答

1.简答金堤河流域概况。

答:金堤河流域地跨豫鲁两省,范围涉及河南省的新乡、卫辉、延津、封丘、长垣、浚县、鹤壁、滑县、濮阳、范县、台前和山东省的莘县、阳谷等,东南两侧濒临黄河和天然文岩渠流域,北部与卫河、马颊河、徒骇河相接,西部源于人民胜利渠灌区。流域地形西高东低、南高北低,呈上宽下窄、东西走向的狭长三角形,集水面积 5 047km^2,人口 288 万人,耕地 528 万亩。

金堤河干流自河南省滑县耿庄起,流经濮阳、范县、台前及山东省莘县、阳谷等县,经金堤河张庄闸入黄河,全长 158.6km。

2.简答金堤河张庄入黄闸概况。

答:金堤河张庄入黄闸位于河南省台前县临黄大堤桩号 193+981 处金堤河入黄口,1963 年 3 月动工兴建,1964 年建成,1965 年 5 月 30 日～6 月 30 日竣工验收,具有排涝、泄洪、倒灌、挡黄等多种功能,可以双向运用。该闸为钢筋混凝土开敞式结构,共六孔,孔口尺寸为 10m×4.7m,闸底板高程 37.0m,设计防洪水位 46.0m,校核水位 46.50m,防洪流量 1 000m^3/s,设计排涝流量 270m^3/s,加大流量 360m^3/s。实际运用过程中,1976 年闸前最高金堤河水位 44.03m、最高挡黄水位 44.61m,1969 年实际最大泄洪流量 363m^3/s。

3.黄河防汛的总方针是什么?

答:黄河防汛的总方针是:安全第一、常备不懈、以防为主、全力抢险。

4.今年黄河下游防洪任务是什么?

答:今年黄河下游防洪任务是:确保花园口站发生 22 000m^3/s 洪水大堤不决口,遇特大洪水,要尽最大努力,采取一切办法缩小灾害。

5.涵闸常见险情有哪些?

答:涵闸常见险情有九种:①涵闸与土堤结合部渗水及漏洞抢险;②涵闸滑动抢险;③防闸顶漫溢;④闸基渗水或管涌抢险;⑤建筑物上下游连接处坍塌抢险;⑥建筑物裂缝及止水破坏抢险;⑦闸门失控抢堵;⑧闸门漏水抢堵;⑨启闭机螺杆弯曲抢修。

6.涵闸与土堤结合部渗水及漏洞抢险如何进行?

答:(一)出险原因

①土料回填不实;②闸体与土堤不均匀沉陷、错缝。

(二)抢护原则

堵塞漏洞的原则是临水堵塞漏洞进水口,背水反滤导渗;抢护渗水原则是临河隔渗、背河导渗。

(三)抢护方法

(1)堵塞漏洞进口:①布帘覆盖;②草捆或棉絮堵塞;③草泥网袋堵塞。

(2)背河导渗反滤:①砂石反滤;②土工织物滤层;③柴草反滤。

(3)中堵截渗:①开膛堵漏;②喷浆截渗;③灌浆阻渗。

7.如何进行闸滑动抢险?

答:(一)出险原因

(1)上游挡水位超过设计挡水位,水平滑动力超过抗滑摩阻力。

(2)防渗、止水设施破坏,地基土壤摩阻力降低。

(3)其他附加荷载超过原设计限值。

(二)抢护原则

增加抗滑力,减小滑动力,以稳固工程基础。

(三)抢护方法

①加载增加摩阻力;②下游堆重阻滑;③下游蓄水平压;④圈堤围堵。

8.如何进行闸顶漫溢抢险?

答:(一)漫溢原因

①设计挡洪水标准偏低;②河道淤积。

(二)防护措施

(1)无胸墙开敞式水闸:可用平面钢架或木板放于闸门槽内,近水面分层叠放土袋,外置土工膜布或篷布挡水。

(2)有胸墙开敞式水闸:在胸墙顶部堆放土袋,近水面压放土工膜或篷布挡水。

9.如何进行闸基渗水或管涌抢险?

答:(一)原因

①水闸地下轮廓渗径长不足;②地基表层为弱透水薄层,其下埋藏有强透水沙层。

(二)抢护原则

上游截渗、下游导渗和蓄水平压,以减小水位差。

(三)抢护方法

①闸上游落淤阻渗;②闸下游管涌或冒水冒沙区修筑反滤围井;③下游围堤蓄水平压,减小上下游水头差;④闸下游滤水导渗。

10.如何进行建筑物上下游连接处坍塌抢险?

答:(一)出险原因

①闸前遭受大流顶冲、风浪淘刷;②闸下泄流不均匀,出现折流。

(二)抢护原则

填塘固基。

(三)抢护方法

①抛投块石或混凝土块;②抛石笼;③抛土袋;④抛柳石枕。

11.如何进行建筑物裂缝及止水破坏抢修?

答:(一)出险原因

①建筑物超载或受力分布不均;②地基土壤遭受渗透破坏;③地震力超出设计值。

(二)抢护方法

①防水快凝砂浆堵漏;②环氧砂浆堵漏;③丙凝水泥浆堵漏。

12.如何进行闸门失控抢堵?

答:(一)失控原因

(1)闸门变形、丝杠扭曲、启闭装置故障或机座损坏、地脚螺栓失效以及卷扬机钢丝绳断裂等。

(2)闸门底部或门槽内有杂物卡阻。

(3)高水位泄流量引起闸门和闸体的强烈震动。

(二)抢堵方法

(1)吊放检修闸或叠梁。

(2)框架——土袋屯堵。

13.如何进行闸门漏水抢堵?

答:(一)漏水原因

闸门止水安装不善或久用失效。

(二)抢堵方法

从闸下游接近闸门用沥青麻丝、棉纱团、棉絮等填塞缝隙,并用木楔挤紧。也可用直径约10cm的布袋,内装黄豆、海带丝、粗沙和棉絮混合物填塞漏水处。

14.如何进行启闭机螺杆弯曲抢修?

答:(一)事故原因

①开度指示器不准确;②限位开关失灵;③电动机接线顺序错误;④闸门底部有障碍物。

(二)抢修方法

可用活动扳手、千斤顶、支撑杆件及钢撬等器具进行矫直。

15.巡堤查险的范围是什么?

答:巡查的范围主要是临、背河堤坡,堤顶和距背河堤脚50~100m范围的地面、积水坑塘。

16.巡堤查险方法是什么?

答:(1)巡查临河堤坡时,1人背草捆在临河堤肩走,1人拿铁锨在堤半坡走,1人持探水杆沿水边走。沿水边走的人要不断用探水杆探摸,借波浪起伏的间隙查看堤坡有无险情。另外2人注意察看水面有无旋涡等异常现象,并观察堤坡有无险情发生。

(2)巡查背河堤坡时,1人在背河堤肩走,1人在堤半坡走,1人沿堤脚走。观察堤坡及堤脚附近有无险情。

(3)对背河堤脚外50~100m范围内的地面及积水坑塘,应组织专门小组进行巡查,检查有无管涌、翻沙、渗水等现象,并注意观测其发展变化情况。

(4)堤防发现险情后,应指定专人定点观测或适当增加巡查次数,及时采取处理措施,并向上级报告。

(5)巡查的路线,一般情况下先去查临河堤坡,返回时查背河堤坡,当巡查到两个责任接头时，两组应交叉巡查 10～20m，以免漏查。

17. 巡堤查险工作制度有哪些？

答：①巡察制度；②交接班制度；③值班制度；④汇报制度；⑤加强纪律教育；⑥奖惩制度。

18. 巡堤查险中的“五时”、“五到”、“三清”、“三快”是什么？

答：“五时”：①黎明时；②吃饭时；③换班时；④黑夜时；⑤狂风暴雨时。

“五到”：①眼到；②)手到；③耳到；④脚到；⑤工具料物随人到。

“三清”：①出现险情要查清；②报告险情要说清；③报警信号和规定要记清。

“三快”：①发现险情要快；②报告险情要快；③抢护要快。

19. 出险标志及警号是怎样规定的？

答：(一)警号规定

(1)口哨警号：凡发现险情，吹口哨报警。

(2)锣(鼓)警号：在窄河段规定左岸备鼓，右岸备锣，以免混淆。

(二)出险标志

出险、抢险地点，白天挂红旗，夜间挂红灯，或点火作为出险的标志。

20. 堤防常见险情有哪些？

答：堤防常见险情有：①漫溢；②渗水；③管涌；④漏洞；⑤滑坡；⑥跌窝；⑦坍塌；⑧裂缝；⑨风浪。

21. 如何进行堤防漫溢抢险？

答：(一)险情说明

洪水水位超过堤顶。

(二)原因分析

洪水水位超过堤防的实际高度；河道内存在阻水障碍物，河道严重淤积，风浪或主流坐弯，以及地震、潮汐等壅高了水位。

(三)抢护原则

堤顶抢筑子埝。

(四)抢护方法

①纯土子埝；②土袋子埝；③桩柳(木板)子埝；④柳石(淤)枕子埝。

22. 如何进行渗水抢险？

答：(一)险情说明

在汛期或高水位情况下，背水堤坡及坡脚附近出现土壤潮湿或发软，有水渗出的现象，称为“渗水”，又叫“洇水”或“散浸”。

(二)原因分析

水位超过堤防设计标准；堤身断面不足、堤身土质多沙，又无有效的控制渗流的工程设施；筑堤碾压不实，土中多杂质，施工接头不紧密，堤身、堤基有隐患。

(三)抢护原则

以“临水截渗，背水导渗”为原则。

(四)抢护方法

(1)导渗沟法:①砂石导渗沟;②梢料导渗沟;③土工织物导渗沟。

(2)反滤层法:①砂石反滤层;②梢料反滤层(又称柴草反滤层);③土工织物反滤层。

(3)透水后戗法(又称透水压浸法):①沙土后戗;②梢土后戗(又称柴土帮戗)。

(4)临水截渗法:①黏性土前戗渗;②桩柳(土袋)前戗截渗;③土工膜截渗。

23.如何进行管涌抢险?

答:(一)险情说明

发生在背水坡脚附近或较远的潭坑、池塘或稻田中,呈冒水冒沙的状态,叫做管涌。

(二)原因分析

堤基为强透水的沙层,或透水地基表层土层因天然或人为的因素被破坏。或者背水黏土覆盖层下面承受很大的渗水压力,在薄弱处冲破土层,将下面地层中的粉细沙颗粒带走。

(三)抢护原则

“反滤导渗”,防止渗透破坏,制止涌水带沙。

(四)抢护方法

(1)反滤围井法:①砂石反滤围井;②梢料反滤围井;③土工织物反滤围井。

(2)减压围井法(又称养水盆法):①无滤围井;②无滤水桶;③背水月堤(又称背水围埝)。

(3)反滤铺盖法:①砂石反滤铺盖;②梢料反滤铺盖;③土工织物反滤铺盖。

(4)透水压渗台法。

(5)水下管涌抢护法:①填塘法;②水下反滤层法;③抬高塘坑水位法。

(6)“牛皮包”的处理方法:在隆起的部位,铺青草、麦秸或稻草一层,厚10～20cm,其上再铺芦苇、秫秸或柳枝一层,厚20～30cm,铺成后用锥戳破鼓包表层,使内部的水分和空气排出,然后再压块石或土袋。

24.如何进行漏洞抢险?

答:(一)险情说明

在汛期或高水位情况下,堤防背水坡及坡脚附近出现横贯堤身或堤基的流水孔洞,称为漏洞。

(二)原因分析

堤身、堤基质量差,当高水位时,在渗流集中的地方,堤内土壤被带走,孔穴由小到大,以致形成漏洞。

(三)抢护原则

“前堵后导”,要抢早抢小,一气呵成。

(四)探找进水口

①查看旋涡;②水下探摸;③观察水色;④布幕、席片探漏。

(五)抢护方法

(1)临河截堵:①塞堵法如软楔做法、草捆做法;②盖堵法如铁锅盖堵、软帘盖堵、网兜盖堵、门板盖堵;③戗堤法如填筑前戗法、临水月堤法。

(2)背水抢护(同管涌抢护方法)。

25.如何进行滑坡抢险?

答:(一)险情说明

堤顶或堤坡上发生裂缝或蛰裂,随着蛰裂的发展,在坡脚附近地面土壤往往被推挤外移、隆起的现象叫做滑坡。

(二)原因分析

①高水位引起背水坡滑坡;②水位骤降引起的临水坡滑坡;③堤身堤基有缺陷而引起的滑坡。

(三)抢护原则

背水坡滑坡的抢护原则是导渗还坡,恢复堤坡完整。临水坡滑坡的抢护原则是护脚、削坡减载。

(四)抢护方法

(1)滤水土撑法(又称滤水戗垛法);

(2)滤水后戗法;

(3)滤水还坡法:①导渗沟滤水还坡法;②反滤层滤水还坡法;③透水体滤水还坡法,如沙土还坡法、梢土还坡法(又称柴土还坡法)。

(4)前戗截渗法(又称临水帮戗法)。

(5)护脚阻滑法。

26.如何进行跌窝抢险?

答:(一)险情说明

跌窝又称陷坑,是指在大雨前后堤防突然发生局部塌陷而形成的险情。

(二)原因分析

①堤防有隐患;②堤防质量差;③伴随渗水、管涌或漏洞形成。

(三)抢护原则

“抓紧翻筑抢护,防止险情扩大”。

(四)抢护方法

①翻填夯实法;②堵塞封堵法;③填筑滤料法。

27.如何进行坍塌抢险?

答:(一)险情说明

水流冲刷造成的堤防坍塌。

(二)原因分析

(1)堤防遭受主流或边流的冲刷。

(2)堤基为粉细沙土,受流势顶冲而被淘空,或因地震使沙土地基液化。

(三)抢护原则

以固基、护脚、防冲为主,阻止继续坍塌。

(四)抢护方法

(1)护脚防冲法:抛投块石、土袋、铅丝石笼或柳石枕等防冲物体。

(2)沉柳护脚法。

(3)桩柴护岸(散厢)法。

(4)柳石软搂法。

(5)柳石搂厢法。

28.如何进行裂缝抢险?

答:(一)险情说明

堤防裂缝按其出现部位可分为表面裂缝、内部裂缝;按其走向可分为横向裂缝、纵向裂缝、龟纹裂缝;按其成因可分为沉陷裂缝、干缩裂缝、冰冻裂缝、振动裂缝。

(二)原因分析

(1)堤基土壤承载力差别大,引起干缩或龟裂。

(2)施工时土壤含水量大,引起干缩或龟裂。

(3)修堤中淤土、冻土、硬土块上堤,碾压不实,以及新旧土结合部未处理好,在浸水饱和时,易出现各种裂缝甚至蛰裂。

(4)高水位渗流作用下,背水堤坡特别是背水有塘坑、堤脚软弱时,容易发生。

(5)临水堤脚被冲刷淘空以及水位骤降时容易发生。

(6)堤身存在隐患,引起局部蛰裂。

(7)与建筑物结合处结合不良。

(8)地震破坏。

(三)抢护原则

纵向裂缝和表面裂缝可暂不处理。但应注意观察其变化和发展,堵塞缝口,较宽较深的纵缝则应及时处理。横向裂缝应迅速处理。龟纹裂缝,不宽不深时可不进行处理,较宽较深时可用较干的细土予以填缝,用水洇实。

(四)抢护方法

(1)灌严裂缝:①灌堵缝口;②裂缝灌浆。

(2)开挖回填。

(3)模墙隔断。

29.如何进行风浪抢险?

答:(一)险情说明

堤坡在风浪的连续冲击淘刷下易遭受破坏。

(二)原因分析

一是风浪直接冲击堤坡,形成陡坎,侵蚀堤身;二是抬高了水位,引起堤顶漫水冲刷;三是增加了水面以上堤身的饱和范围,减小土壤的抗剪强度,造成崩塌破坏。

(三)抢护原则

消减风浪冲力,加强堤坡抗冲能力。

(四)抢护方法

抢护方法有:①挂柳防浪;②挂枕防浪;③土袋防浪;④柳箔防浪;⑤木排防浪;⑥湖草排防浪;⑦桩柳防浪;⑧土工膜防浪。

工程建设与工程实用技术

孙文中

今天上午由我和大家共同学习。我主要讲两块内容:一是工程建设;二是工程实用技术。工程建设主要讲工程建设程序以及各阶段的主要内容,近年来建设领域的三项制度改革;工程实用技术主要讲工程测量、工程视图及工程抢险方面的知识。

我们的单位叫引黄工程管理处,水利工程是我们单位赖以发挥经济效益的基础,也是我们每位干部职工得以发挥聪明才智的平台,因此了解一些工程建设方面的知识很有必要。

一、工程建设

(一)工程建设程序的主要内容

一个建设项目从建设前期工作到建成投产,要经历几个循序渐进的阶段,每个阶段都有自身的工作内容。根据我国现行建设法规规定,一般大中型项目的建设包括以下8个阶段的内容。

1.项目建议书阶段

项目建议书阶段是基本建设程序中最初阶段的工作,是对拟建项目的轮廓设想,主要从宏观上衡量分析项目建设的必要性,看其是否符合国家长远规划的方针和要求;同时初步分析建设的可能性,看其是否具备建设条件,是否值得投资。按现行规定,凡属大中型或限额以上项目的项目建议书,首先要报送行业归口主管部门,同时抄送国家发改委。凡属小型和限额以下项目的项目建议书,按项目隶属关系由部门或地方发改委审批。例如,第三濮清南灌区项目建议书、南小堤灌区项目建议书要报送水利部,马颊河城区段治理项目建议书要报送濮阳市发改委。

2.可行性研究报告阶段

项目建议书一经批准,就要对项目技术上是否可行和经济上是否合理进行科学分析及论证,并对多种方案进行比较,择优选择经济效益最好的方案编制可行性研究报告。可行性研究报告的主要内容有建设项目的目标、依据、建设规模、建设条件、建设地点、资金来源、环保评价、经济评价、投资估算、存在问题等。

3.设计工作阶段

设计是对拟建工程的实施在技术上和经济上所进行的全面而详细的安排,是整个工程的决定环节,是组织实施的依据。按照工作深度的不同,设计过程又分为初步设计阶段和施工图设计阶段。

1)初步设计

初步设计在于进一步论证建设项目的技术可行性和经济合理性,对设计的建设项目作出基本技术决定,并通过编制总概算,确定总的建设费用和主要技术经济指标。通过对不同方案的分析比较,论证工程的等别和主要建筑物的级别(工程的等别和主要建筑物的级别是相一致的),确定工程总体布置方案等。初设的概算一般不允许突破可研投资估算,如果由于物价上涨等各种客观原因,初设的概算超过可研投资估算的10%以上,要重新报批可行性研究报告。

2)施工图设计

施工图设计是设计方案的具体化,是根据工程建设工作的需要,分期分批制定出工程施工详图,施工单位拿着图纸可以按图施工。一个工程如果比较大往往要分几期或几年施工,每期工程施工前都要设计好施工图。例如,水利局竣工验收已经通过招标马上就要开工的渠村灌区续建配套与节水改造工程,已经建设好几年了,今年是2006年度工程。在施工图设计中,还要编制施工图预算,施工图阶段预算一般不允许超过初设阶段的概算定额。

4.施工准备阶段

工程开工以前,要做好以下准备工作:

(1)做好“三通一平”;

(2)征地、拆迁移民工作;

(3)组织设备、材料订货;

(4)组织进行施工招投标,择优选定施工队伍;

(5)准备必要的施工图纸;

(6)制定年度建设计划。

5.建设实施阶段

建设单位按照项目管理的要求,组织各承包单位进行施工,监理单位依据项目建设的有关文件和甲乙双方签订的施工合同,对工程的投资、进度、质量进行控制、协调和管理。

6.生产准备

生产准备是为使建设项目顺利投产运行在投产前进行的必要的准备工作。根据建设项目或主要单项工程的生产技术特点,由项目法人或建设单位适时组织进行项目的生产准备工作。生产准备主要包括组建运行管理组织机构、签订产品销售合同、招收和培训人员、正常的生活福利设施准备、生产技术准备、生产物资准备等。

7.竣工验收阶段

竣工验收是工程建设过程的最后一环,是全面考核基本建设成果、检验设计和工程质量的重要步骤,也是基本建设转入生产或使用的标志。通过竣工验收,一是检验设计和工程质量,保证项目按设计要求的技术经济指标正常生产;二是有关部门和单位可以总结经验教训;三是建设单位对经验收合格的项目可以及时移交固定资产,使其由基建系统转入生产系统或投入使用。

8.后评价

在项目投产并达到设计生产能力后(一般为项目建成后1～3年),通过对项目前期工作、项目实施、项目运营情况的综合研究,衡量和分析项目的实际情况及其与预测情况的差距,确定有关项目预测和判断是否正确并分析其原因,从项目完成过程中吸取经验教训,为今后改进项目创造条件,并为提高项目投资效益提出切实可行的对策措施。

前面提到工程建设项目可行性研究报告阶段、初步设计及施工图设计阶段都要做工程概(估)算,但这三个阶段的造价方法不完全相同。按照河南省水利厅《关于颁发〈河南省水利基本建设工程设计概(估)算费用构成及计算标准〉的通知》,河南省水利基本建设工程设计概(估)算定额依据是1995年河南省水利厅颁发的《河南省水利水电建筑工程预算定额》,简称95定额;取费标准是1995年河南省水利厅关于颁发的第126号文《河南省水利基本建设工程设计概(估)算费用构成及计算标准》,简称126号文。在工程建设项目可行性研究报告阶段的叫投资估算;初步设计的叫投资概算;施工图阶段的叫投资预算。

(二)建设领域的三项制度改革

下面我详细介绍一下近年来工程建设领域进行的"三制"改革,即工程建设项目法人责任制、工程建设招标投标制和工程建设监理制。

1.工程建设项目法人责任制

工程建设项目法人责任制的实施在我国也是一个循序渐进的过程。1996年国有经营性项目率先实行项目法人责任制,按照国务院要求,1999年公益性项目(在建项目)必须实行项目法人责任制。2000年7月15日,国务院批转《国家计委、财政部、水利部、建设部关于加强公益性水利工程建设管理的若干意见》(国务院国发[2000]20号文)进一步明确建立、健全水利工程建设项目法人责任制,要求中央项目由水利部(或流域机构)负责组建项目法人(即项目责任主体),任命法人代表;地方项目由项目所在地的县级以上地方人民政府组建项目法人,任命法人代表,其中2亿元以上的地方大型水利工程项目,由项目所在地的省(自治区、直辖市及计划单列市)人民政府负责或委托组建项目法人,任命法人代表。

项目法人对项目建设的全过程负责,对项目的工程质量、工程进度和资金管理负总责。其主要职责如下:负责组建项目法人在现场的建设管理机构;负责落实工程建设计划和资金;负责对工程质量、进度、资金等进行管理、检查和监督;负责协调项目的外部关系。

项目法人按照《中华人民共和国合同法》和《建设工程质量管理条例》的有关规定,与勘察设计单位、施工单位、工程监理单位签订合同,并明确项目法人、勘察设计单位、施工单位、工程监理单位质量终身责任制及其所应负的责任。

2.工程建设招标投标制

工程建设项目推行招投标制是为了择优选择施工队伍,以提高水利工程建设项目投资效益,保证施工质量。为进一步规范水利建设工程项目招标投标行为,2005年11月省水利厅下发了《河南省水利水电工程建设项目施工招标投标管理实施细则》。

符合下列工程范围并达到规模标准之一的水利水电工程建设项目的施工,必须进行招标。

1)建设项目范围

(1)关系社会公共利益、公共安全的防洪、除涝、灌溉、水力发电、引(供)水、水土保持、水资源保护等水利水电工程建设项目的新建、扩建、改建、加固以及配套和附属工程。

(2)全部或部分使用国有资金投资、国家融资、国际组织或外国政府资金的项目。

2)建设项目规模标准

(1)施工单项工程概算价在100万元人民币以上。

(2)施工单项工程概算价低于100万元人民币,但项目总投资额(不含征地费、市政配套费与拆迁补偿费)在1 000万元人民币以上。

3)招标方式

依法必须招标的项目分为公开招标和邀请招标。

(1)公开招标是指招标人以招标公告的方式邀请不特定的法人或者其他组织投标。采用公开招标的项目,应至少在一家国家指定的媒介上发布招标公告。国家指定的媒介为《中国日报》、《中国经济导报》、《中国建设报》和《中国采购与招标网》。国际招标项目的招标公告应在《中国日报》上发布。在以上媒介发布招标公告的同时,还应在《河南省水利网》(http://www.hnsl.gov.cn)上发布。

(2)邀请招标是指招标人以投标邀请书的方式邀请特定的法人投标。邀请招标除不公开发布施工招标公告,投标人由招标人自行邀请3家或3家以上符合资质要求的施工企业投标外,其他程序按公开招标的程序进行。邀请招标要确保具有竞争性,被邀请的投标人必须至少有1家是招标项目所在市以外的施工企业。

有下列情况之一者,经项目审批部门批准后可采用邀请招标,但项目审批部门只审批立项的,由水行政主管部门审批;属于省重点项目的,还应当经省发展和改革部门审核后报省人民政府批准。

一是项目技术复杂,有特殊要求或涉及专利权保护,受自然资源或环境限制,新技术或技术规格事先难以确定的项目。

二是应急度汛项目。

三是涉及国家机密项目。

四是其他特殊项目。

有下列特殊情形之一的项目可以不进行招标,但必须经项目主管部门批准。

一是防汛、抗旱、抢险、救灾等紧急项目。

二是涉及国家安全或者有特殊保密要求的项目。

三是采用特定专利或者专有技术或者其建筑艺术造型有特殊要求的项目。

四是在建工程追加的附属小型工程或者主体工程增补的项目,投资额低于原中标价的15%,且承包人未发生改变的。

五是潜在投标人少于3个,不能形成有效竞争的项目。

六是由于其他原因不适宜招标的项目。

水利工程建设项目施工招标的招标人是项目法人。

4)招标报告的内容

招标报告内容包括:

(1)项目法人组建文件;

(2)批准的项目可研报告、初步设计;

(3)招标已具备的条件、招标方式;

(4)分标总方案、招标计划安排;

(5)对潜在投标人的资质(资格)等基本要求;

(6)评标委员会组建方案;

(7)自行招标或代理招标情况等;

(8)选定的监理人;

(9)开标、评标具体安排。

5)招标的程序

招标一般按下列程序进行:

(1)按分级管理原则于发布招标公告5个工作日前向水行政主管部门提交招标报告备案。

(2)发布招标信息(招标公告或投标邀请书)。

(3)资格审查。实行资格预审的,向潜在投标人发售资格预审文件,并在规定的时间、地点接受潜在投标人提交的资格预审资料,由招标人组织对潜在投标人资格进行审核,并将审核情况报水行政主管部门备案,招标人对其审核结果负责。

(4)向审核合格的潜在投标人发售招标文件。

(5)招标人组织购买招标文件的潜在投标人进行现场勘察、技术交底和答疑;答疑和补遗的所有问题必须在招标文件规定的时间内书面通知所有潜在投标人。

(6)依法组建评标委员会。一般在开标前24小时内组建评标委员会,其名单在中标结果确定前保密。

(7)接收投标文件。

(8)组织开标、评标会。

(9)确定中标人。

(10)发出中标通知书。

(11)向水行政主管部门提交招标投标情况的书面总结报告。

(12)进行合同谈判,并与中标人签订合同。

6)招标有关时间要求

发布招标信息至开始发售招标文件的间隔时间,国家重点工程一般不少于10日,省重点、省管工程一般不少于7日,其他工程一般不少于5日;招标公告规定的报名时间、发售资格预审文件和招标文件的时间不得少于5个工作日,且不得限定报名数额及资格预审文件发售数额。

7)招标文件内容

招标人应当根据国家有关规定,结合招标项目特点和需要编制招标文件。招标文件一般应包括下列内容:

(1)投标邀请书;

(2)投标人须知;

(3)合同条款;

(4)投标文件格式;

(5)工程量清单;

(6)技术条款;

(7)设计图纸及说明;

(8)评标方法和标准;

(9)投标辅助资料。

8)标底要求

招标人可采用有标底招标或无标底招标。招标人设有标底的,标底在开标前必须保密。

标底编制应遵循下列原则:

(1)标底须根据批准的初步设计、投资概算,依据国家和水利行业颁发的技术规范标准、编制办法和参照有关定额编制。

(2)标底编制采用工程量清单形式,其招标项目、工程量必须与招标文件的工程量清单一致,不能简单地以概算乘以系数的方法编制。

(3)有关材料、设备的价格应力求与市场实际情况相吻合。

(4)必须按国家规定计列施工企业应得的利润。

(5)一个标段只能编制一个标底。

(6)标底须控制在批准的概算以内。

评标标底可采用:

一是招标人组织编制的标底(A);

二是全部或部分投标人报价的算术平均值(B);

三是以招标人标底(A)和全部或部分投标人报价(B)的加权平均值作为评标标底,其中招标人标底(A)的权重一般不超过0.5;

四是以招标人标底(A)作为确定有效标的标准,以进入有效标内投标人的报价的算术平均值作为评标标底。

以上4种方法中第三、第四种方法应鼓励和提倡,第一种方法要严格控制,第二种方法应慎重采用。

9)投标文件的商务部分和技术部分

投标文件分为商务和技术两部分。商务部分是除该项目施工组织设计以外的内容,技术部分是该项目的施工组织设计。

技术部分内容一般应包括:

(1)工程基本概况。

(2)施工总体布置。

(3)现场管理机构及职责。

(4)主体工程、重要临时工程(如施工导流)施工方法和措施。

(5)新工艺、新措施。

(6)施工进度计划和保证工期的关键措施。

(7)进场主要机械设备和材料供应计划。

(8)质量控制措施及保证质量的关键点。

(9)安全度汛措施计划。

(10)安全生产、文明施工技术措施。

(11)环境保护措施。

(12)施工交叉作业方案。

(13)附图:①施工总平面布置图;②施工网络或施工进度计划横道图;③其他。

10)开标

开标应当在招标文件确定的提交投标文件截止时间的同一时间公开进行;开标地点应当为招标文件中约定的地点。开标由招标人或代理机构主持,所有投标人的法人代表或委托的代理人须按时参加开标会。

开标工作人员由主持人、开标人、唱标人、监标人、记录人等组成。

开标一般按以下程序进行:

(1)主持人在招标文件约定的时间宣布停止接收投标文件,并开始开标。

(2)确认投标人的法定代表人或委托代理人是否在场。

(3)宣布开标工作人员名单。

(4)宣布开标纪律。

(5)宣布投标文件开启顺序。

(6)依顺序开标,先检查投标文件密封是否完好,再启封投标文件。

(7)由唱标人宣布投标要素,记录人记录,同时由投标人代表签字确认。

(8)对上述工作进行记录,存档备查。

11)评标

评标工作一般按以下程序进行:

(1)招标人宣布评标委员会成员名单并确定主任委员。

(2)招标人宣布有关评标纪律。

(3)招标人介绍招标文件和工程情况。

(4)评标委员熟悉评标方法和标准。

(5)由主任委员主持评标。

(6)澄清问题。经评标委员会讨论,并经1/2以上委员同意,提出需投标人澄清的问题,以书面形式送达投标人;对需要文字澄清的问题,投标人应当以书面形式送达评标委员会。

(7)推荐中标候选人。评标委员会按招标文件确定的评标方法和标准,对投标文件进行评审,确定中标候选人推荐顺序。

(8)向招标人提交评标报告。评标报告应由评标委员会全体成员签字。对评标结论持有异议的评标委员会成员可以书面方式阐述其不同意见和理由,评标委员会成员不在评标报告上签字且不陈述其不同意见和理由的,视为同意评标结论,评标委员会应对此作出书面说明并记录在案。评标报告中应有“有无保留意见”一项,评标报告附件应包括有关评标的往来澄清函、评标资料、评委签名表、推荐意见及保留意见等。

12)评标方法

评标方法可根据工程规模、技术复杂程度在以下方法中选择:

(1)合理低价法。合理低价法是在各投标人满足招标文件实质性要求的前提下,参考招标人标底,对各投标人报价进行对照评审,择优选择合理低价的投标人为中标候选人的评标方法。

合理低价的确定，一般按第三十六条(四)款计算的评标标底为标准，将低于这个标准的有效标内投标人的报价的二次算术平均值作为合理低价。

在评标时，评标委员会对投标文件进行初步评审和详细评审，对存在重大偏差或实质上不相应的投标文件按废标处理，而不再对施工组织设计、投标人的财务能力、技术能力、业绩及信誉等进行评分。

投标人的投标价等于合理低价者得满分，高于或低于合理低价者按一定比例扣分，高于合理低价的扣分幅度应比低于合理低价的扣分幅度大。

评标委员会对通过初步评审和详细评审的投标文件，按投标人报价得分由高到低的顺序，依次推荐前三名投标人为中标候选人(当投标报价得分相等时，以投标报价较低者优先)。

本方法适用于技术含量较低的项目。

(2)综合评审法。综合评审法是对所有通过初步评审和详细评审的投标文件的评标价(经修改算术错误后的报价)、财务方案、技术能力、管理水平以及业绩与信誉等进行综合评分的评标方法，按综合评分由高到低排序，推荐综合得分前三名为中标候选人。

本方法适用于工程投资规模较大、技术含量较高的大中型项目。

13)中标

招标人根据评标委员会的评标报告和推荐的中标候选人确定中标人，也可以授权评标委员会直接确定中标人，但不得选择中标候选人以外的投标人中标。

招标人应当确定排名第一的中标候选人为中标人。排名第一的中标候选人放弃中标、因不可抗力提出不能履行合同，或者按招标文件规定应当提交履约保证金而在规定的期限未能提交的，或者存在弄虚作假情况的，招标人可以确定排名第二的中标候选人为中标人。

排名第二的中标候选人因前款规定的同样原因不能签订合同的，招标人可以确定排名第三的中标候选人为中标人。

评标委员会经过评审，认为所有或其中某标段的投标文件不符合招标文件要求或有效投标文件不足3份时，可以否决本次所有或某标段投标，招标人应当重新招标。

14)其他要求

依法必须进行招标的项目，招标人应当自确定中标人之日起15日内，向水行政主管部门提交招标投标情况的书面报告。书面报告应当包括以下内容：

(1)招标范围、招标方式和发布招标公告的媒介；

(2)招标文件的主要内容；

(3)评标委员会成员名单和评标报告；

(4)中标结果；

(5)招标投标活动中其他应说明的重要事项。

3.工程建设监理制

实施工程建设监理制是我国对国外工程建设及管理经验的借鉴。在我国境内的大中型水利工程建设项目，必须实施建设监理，小型水利工程建设项目也应逐步实施建设监

理。

水利工程建设监理是指监理单位受项目法人委托,依据国家有关工程建设的法律、法规和批准的项目建设文件、工程建设合同以及工程建设监理合同,对工程建设实行的管理。

水利工程建设监理的主要内容是进行工程建设合同管理,按照合同控制工程建设的投资、工期和质量,并协调有关各方的工作关系,即“三控制,两管理,一协调”。

监理单位与项目法人之间是被委托与委托的合同关系;与施工单位(承包商)之间是监理与被监理关系。

水利工程项目建设监理实行总监理工程师负责制。总监理工程师是项目监理组织履行监理合同的总负责人,行使合同赋予监理单位的全部职责,全面负责项目监理工作。总监理工程师变更时,必须经项目法人同意,并通知设计、施工等单位。

总监理工程师在授权范围内发布有关指令,签认所监理的工程项目有关款项的支付凭证,项目法人不得擅自更改总监理工程师的指令。

总监理工程师有权建议撤换不合格的工程建设分包单位和项目负责人及有关人员。

总监理工程师须按合同规定公正地协调项目法人与施工单位的争议。

监理单位承担监理业务,应与项目法人签订工程建设监理合同,其主要内容应包括监理工程项目名称;监理的范围和内容;双方的权利、义务和职责;工作条件(如交通、办公场所等);保密内容及措施;监理费的计取与支付;违约责任;奖励和赔偿;合同生效、变更和中止;争议的解决方式;双方约定的其他事项。

实施监理一般应按下列程序进行:

(1)编制工程建设监理规划。

(2)按工程建设进度、分专业编制工程建设监理细则。

(3)按照建设监理细则实施建设监理。

(4)建设监理业务完成后,向项目法人提交工程建设监理工作总结报告和档案资料。

项目法人必须在监理单位实施监理前,将委托的监理单位、监理的内容、总监理工程师姓名及所赋予的权限书面通知施工单位,并报上级主管部门备案。

总监理工程师应当将其实施工程监理的管理办法书面通知施工单位。

施工单位必须按照与项目法人签订的工程建设合同规定接受监理。

项目法人与施工单位在执行工程承包合同过程中发生的争议,须提交项目总监理工程师协调解决,总监理工程师接到调解要求后,应进行充分的调查研究,尽快作出公正处理,并书面通知双方。

建设领域的“三制”改革,使水利工程质量管理形成了三个体系,即政府部门的质量监督体系、业主/监理工程师的质量控制体系和设计施工承包商的质量保证体系。这对保证工程质量、优化工期和投资将大有好处。

二、工程实用技术

工程技术人员需要掌握的知识很多,结合我处的工作实际,我主要讲以下几个方面的内容。

(一)工程测量

测量学是研究地球的形状、大小并确定地球表面点位关系的一项科学技术。根据测量的目的和任务的不同,可分为大地测量、航空测量及为工程项目服务的工程测量等。下面我主要讲一些我们经常用到的工程测量。

1.地面点位的表示方法

1)坐标

地面点的位置是用坐标和高程来表示的,根据不同的需要可以采用不同的坐标和高程系统。常用的坐标有天文地理坐标、大地地理坐标、平面直角坐标和极坐标。我们经常用的是平面直角坐标,测量平面地形图的时候有时也用极坐标。

平面直角坐标系:测量与地图上所使用的平面直角坐标与数学上的直角坐标是不同的。测量工作中规定把纵坐标轴定为 X 轴,其方向为南北方向,向北为正,向南为负;把横坐标轴定为 Y 轴,东正西负。象限注记采用顺时针方向。

2)高程

高程是某一点相对于参照水准面的高度。根据参照水准面的不同,高程可分为绝对高程和相对高程。

绝对高程:地面上任何一点至大地水准面的垂直距离,称为该点的绝对高程或海拔。

相对高程:在一些偏僻地区,一时还不能和国家高程点联系,我们可以采用一个适当的水准面作为基准面,所有点到此水准面的垂直距离称为相对高程,或者叫假定高程。

高程的基准颇耐人寻味,很难想到它来自并不平静的大海。海面永不平静,既有风吹形成的波涛起伏,又有潮汐形成的涨涨落落,另外,火山地震还能引起海啸,更能掀起轩然大波。但是长期记录的海水水位的多年平均值却相当稳定,于是,可以用其数值表示的位置作为高程的基准,即零点。

黄河流域高程系统较为紊乱,目前使用的高程系统有 9 种之多(大沽零点、黄海、假定、冻结、1985 年国家高程基准、引据点Ⅲ、导渭、坎门中潮值、大连葫芦岛)。目前已经全部统一为 1985 年国家高程基准。

(1)黄海高程。黄海高程系以青岛验潮站 1950～1956 年验潮资料算得的平均海面为零的高程系统。原点设在青岛市观象山。该原点以“1956 年黄海高程系”计算的高程为 72.289m。

(2)大沽零点高程系统。清光绪二十三年(1897 年)海河工程局在天津海河口北炮台院内埋设一座花岗岩标石,编号为 HH/155 。光绪二十八年(1902 年)春,天津地方政府委托英国海军驻华舰队测量大沽浅滩。英舰队派船“兰勃勒”号承担该任务,同年秋完成任务。船长司密斯于 1903 年 1 月向海河工程局提供了关于确定大沽零点的报告:“作为测量基准点是大潮期(强潮)的平均低潮位,此点高程为大沽浅滩外潮标(水尺)的 1 英尺 9 英寸(1 英尺 = 12 英寸 = 0.304 8m)或内潮标的 0 英尺 9 英寸。”此点北炮台院内标石顶以下 16.1 英尺,此后顺直委员会、华北水委会使用了大沽零点作为测量的起算点,1934～1947 年黄河水利委员会引用这一系统。中华人民共和国成立后,豫北和沿黄河两岸多使用大沽零点高程系统。

黄河流域的多数地区使用的是“黄海高程”,而大沽零点高程比黄海高程要高 1.163m。

(3)1985年国家高程基准。一般认为潮汐周期为18.61年,由于计算这个基面所依据的青岛验潮站的资料系列(1950～1956年)较短等原因,中国测绘主管部门决定重新计算黄海平均海面,以青岛验潮站1952～1979年的潮汐观测资料为计算依据,并用精密水准测量接测位于青岛的中华人民共和国水准原点,得出1985年国家高程基准高程和1956年黄海高程的关系为:1985年国家高程基准高程=1956年黄海高程-0.029m。

1985年国家高程基准已于1987年5月开始启用,1956年黄海高程同时废止。

2.距离测量

现场演示布卷尺、钢卷尺的使用方法,介绍光电测距仪及水准仪测距的原理。

3.水准测量

现场演示水准仪及经纬仪的使用方法。

水准测量的检核方法如下:

(1)闭合水准路线,高差闭合差的容许值规定如下:

四等水准测量

$$\Delta h = \pm 20\ L \quad (一般地区)$$

$$\Delta h = \pm 25\ L \quad (山区)$$

等外水准测量

$$\Delta h = \pm 35\ L \quad (一般地区)$$

$$\Delta h = \pm 50\ L \quad (山区)$$

如果在闭合差的容许范围内,应将观测数据进行调整,使之符合闭合差为零的要求。调整的原则是:以闭合差相反的符号平均分配在每一段的高差上,然后用改正的高差来计算各点的高程。

(2)附合水准路线测量。

(3)往返水准路线测量。

以一个河道四等水准测量的实例介绍导链组、纵断组、横断组的工作方法,经纬仪、水准仪的使用方法,读数的记录方法及测量资料的内业整理工作。

4.误差的概念

误差即观测值和实际值之间的差异。误差分为系统误差和偶然误差。

系统误差:在一定的条件下作一系列的观测,如果发觉观测误差在大小、正负上表现出一致性,或按一定的规律变化,那么这种误差就叫系统误差。系统误差的产生是由于仪器不完善,或观测者的某种特殊个性,测量结果受到了系统性的影响。如果我们知道了发生这种系统误差的原因,就可以在一定条件下加以消除,或采取一定的措施减少其影响。

偶然误差:在一定的条件下作一系列的观测,如果发觉观测误差在大小、正负上表现不一致,即误差从表面上看没有任何规律性,纯属偶然发生,那么这种误差就叫偶然误差。偶然误差无法消除。

(二)工程视图

1.图纸幅面及标题栏(GB/T17451—1998)

1)图纸幅面尺寸

A0:841×1189;

A1:594×841;

A2:421×594;

A3:297×421;

A4:210×297。

2)图框和标题栏

标题栏文字方向为看图方向。

2. 比例

比例等于图样尺寸:实物尺寸。例如,放大:2:1;缩小:1:2。

绘制同一张图上各个视图时应尽量采用相同的比例,并在标题栏中比例项内填写,当某个视图需要采用不同比例时,必须另行标注。

3. 字体

字体工整,笔画清楚,间隔均匀,排列整齐。

(1)中文:用长仿宋体,字体的高宽比为3:2。

(2)数字:采用斜体,与水平面成75°。

4. 尺寸标注

1)基本规则

(1)真实大小。

(2)以m、cm、mm为单位。

(3)图上各部分的每一尺寸只标注一次。

2)尺寸四要素

(1)尺寸界线:轮廓线或其延长线。

(2)尺寸线:必须单独绘制。

(3)尺寸终端:箭头和斜线。

(4)尺寸数字:水平数字字头朝上;垂直数字字头朝左。

另外,应注意直径和半径的尺寸标注、角度的尺寸标注(角度的尺寸数字一律水平书写)、狭小位置的尺寸标注。

5. 图纸上常见的几种线形

(1)可见轮廓线画成粗实线,粗实线一般画成约0.8mm粗的线。

(2)不可见轮廓线画成虚线,虚线由4mm长的细实线组成,约为0.3mm粗的线,虚线之间空1mm,如此重复下去。

(3)尺寸由尺寸界线、尺寸线、尺寸箭头、尺寸数字组成,都应画成细实线,即粗约为0.3mm的实线。尺寸界线应超过尺寸线3mm,尺寸箭头应有4mm长、0.8mm宽,尺寸数字用细实线书写。注意:尺寸数字不允许和任何图线相交,否则,会引起误解。

(4)中心线:画圆一定要画中心线,它由两条相互垂直的点画线组成。长细线约为20mm长,中间空1mm,再画1mm长的细实线,再空1mm,再画长细线,如此重复下去。

6. 工程上常用视图

用正投影方法绘制的物体的投影图称为视图。工程上最常用的是三视图,即主视图、俯视图、左视图。

三视图的原理即“长对正,高平齐,宽相等”。

视图是物体向投影面投射所得的图形,主要用于表达物体的外部形状,一般只画物体的可见部分,必要时才画出其不可见部分。视图通常有基本视图、向视图、局部视图、剖视图和断面图。

1)基本视图

基本视图是物体向基本投影面投射所得的图形。

(1)六个基本投影面和基本视图:上、下、左、右、前、后六个面。

(2)名称及基本配置。

(3)投影联系。

(4)方位。

2)向视图

向视图是可以自由配置的基本视图。

观察向视图应注意箭头标在不同的视图上图形的变化。同一位置指向不同的向视图,其图形也不一样。

3)局部视图

将物体的某一部分向基本投影面投射所得的视图称为局部视图。

观察局部视图应注意局部视图所标注细实线箭头指明方向及视图的名称“X”。

4)剖视图

假想用剖切面剖开物体,将处在观察者与剖切面之间的部分移去,而将其余部分向投影面投射所得的图形称为剖视图。

剖视图视图方法:首先根据剖视图的名称在平面图上寻找剖视图的位置。

剖切位置:短粗实线。

投影方向:箭头。

视图名称:相同字母。

注意问题:剖切是假想的,A—A 剖视图剖开移开一半,但画出的俯视图为完整立体,虚线一般不画,还有未表达清楚的结构,需另加表达方法。

剖视的种类:①全剖,即剖视图按基本位置配置,中间没有其他图形隔开,省投影方向;②半剖;③局部剖,当被剖切的局部结构为回转体时,允许将该结构的轴线作为分界线。

剖切面与剖切方法原理:①用单一剖切平面剖切,剖切平面平行某一基本投影面;②用几个平行的剖切平面剖切,几个剖切平面同时平行某一基本投影面。

5)断面图

假想用剖切面将物体的某处切断,仅画出该剖切面与物体接触部分的图形,称为断面图,可简称断面。

断面图的用途:表达截断面形状。

断面图的种类:①移出断面;②重合断面。

(三)工程抢险知识

我们单位是一个管理性质的单位,也是一个差额拨款事业单位,40%的工资需要我们自筹,所以对于渠道工程管理得好坏直接和我们每位职工的切身利益挂钩,工程抢险是我们工程管理中的一项重要内容。下面我和大家共同学习一些工程抢险方面的知识。

首先介绍几个概念:

汛期:江河等水域季节性或周期性的涨水时期。汛期又分伏汛、秋汛,这两个时期是我省河流发生暴雨洪水的季节,这两个汛期又称大汛期。

流量:每秒流过某河道断面的水量,常用单位为 m^3/s。

堤前及堤后:堤前即堤防的靠水一侧,又叫临河;堤后即堤防的背水一侧,又叫背河。

我们单位管理的河道是内河,它除在汛期发生险情外,也可能发生在大流量试放水的时候,发生的险情主要有以下几种:渗水、流沙、管涌、堤防漫溢、漏洞、滑坡、穿堤建筑物绕渗等。

(1)渗水:当河流大水量通水时,在背堤坡或堤脚附近出现表土潮湿、发软、有水流渗出或有积水的现象。遇到渗水险情应采取的措施有开沟导渗、反滤导渗、临河筑戗。

(2)滑坡:堤顶、堤坡发生裂缝,并随土体向下滑塌的现象。抢护滑坡险情的主要方法是:削坡、固堤阻滑,滤水土撑和滤水后戗。

(3)管涌:也叫翻沙鼓水,又叫泡泉或地泉。在背河堤脚外数米或数十米的地面上、土塘里流出浑水,或水塘水面出现冒水泡等现象称为管涌。管涌发生在土体颗粒不均匀的土体中,因细颗粒被高压渗水所带走而发生。抢护方法是填塞筑台、导滤围井。

(4)流沙:又叫流土。指土体表面一部分土体中所有土颗粒同时被渗流推动的现象。发生在土体颗粒均匀的土体中,因土体中所有土颗粒被高压渗水所推动而发生。

(5)漏洞:在汛期或高水位情况下,堤防背水坡及坡脚附近出现横贯堤身或堤基的流水孔洞。抢护方法是临河截堵,背河抢护。

(6)堤防漫溢:当洪水水位有可能超过堤顶时,为防止漫堤,应迅速抢护加高堤防,堤顶上再造一个子埝,即我们平常所说的小堰。

(7)穿堤建筑物绕渗:当水闸等穿堤建筑物等混凝土或砌体与土基或堤身结合部土料回填不实,或不均匀沉陷、错缝,在高水位作用下,洪水顺裂缝及建筑物轮廓绕渗的现象。抢护方法是临水隔渗堵漏、背水反滤导渗、中堵截渗。

在大流量放水,特别是新渠道大流量试通水时,为防止河水决堤淹老百姓的庄稼,我们要巡堤查险。巡堤查险要注意下面几个方面的问题:

一是巡堤查险中的“五时”:在巡堤查险中易忽视五个时间,即黎明时、吃饭时、换班时、黑夜时和刮风下雨时。

二是巡堤查险中的“五到”:眼到、手到、耳到、脚到、工具料物随人到。眼到即看清堤顶、堤坡、堤根及水面有无各种险情。手到即检查有无崩塌、淘空处及水面有旋涡处要用探杆随时探摸。耳到即细听水流有无异常声音。脚到即在黑夜雨天时的淌水地区,要赤脚试探水温及土壤松软情况,以便随时发现险情。如水温低则表明水可能从土层深处或堤身内渗出。工具料物随人到即巡查人员在检查时,应随身携带铁锨、草捆等,以便遇到险情时及时抢护。

抢险的方法很多,但抢险的原则是防胜于抢,要防患于未然,关键是我们巡堤查险人员要有责任感,要有责任重于泰山的使命感。

水资源配置与灌溉制度

马春玲

第一部分　水资源配置

长期以来,水利界人士认为水利就是兴水利、除水害。但至今国外还没有与我国水利相通的词汇,水利“china water”,并不等同于国外的“water resources”。一方面,学术界国际间交流日益广泛。另一方面,自20世纪70年代以来水资源的开发利用过程中出现了新的问题,主要表现在以下三方面:①水资源出现了短缺,所谓短缺是指相对水资源需求而言,水资源供给不能满足生产、生活的需求;②工农业生产和人民生活过程中排放出大量的污水;③水资源开发利用带来了一系列环境问题如地面沉降、海水倒灌入侵等。于是,从20世纪80年代至今,20多年来,”水资源”这个名词在我国广泛流行,其概念的形成也历经了一个完善的过程,在此期间和今后一段时间内,我国水利与水资源两词仍将并行存在。

下面就有关水、水资源等问题向大家作如下介绍。

一、水资源的概念

(一)水的重要性

1. 水是生命之源

人类研究发现,最原始的生命(单细胞藻类)存在于在海洋中,以此认为水是生命之源。

2. 水是地球上生物体的基本成分

人身体的70%是由水分组成,身体的每个细胞都含有大量水分。因此,水是组成人体细胞的重要物质,在其他动物和植物体内的细胞中也含有大量的水分。

3. 参与生物体的生命活动

水是生物体吸收营养成分、输送营养物质的介质,又是排泄废物的载体。

总之,水孕育和维系地球上的全部生命。人们常说,阳光、空气、水是地球上生物生存的重要物质。但深海中海底底栖动物海绵、腔肠动物甲壳类等,仍可生存在缺少阳光、空气的水中。

(二)水的分布

水能够以气态、固态和液态三种基本形态存在于自然界之中,分布极其广泛。

1. 地球上水的分布

所谓的水圈是由地球地壳表层、表面和围绕地球的大气层中液态、气态和固态的水组成的圈层,它是地球“四圈”(岩石圈、水圈、大气圈和生物圈)中最活跃的圈层。地球水圈中水的总量为 1.36×10^{18} t。

2. 地球水圈中淡水的分布

地球水圈中淡水总量为 3.8×10^{16} t,是地球水圈总水量的 2.8%,其存在形式为:

(1)极地冰山,占淡水总量的 75%,2.85×10^{16} t,目前的条件,还无法开发利用。

(2)地下水,占淡水总量的 24.1%,9.16×10^{15} t,且埋深一般在 800m 以下,不能开采。

(3)湖泊与河流,占淡水总量的 0.86%,3.27×10^{14} t,是陆地上的植物、动物和人共同获得的淡水水源。

(4)大气中水蒸气,占淡水总量的 0.037%,1.406×10^{13} t,它以降水的形式,为陆地补充淡水。

(5)生物水,占淡水总量的 0.003%,1.14×10^{12} t。

然而,地球上的淡水会因日晒而蒸发,或者通过滔滔江河回归大海,地球可供陆地上的生命使用的淡水仅占地球总水量的 3‰。因此,陆地上的淡水是非常紧张的。

(三)水的循环

水圈中的水并不是静止不变的,而是处于不断的运动之中,且存在着明显的水文循环现象。根据循环的实际情况,水文循环可以分为大循环和小循环两种基本形式。

1. 大循环

水文大循环就是水在陆地、海洋、大气中的相互转化,如海洋中的水,经过蒸发转化为大气水,大气水在一定条件下凝结,以降水的形式回到陆地表面,最后通过不同的形式回到海洋之中,完成一个循环过程。

2. 小循环

小循环就是上述三种介质中任意两种介质之间的水相互移动。如陆地中的水,通过植物蒸腾的形式进入大气,然后又回到陆地的过程。

(四)水资源

1. 水资源概念

在英国《大百科全书》中,水资源的定义为“全部自然界任何形态的水,包括气态水、液态水、固态水”。1977 年联合国教科文组织建议“水资源应指可供利用或有可能被利用的水源,这个水源应具有足够的数量和可用的质量,并能在某一地点为满足某种用途而可被利用”。

现代意义的水资源包含水量与水质两个方面,是人类生产生活及生命生存不可替代的自然资源和环境资源,是在一定的经济技术条件下能够为社会直接利用或待利用,参与自然界水分循环,影响国民经济的淡水。

2. 水资源的更新

海水和存在于不同介质中的淡水正常更新循环的时间是不相等的,有的更新时间较长,有的更新时间极短,表 1 是各类淡水水体的更新时间。

从表 1 可以看出,各种淡水更新周期存在着较大的差异,大气中的水只需 8 天时间就更新一次,是可更新资源;永久积雪更新一次需要 9 700 年,地下水更新一次需要 1 400 年。它告诉我们对于这种近似于不可更新的水资源而言,在开发利用时必须慎而又慎。

表1　赋存于不同介质水体更新时间

水体	更新周期	水体	更新周期
永久积雪	9 700 年	沼泽水	5 年
海水	2 500 年	土壤水	1 年
地下水	1 400 年	河流	16 天
湖泊水	17 年	大气水	8 天

二、水资源量及开采利用现状

(一)我国水资源的现状

我国水资源总量为 $2.8\times10^{12}m^3$,居世界第 6 位。人均水资源占有量为 2 304m^3,仅为世界人均占有水资源量的 1/4,在世界银行进行多年连续统计的 132 个国家中居第 82 位,是世界 13 个贫水国家之一。

(二)河南省水资源现状

河南省水资源总量为 405 亿 m^3,位居全国第 19 位。人均水资源占有量不足 420m^3,相当于全国平均水平的 1/5、世界水平的 1/20,居全国第 22 位。

(三)濮阳市水资源现状

濮阳市水资源总量为 7.53 亿 m^3,居全省第 14 位。人均水资源占有量为 196m^3,不足全省人均水资源量的 1/2、全国的 1/10。

(四)效益区水资源量及开发利用现状

效益区多年平均水资源量 3.985 亿 m^3,人均水资源占有量不足 190m^3。

1. 地下水

地下水分为浅层地下水和中深层地下水,其中中深层地下水一般指距地表 100m 以下的承压水。由于该层地下水埋深大、补给条件差、可开采量小、开采和回补难度大,一般只作为后备水源。浅层地下水资源量系指浅层地下水综合补给量与井灌回归补给量之差。查河南省各地市水资源量表,用土地面积之比算得效益区内浅层地下水资源量为 3.6 亿 m^3,其中可利用量为 3.58 亿 m^3,潜水蒸发量为 0.02 亿 m^3。

金堤以南的灌区,浅层地下水开采量与补给量基本平衡,地下水埋深小于 5m;金堤以北的补水区,浅层地下水补给量小于开采量,形成一个浅层地下水大漏斗(指地下水埋深大于 8m 的区域),2004 年漏斗总面积为 1 750.0km^2,约占全市总面积的 41.8%,漏斗中心地下水埋深在 2004 年末为 24.22m,比 2003 年末的 24.02m 还增加了 0.20m。

2. 地表水

地表水资源量指降水所产生的径流量。效益区内多年平均降水量为 578.7mm,多年平均径流量为 0.875 亿 m^3。由于拦蓄工程少,且降水集中,故当地地表径流利用量小。

3. 客水资源

客水是指外地流经本区域内的地表水。效益区内的客水主要有黄河、卫河、金堤河。

黄河是区内的主要客水资源,据高村水文站观测资料分析,多年平均流量为

1 380m^3/s,多年平均径流量为420.71亿m^3。

卫河,流经效益区北部,区内长度29.4km,据南乐县元村站资料分析,卫河多年平均径流量27.47亿m^3,但卫河水大部分在汛期下泄排出,故实际利用量很小。

金堤河为黄河的一条支流,据濮阳水文站资料分析,多年平均径流量为1.66亿m^3,实际上近年金堤河在干旱季节的径流主要是引黄灌溉的退水,实际利用量很小。

效益区引黄条件好,近几年年均引水2.6亿m^3。2006年已引水超过3.5亿m^3。

(五)21世纪水资源预测

21世纪初,水危机将成为几乎所有干旱和半干旱国家普遍存在的问题,联合国发表的《世界水资源综合评估报告》预测结果表明,到2025年,全世界人口将增加至83亿人,生活在水源紧张和经常缺水国家的人数,将从1990年的3亿人增加到2025年的30亿人,后者为前者的10倍;第三世界国家的城市面积也将大幅度增加,除非更有效地利用淡水资源、控制对江河湖泊的污染,更有效地利用净化后的水;否则,全世界将有1/3的人口遭受中高度到高度缺水的压力。

总之,水危机已是全人类共同面临的重大环境问题,水资源危机发展将更加迅速,前景令人担忧!如何合理地开发利用和保护水资源,已是摆在全人类面前刻不容缓的课题。因此,我们每个人都肩负着神圣的使命,任重而道远。

三、效益区用水状况

(一)效益区基本情况

1.区域位置

濮阳市引黄工程管理处效益区位于濮阳市西部,包括濮阳县的渠村灌区、清丰县、南乐县、华龙区和高新技术开发区,总土地面积302.8万亩,其中耕地面积193.1万亩(包括滑县24.96万亩),河道坑塘占地面积为29.62万亩,其他占地面积29.62万亩。设计灌溉面积193.1万亩,有效灌溉面积161.8万亩。

2.气候与土地利用情况

由于效益区内地势平坦、气候适宜、光照充足,适宜农业生产,再加上土地开发历史悠久,目前全区土地利用率高达98.11%,已达到较高水平,土地垦殖系数远高于全省平均水平。

效益区内作物种植总面积为343.72万亩,复种指数达到1.78。

3.地形地貌

效益区内属于黄河冲积平原,由于黄河多次泛滥北流,受金堤阻挡后,顺金堤河折向东北流入范县境内,在金堤南形成复合冲积扇(扇轴在南,扇缘在北);金堤以北为黄河故道区,由于黄河多次流经和决漫改道,自南向北沙丘起伏不平。效益区内地势南高北低,自西南向东北倾斜,地面高程为57.50~46.00m。

4.作物种植结构

效益区内土壤肥沃,适宜粮食、经济作物的种植,粮食作物有小麦、玉米、水稻、大豆等,经济作物有棉花、花生等。另外,区内种植的蔬菜品种多,且大棚蔬菜渐成规模。

5. 水文条件

该区多年来平均降水量为 578.7mm,多年平均蒸发量为 1 663mm。降水特点是雨量年际变化大,最大降水量为 965.3mm(1964 年),最小降水量为 270.7mm(1965 年),且季节分布不均,雨量主要集中于夏秋两季,春季降水量占全年降水量的 14%,夏季占 61%,秋季占 21%,冬季占 4%,因此冬、春两季旱情突出,且有十年九旱、先旱后涝、涝后又旱、旱涝交替的特点,严重影响夏粮丰收和春季播种,旱灾为该地区的主要自然灾害。

(二)效益区工程状况

我市金堤以北的濮阳、清丰、南乐、华龙区和高新区的纯井灌区,由于超量开采地下水,地下水水位急剧下降,机泵不断大量更新换代,机井大量报废。为改变这种现状,充分利用黄河水资源,先后兴建了三处引黄蓄灌工程(简称濮清南工程)。该工程以灌代补,蓄灌补源;以现有河道为主体,引、蓄、灌、排综合利用;沟、坑、塘、井、站密切配合,进行田间工程配套,完善蓄灌补源系统,到 2005 年底,三处蓄灌补源面积达到 161.8 万亩。

1. 第一濮清南引黄补源工程

第一濮清南工程自渠村引黄闸取水,总干渠沿濮渠公路到濮阳县南关穿金堤河和金堤,与马颊河连接。利用马颊河送水到金堤以北的濮阳、华区、清丰、南乐四县(区)。干渠全长 97.16km(其中金堤以南 34.66km),输水能力为 $30m^3/s$,设计效益面积 59.5 万亩。1982 年 11 月兴建,1986 年总干渠建成通水,到 2005 年底,共建节制闸 28 座,其他各类建筑物 400 余座;河、沟、坑、塘蓄水能力 2 665 万 m^3,年引黄水量平均为 2.5 亿 m^3。

2. 第二濮清南引黄补源工程

第二濮清南工程自濮阳县南小堤引黄闸引水。总干渠上游通过扩建原南小堤灌区总干渠、一干渠的四支渠而成,至柳屯镇穿过金堤河和金堤,向北到清丰县六塔乡黄龙潭节制闸止,总长 43.7km(其中金堤以南 34.88km),输水能力 $30m^3/s$;其下自西干渠至潴龙河,长 2.86km;北干渠经清丰的瓦屋头、六塔、仙庄、马村四乡(镇)进入南乐县杨村、张果屯、韩张镇至永顺沟,全长 38.6km,该工程设计效益面积 62 万亩。

3. 第三濮清南引黄补源工程(也称第一濮清南西分干渠)

第三濮清南工程利用渠村引黄闸和第一濮清南输水总干渠引水至Ⅲ号枢纽,向西接南湖四支渠,在岳新庄穿过金堤河,过新习、王助、胡村、王什等乡(镇),送水到南乐县西部,全长 108.6km。设计效益面积 63.8 万亩。

(三)用水状况

三条濮清南引黄蓄水工程除担负效益区近 200 万亩耕地的灌溉补源任务。效益区设计原则是金堤以南为正常灌区,金堤以北为补水区。

用水状况:

(1)输水总干渠衬砌不完全,渗漏严重。

(2)正常灌区沿渠斗门多、漏水严重,且管理混乱。

(3)灌区仍采用传统的大水漫灌,用水浪费严重。

(4)三条濮清南沿渠都有不同程度的污水排放,尤其是第三濮清南频繁排入严重超标的污水。

(5)第三濮清南岳新庄以下河道废弃物堆放多,严重阻水。

四、节约用水,计划用水

“国家节水标志”(见图1)由水滴、人手和地球变形而成。绿色的圆形代表地球,象征节约用水是保护地球生态的重要措施。标志留白部分像一只手托起一滴水,手是拼音字母JS的变形,寓意节水,表示节水需要公众参与,鼓励人们从我做起,人人动手节约每一滴水;手又像一条蜿蜒的河流,象征滴水汇成江河。

图1 国家节水标志

(一)实行节约用水的重要性和必要性

1.法律赋予我们的责任

《中华人民共和国水法》第八条规定:国家厉行节约用水,大力推行节约用水措施,推广节约用水新技术、新工艺,发展节水型工业、农业和服务业,建立节水型社会。

各级人民政府应当采取措施,加强对节约用水的管理,建立节约用水技术开发推广体系,培育和发展节约用水产业。

单位和个人有节约用水的义务。

2.建设资源节约型、环境友好型社会的要求

未来15年,将是我国节约型社会建设的关键时期。到2010年,水资源利用效率和效益会明显提高,其中,全国农业灌溉水有效利用系数从0.45提高到0.5,全国农业灌溉用水基本实现零增长。

3.引黄水量分配的要求

黄河水利委员会每年(近几年一直)分给河南省的引水指标是55亿m^3;濮阳黄河河务局分给效益区的用水指标:2005年11月~2006年7月,2.7亿m^3;2006年11月~2007年12月,2.8亿m^3。

2006年效益区引水已超过3亿m^3。一方面,新增用水指标申报,审批的难度加大;另一方面,水费征收标准偏低,进一步加重了管理单位的经济负担。

(二)现行的供水制度

2006年7月5日国务院第142次常务会议通过《黄河水量调度条例》,自2006年8月1日起施行,其中第十条规定:黄河水量调度实行年度水量调度计划与月、旬水量调度方案和实时调度指令相结合的调度方式。黄河水量调度年度为当年7月1日至次年6月30日。

根据以上规定,我们处灌溉科每月的23日向市黄河部门报送下月的用水计划,区分

到上、中、下三旬;必须在每月的5、15、25号报送下旬或次月上旬的用水计划,签用水订单,等待上级部门核准。一经批准的用水指标,无正当理由(降雨或堤防决口淹地),不得单方变更用水计划(退订、增加或减少),这里的单方当然是指我们用水管理单位。需要说明的是,如果事先没有报送用水计划,申请临时用水这种情况是有的,但也是比较困难的。

节约用水的前提是必须做好计划用水,若没有切实可行的用水计划,何谈节约用水。

(三)计划用水、节约用水措施

(1)作为效益区各级灌溉水调人员,应当经常深入基层,熟悉当年效益区的耕地面积、种植结构、土壤墒情,掌握需水情况,为领导制定科学合理的用水计划提供第一手资料。

(2)渠道管护负责人员,应具有崇高的敬业精神和高度的责任感,熟悉管辖段的堤防及建筑物运行情况,及时发现问题、圆满解决问题,以确保安全输水。

(3)管护人员,做好自己责任段的管理维护工作,严格执行供水计划,服从领导安排及紧急情况下处灌溉管理人员的安排。无本段负责同志或紧急情况下处灌溉管理人员的指挥,不得擅自提落闸门。

(4)各管理段负责管理放水资料的同志,切实做好放水水情的记录、资料存放,并按规定时间报送处灌溉科。

五、水资源配置

(一)水资源配置的概念

水资源配置是指在特定的区域内,对不同来源的水,通过工程与非工程措施,在时间上、空间上,在工业、农业、生活、生态与环境供水间进行需求控制和分配,增加供给和保障各方协调安全用水活动的总称。

(二)水资源配置的依据

(1)水资源承载力:是指特定区域内的水资源量有多少,可供利用的有多少。对咱们效益区来说,主要是指当年市黄河部门下达的用水指标。

(2)水环境的承载力 :把握水资源利用过程中污水排放的度,即水环境、水资源的承受能力。三条濮清南沿途有污水、废水排入,但我们输水渠道并不是任何时候都能冲淡被迫接纳的污水。这些污水严重影响着农作物的生长,并且污染了补源区的地下水。再如,引黄闸的改建,就是由于老引黄闸的上游有来自天然文岩渠超标排放的污水,严重影响着濮阳市城市居民生活用水及农业灌溉用水,不得不耗巨资改建第二个引水闸,以确保全市人民的饮水安全及农业灌溉用水需要。

(三)效益区水资源配置的原则

效益区设计的初衷是:金堤以南为正常灌区,金堤以北为补水区。第一、三濮清南的运行一直是按这个思路进行的。

近几年来,由于黄河下游渠首供水工程水价不断上调,再加上效益区上游用水浪费现象严重,且不能按实际用水量缴纳水费,处领导班子及时调整供水策略:

(1)不断对全处干部、职工进行爱岗敬业、勤劳奉献精神的教育及业务知识培训,着力提高人员的岗位技能。

(2)春灌提前放水,使处于下游的清丰、南乐县蓄满水沟、坑塘,灌溉、补源相得益彰,同时也和上游的濮阳县避开了用水高峰期。

(3)压缩上游用水时间。对上游采取白天压闸、夜里提闸的措施,多向下游送水,或灌或补。

(4)严格管理,做好防渗堵漏,向管理要效益。

第二部分 灌溉制度

首先进行部分概念的介绍:

(1)耕地面积:种植农作物的实有面积。

(2)播种面积:各种农作物种植的面积和。

(3)复种指数:表示耕地面积在耕种方面的利用程度,其表达式为播种面积/耕地面积。

(4)灌溉面积:指由灌溉供水工程供水的耕地面积。

(5)抗旱天数:所谓抗旱天数,是指灌溉设施在无降雨情况下能满足作物需水的天数,它反映了灌溉设施的抗旱能力,是灌溉设计标准的一种表达方式。

(6)净流量、毛流量:是渠道流量推算中常用的两个名词,它们具有相对的概念。对于一段渠道而言,流经上、下断面的流量各为 $Q_{上}$、$Q_{下}$,$Q_{上}$ 就是该段渠道的毛流量,而 $Q_{下}$ 即是该段渠道的净流量。对于渠系而言,干渠同时向各支渠送水,渠首流量为 Q_0,各支渠分水流量相应为 Q_1、Q_2 和 Q_3。对于干渠而言,Q_0 为干渠毛流量,$Q_1+Q_2+Q_3$ 为干渠净流量,但对于各支渠而言,Q_1、Q_2、Q_3 则分别是一、二、三支渠的毛流量。

(7)渠道水利用系数:某渠道的净流量与毛流量的比值称为该渠道水利用系数。

$$\eta_{渠道} = Q_{下}/Q_{上} = Q_{净}/Q_{毛出}$$

(8)渠系水利用系数:反映了从渠首到农渠的各级输、配水渠道的输水损失,表示了整个渠系的水的利用率,其值等同于工作的各级渠道的渠道水利用系数的乘积,即

$$\eta_{渠系} = \eta_{干}\eta_{支}\eta_{斗}\eta_{农}$$

农渠以下(包括临时毛渠至农田)的水的利用系数 $\eta_{田}$,在田间工程配套、质量好、灌水技术合理的情况下,可以达到0.9。

(9)全灌区的灌溉水利用系数 $\eta_{水}$:为田间的净流量(或净水量)与渠首引入流量(或水量)之比,等于渠系水利用系数和田间水利用系数的乘积,即

$$\eta_{水} = Aq_{净}/Q_{引}$$

或

$$\eta_{水} = \eta_{渠系}\eta_{田}$$

一、作物的需水量

(一)概念

作物需水量是指植株蒸腾和株间蒸发消耗的水量,又称为植物的腾发量。

(二)影响因素

根据对大量灌溉试验资料的分析,作物需水量的大小与气象条件(温度、日照、湿度、风速等)、土壤含水状况、作物种类及其生长发育阶段、农业技术措施、灌溉排水措施等因素有关。这些因素对需水量的影响是互相联系的,也是错综复杂的。

(三)计算方法

目前,很难从理论上对作物需水量进行精确的计算。在生产实践中,一方面是通过田间试验的方法直接测定作物需水量;另一方面,常采用某些计算方法以确定作物需水量。

1.直接计算作物需水量的方法

(1)以水面蒸发为参数的需水系数法(简称 a 值法):

$$E = aE_0$$

或

$$E = aE_0 + b$$

式中 E——某时段的作物需水量,以水层深度计,mm;

E_0——某时段的水面蒸发量,以水层深度计,mm,E_0 一般采用80cm蒸发皿的蒸发值;

a、b——经验常数。

a 值法只要水面蒸发量资料,且易于获得,所以此法在我国南方水稻种植地区被广泛采用。

a 值法多年的实践证明,用 a 值法时除了必须注意使用水面蒸发皿的规格、安放方式及观测场地规范化,还必须注意非气象条件(如土壤、水文地质、农业技术措施、水利措施等)对 a 值的影响。

(2)以产量为参数的需水系数法(简称 K 值法):作物产量是太阳能的累积与水、土、肥、热、气等诸因素的协调及农业措施的综合结果。因此,在一定的气象条件下和一定范围内,作物田间需水量将随产量的提高而增加。但是需水量的增加并不与产量成比例,同时当作物产量达到一定水平后,需进一步提高产量时就不能仅靠增加水量,而必须同时改善作物成长所必需的其他条件。

作物总需水量的表达式为:

$$E = KY$$

或

$$E = KY^n + c$$

式中 E——作物全生育期内总需水量,mm或m^3/亩;

Y——作物单位面积产量,kg/亩;

K——以作物产量为指标的需水系数,在 $E=KY$ 公式中,K 代表单位产量的需水量,m^3/kg;

n、c——经验指数和常数,n 及 c 的数值可以通过试验确定。

优点:此法简单方便,只要确定了计划产量便可算出需水量;同时此法使需水量与产量相联系,有助于进行灌溉经济分析计算。

适用范围:旱作物在土壤水分不足从而影响高产的情况下,需水量随产量的提高而增大。用此法推算较可靠,误差在30%以下。但对于土壤水分充足的旱田及稻田,需水量主要受气象条件控制,产量与需水量关系不明确,用此法计算的误差太大。

2.通过潜在腾发量(又称潜在需水量)计算需水量的方法

1)潜在蒸发量的计算

(1)用水面蒸发量推算。计算公式同 a 值法,所不同的是,计算结果不是需水量而是月或旬的潜在蒸发量,公式中的系数 a 应根据潜在腾发量的资料推求。因潜在腾发量撇开了作物及土壤水分的影响,故它适用于水稻及旱作物,计算误差在20%以下。

(2)以气温和昼长时间推算。国外常用的有布莱尼－雷可多公式。在土壤充分供水的条件下,作物潜在腾发量随着月平均气温和每月白昼小时数的百分数而变化,其计算公式如下:

$$E_p = K \sum Pt / 100$$

式中 E_p——全生育期潜在蒸发量;

t——月平均气温;

P——各月昼长时间占全年昼长时间的百分数;

K——经验系数。

(3)能量平衡法。该法的基本思路是将作物腾发看做能量消耗的过程。通过平衡计算求出腾发所消耗的能量,然后再将能量折算为水量,即作物需水量。

1948年英国彭曼提出作物潜在腾发量的计算公式,曾在国际上广泛应用。

$$E_p = C[WR_n + (1 - W) \times 0.27(1 + u_2/100)(e_b - e_d)]$$

式中 E_p——作物潜在腾发量,mm/d;

R_n——达到田间的净辐射总量,以蒸发的水层深度计,mm,可取自实测资料,也可根据纬度、月份、日照小时及气温等,用经验公式计算;

u_2——地面以上2m高处的风速,km/d;

e_b——大气饱和水汽压,hPa;

e_d——大气实际水汽压,hPa;

W——辐射项修正系数,$W = \Delta/(\Delta + r)$,其中 r 为湿度计常数,Δ 为饱和水汽压曲线上的斜率,随气温而变化,可根据气温从饱和水汽压斜率—温度曲线上查得;

C——考虑地区影响的修正系数,取决于相对湿度、辐射量、风速等,由试验确定。

2)实际需水量的计算

上述彭曼公式所求得的都是作物潜在腾发量,即在土壤水分能完全满足作物腾发耗水条件下的需水量。实际上,土壤水分不是在作物的各个生育阶段都能达到潜在腾发所需要的条件。所以,潜在腾发量与实际需水量还有一定的差异,还必须按照作物种类及土壤因素进行修正。在国外主要是利用作物系数将潜在腾发量折算为实际需水量:

$$E = K_C E_p$$

式中 K_C——作物系数,随作物种类和发育阶段而异,生育初期和末期的 K_C 较小,中期 K_C 较大(等于或接近1.0),由试验确定。

二、作物的灌溉制度

(一)概念

(1)灌水定额:是指一次单位灌溉面积上的灌水量,单位为 m^3/亩或mm。

(2)灌溉定额:是指各次灌水定额之和,单位为 m^3/亩或mm。

灌水定额、灌溉定额是效益区规划和管理的依据。

(3)作物的灌溉制度:是指作物播种前(或栽秧前)及全生育期内的灌水次数、每次灌水日期、灌水定额及灌溉定额,其随作物的种类、品种、自然条件及农业措施的不同而变化。因此,在制定灌溉制度时,必须从当地、当时的具体条件出发进行分析研究。

(二)确定作物灌溉制度的方法

(1)总结群众的丰产灌水经验。

(2)根据灌区试验资料制定灌溉制度。效益区作物灌溉制度的制定主要参照《河南省节水灌溉综合技术研究》的资料。

(3)按水量平衡原理分析制定作物灌溉制度。根据农田水量平衡原理分析制定作物灌溉制度时,一定要参照群众的丰产灌水经验和田间试验资料,这样的灌溉制度是比较完善的。

三、旱作物的灌溉制度的制定

(一)基本资料的准备

拟定的灌溉制度是否正确,关键在于方程中各项数据,如土壤计划湿润层深度、作物允许的土壤含水量变化范围以及有效降雨量等项的选用是否合理。效益区作物计划温润层深度见表2、表3。

表2　作物生育阶段耗水率、计划湿润层深度

日期		小麦			日期		棉花		
月	旬	发育阶段	耗水率(%)	计划层深(m)	月	旬	发育阶段	耗水率(%)	计划层深(m)
10	中	播种	2.83	0.3	4	中	播种	4	0.4
	下	分蘖	2.8	0.3		下	幼苗	3.42	0.4
11	上		2.83	0.3	5	上		3.25	0.4
	中		1.63	0.3		中		3.03	0.4
	下		1.56	0.3		下		3.45	0.4
12	上		1.6	0.3	6	上	现蕾	3.53	0.5
	中		1.6	0.3		中		4	0.5
	下	越冬	1.33	0.3		下		3.92	0.5
1	上		1.06	0.3	7	上	开花结铃	4.76	0.6
	中		0.9	0.3		中		6	0.6
	下		0.63	0.3		下		9.43	0.6
2	上		0.86	0.3	8	上		8.5	0.6
	中		0.7	0.3		中		7.16	0.6
	下	返青	1.1	0.4		下	吐絮	7.23	0.6
3	上		1.96	0.4	9	上		3.4	0.6
	中		2.26	0.4		中		3.16	0.6
	下	拔节	6.7	0.5		下		3.5	0.6
4	上		7.9	0.5	10	上		3	0.6
	中		9.96	0.5		中		3.66	0.6
	下	抽穗	12.3	0.6		下		3.66	0.6
5	上		13.56	0.6	11	上		3.6	0.6
	中	灌浆	11.73	0.6		中		3.54	0.6
	下	成熟	12.2	0.6		下			

1. 土壤计划湿润层深度(H)

土壤计划湿润层深度指在旱田进行灌溉时,计划调节控制土壤水状况的土层深度,它随作物根系活动层深度、土壤性质、地下水埋深等因素而变。

表3 作物生育阶段耗水率、计划湿润层深度

<table>
<tr><th colspan="2">日期</th><th colspan="3">玉米</th><th colspan="2">日期</th><th colspan="7">棉花</th></tr>
<tr><th>月</th><th>旬</th><th>发育阶段</th><th>耗水率(%)</th><th>计划层深(m)</th><th>月</th><th>旬</th><th>发育阶段</th><th>耗水率(%)</th><th>灌水上限(mm)</th><th>蓄雨水上限(mm)</th><th>土壤水分下限(%)</th><th>备注</th></tr>
<tr><td>5</td><td>下</td><td>播种</td><td>2.75</td><td>0.3</td><td rowspan="2">6</td><td>中</td><td>返青</td><td>13.5</td><td>30~50</td><td>80~100</td><td>100</td><td></td></tr>
<tr><td rowspan="3">6</td><td>上</td><td>幼苗</td><td>5.11</td><td>0.3</td><td>下</td><td>分蘖</td><td>13.5</td><td>30~50</td><td>100~120</td><td>75~80</td><td>末期土壤水分下限为60%~70%</td></tr>
<tr><td>中</td><td></td><td>5.23</td><td>0.3</td><td rowspan="3">7</td><td>上</td><td></td><td></td><td></td><td></td><td></td><td></td></tr>
<tr><td>下</td><td>拔节</td><td>10.12</td><td>0.4</td><td>中</td><td>拔节</td><td>23.9</td><td>30~50</td><td>120~160</td><td>80~90</td><td></td></tr>
<tr><td rowspan="3">7</td><td>上</td><td></td><td>17.2</td><td>0.4</td><td>下</td><td></td><td></td><td></td><td></td><td></td><td></td></tr>
<tr><td>中</td><td>抽穗</td><td>12.83</td><td>0.5</td><td rowspan="3">8</td><td>上</td><td>抽穗</td><td>34.4</td><td>30~50</td><td>120~160</td><td>75~80</td><td></td></tr>
<tr><td>下</td><td></td><td>18.33</td><td>0.5</td><td>中</td><td></td><td></td><td></td><td></td><td></td><td></td></tr>
<tr><td rowspan="3">8</td><td>上</td><td>灌浆</td><td>13.43</td><td>0.6</td><td>下</td><td>灌浆成熟</td><td>28.2</td><td>30~50</td><td>100~120</td><td>75~80</td><td>乳熟期落干时土壤水分下限为60%~70%</td></tr>
<tr><td>中</td><td></td><td>6.67</td><td>0.6</td><td rowspan="3">9</td><td>上</td><td></td><td></td><td></td><td></td><td></td><td></td></tr>
<tr><td>下</td><td>成熟</td><td>4.25</td><td>0.6</td><td>中</td><td></td><td></td><td></td><td></td><td></td><td></td></tr>
<tr><td>9</td><td>上</td><td></td><td>4.06</td><td>0.6</td><td>下</td><td></td><td></td><td></td><td></td><td></td><td></td></tr>
</table>

2. 土壤最适宜含水率及允许的最大、最小含水率

土壤适宜含水率随作物种类、生育阶段的需水特点、施肥情况和土壤性质(包括含盐情况)等因素而异,一般应通过试验或调查总结群众经验确定。

由于作物需水的持续性与农田灌溉或降雨的间歇性,土壤计划湿润层的含水率不可能经常保持某一最适宜含水率数值而不变。为了保证正常生长,土壤含水率应控制在允许最大与允许最小含水率之间变化。允许最大含水率(θ_{max})一般以不造成深层渗漏为原则,所以应采用 $\theta_{max}=\theta_{田}$,其中 $\theta_{田}$ 为土壤田间持水率,见表4。

表 4　各种土壤的田间持水率

土壤类型	孔隙率（%）	田间持水率	
		占土体（%）	占孔隙率（%）
沙土	30～40	12～20	35～50
沙壤土	40～45	17～30	40～65
壤土	45～50	24～35	50～70
黏土	50～55	35～45	65～80
重黏土	55～65	45～55	75～85

作物允许最小含水率 θ_{min} 应大于凋萎系数。

3. 降雨入渗量

降雨入渗量是指降雨量（P）减去地面径流损失（$P_{地}$）后的水量，即

$$P_0 = P - P_{地}$$

或

$$P_0 = \alpha P$$

式中　α——降雨入渗系数，其值与一次降雨量、降雨强度、降雨延续时间、土壤性质、地面覆盖及地形等因素有关，一般认为次降雨量小于 5mm 时，$\alpha = 0$；次降雨量在 5～50mm 时，$\alpha = 1.0 \sim 0.8$；当次降雨量大于 50mm 时，$\alpha = 0.7 \sim 0.8$。

4. 地下水补给量（K）

地下水补给量系指地下水借土壤毛细管作用上升至作物根系吸水层而被作物利用的水量，其大小与地下水埋藏深度、土壤性质、作物种类、作物需水强度、计划湿润土层含水量等有关。地下水利用量（K）应随灌区地下水动态和各阶段计划湿润层厚度不同而变化。由于试验资料较少，只能确定总量大小。河南省人民胜利渠在 1957 年、1958 年观测资料证明，冬小麦生长期地下水埋深 1.2～2.0m 时，地下水可利用量可占耗水量的 20%。

5. 由于计划湿润层增加而增加的水量（W_T）

在作物生育期内计划湿润层是变化的，由于计划湿润层增加，可利用一部分深层土壤的原有储水量，W_T 可按下式计算：

$$W_T = 667 \times (H_2 - H_1) n\theta$$

或

$$W_T = 667 \times (H_2 - H_1) \theta' \gamma / \gamma_{水}$$

式中　H_1——计划时段初计划湿润层深度，m；

H_2——计划时段末计划湿润层深度，m；

θ——$H_2 - H_1$ 深度的土层中的平均含水率，以占孔隙率的百分数计，一般 $\theta < \theta_{田}$；

θ'——同 θ，但以占干土重的百分数计；

n——土壤孔隙率，以占土体积的百分数计；

γ、$\gamma_{水}$——土壤干容重和水的容重，t/m³。

当确定了以上各项设计依据后，即可分别计算旱作物的播前灌水定额和生育期的灌溉制度。

(二)旱作物的灌溉制度

1. 旱作物播前的灌水定额(m_1)的确定

播前灌水的目的在于保证作物种子发芽和出苗所必需的土壤含水量或储水于土壤中以供作物生育后期之用。播前灌水往往只进行一次，一般可按下式计算：

$$m_1 = 667 \times (\theta'_{max} - \theta'_0) H\gamma / \gamma_{水}$$

式中　H——土壤计划湿润层深度，m；

θ'_{max}——一般为田间持水率，以占干土重的百分数计；

θ'_0——播前 H 土层内的平均含水率，以占干土重的百分数计。

2. 各生育阶段的灌水定额的计算

用水量平衡分析法制定旱作物的灌溉制度时，通常以作物主要根系吸水层作为灌水时的土壤计划湿润层，并要求该土层内的储水量能保持在作物所要求的范围内。

水量平衡方程：对于旱作物，在整个生育期中的任何一个时段 t，土壤计划湿润层(H)内储水量的变化可以用下列水量平衡方程表示：

$$W_t - W_0 = W_T + P_0 + K + M - E$$

式中　W_t、W_0——任一时段 t 和时段初的土壤计划湿润层内的储水量；

W_T——由于计划湿润层增加而增加的水量，如计划湿润层在时段内无变化，则此项为零；

P_0——保存在土壤计划湿润层内的有效雨量；

K——时段 t 内的地下水补给量，即 $K = kt$，k 为 t 时段内平均每昼夜地下水补给量；

M——时段 t 内的灌溉水量；

E——时段 t 内的作物田间需水量，即 $E = et$，e 为时段 t 内的平均每昼夜的作物田间需水量。

以上各量的单位可以用 mm 或 m³/亩。

为了满足农作物正常生长的需要，任一时段内土壤计划湿润层内的储水量必须经常保持在一定适宜范围内，即通常不小于作物允许的最小储水量(W_{min})和不大于作物允许的最大储水量(W_{max})。在自然情况下，由于各时段内需水量是一种经常性的消耗，而降雨则是间断的补给，因此当某时段内降雨很小或没有降雨时，往往使土壤计划湿润层内的储水量很快降低到或接近于作物允许的最小储水量，此时即需要灌溉，补充土层中消耗掉的水量。例如，某一时段内没有降雨，显然这一时段的水量平衡方程可写为：

$$W_{min} = W_0 - E + K = W_0 - t(e - k)$$

式中　W_{min}——土壤计划湿润层内允许最小储水量；

其余符号意义同前。

设时段初的土壤储水量为 W_0，由上式可推算出开始进行灌水时的时间间距为：

$$t = (W_0 - W_{min})/(e - k)$$

而这一时段末的灌水定额为：

$$m = W_0 - W_{min} = 6.67H\gamma(\theta'_{max} - \theta'_{min})$$

式中 m——灌水定额，m^3/亩；

H——该时段内土壤计划湿润层的深度；

θ'_{max}、θ'_{min}——该时段内允许的土壤最大含水率和最小含水率，以占干土重的百分数计。

同理，可以求出其他时段在不同情况下的灌水时距和灌水定额，从而确定出作物全生育期内的灌溉制度。详见表5、表6。

表5 效益作物灌溉定额 （单位：m^3/亩）

作物	次数	75%			
		正常灌区		补水区	
		生育阶段	灌水定额	生育阶段	灌水定额
小麦	1	越冬	40	越冬	40
	2	拔节	40	拔节	40
	3	抽穗	45	抽穗	40
	4	灌浆	45		
	合计		170		120
玉米	1	抽穗	40	灌浆	35
	2	灌浆	40		
	合计		80		35
棉花	1	蕾期	40	蕾期	35
	2	花铃	40	花铃	35
	合计		80		70
水稻	1	泡田	60		
	2	返青	50		
	3	分蘖	30		
	4	拔节	45		
	5	孕穗	45		
	6	乳熟	40		
	合计		270		

表6　效益区灌水率计算

作物	灌溉模式	种植比例(%)	灌水次数	灌水定额(m^3/亩)	灌水日期(月·日)			灌水延续(天)	灌水模数(m^3/(s·万亩))
					始	终	中间日		
小麦	充分灌	80	1	40	11.24	12.3	11.28	10	0.37
			2	40	3.26	4.4	3.30	10	0.37
			3	45	4.15	4.24	4.19	10	0.42
			4	45	5.16	5.25	5.20	10	0.42
	非充分灌	80	1	40	11.24	12.3	11.28	10	0.37
			2	40	3.26	4.4	3.30	10	0.37
			3	40	4.15	4.24	4.19	10	0.37
玉米	充分灌	30	1	40	7.8	8.14	8.10	8	0.17
			2	40	8.25	9.1	8.28	8	0.17
	非充分灌	70	1	35	8.25	9.1	8.29	8	0.35
棉花	充分灌	30	1	40	6.4	6.11	6.7	8	0.17
			2	40	8.15	8.22	8.18	8	0.17
	非充分灌	30	1	35	6.4	6.11	6.7	8	0.15
			2	35	8.15	8.22	8.19	8	0.15
水稻	薄、浅、湿、晒	40	1	60	6.4	6.14	6.11	11	0.25
			2	80	6.15	7.5	6.25	21	0.18
			3	90	7.15	8.6	7.26	23	0.18
			4	40	8.20	8.30	8.24	11	0.17

四、灌溉用水量及灌水率

(一)灌溉用水量的概念

灌溉用水量是指在灌溉土地需从水源取水的水量。它是根据灌溉面积、作物种植情况、土壤、水文地质、气象条件等因素而制定的。

(二)计算方法

(1)灌水量:对于任何一种作物某一次灌水需供水到田间的灌水量(称净灌水量)。灌溉用水量可用下式求得:

$$W_{净} = mA$$

式中　m——该作物某次灌水的灌水定额,m^3/亩;

　　A——该作物的灌溉面积,亩。

(2)某一特定区域某一时段灌水定额的计算:

$$m_{综,净} = a_1 m_1 + a_2 m_2 + a_3 m_3 + \cdots$$

式中　$m_{综,净}$——某一时段内综合净定额，m^3/亩；

m_1、m_2、m_3、…——第一种、第二种、第三种……作物在该时段的灌水定额，m^3/亩；

a_1、a_2、a_3、…——各种作物灌溉面积占全灌区灌溉面积的比值。

(3)某一特定区域某一时段净灌水用水量的计算：

$$W_{净} = m_{综,净} A$$

式中　A——某一特定区域的总灌溉面积，亩。

(4)某一特定区域的任何时段毛灌溉用水量：

$$m_{综,毛} = m_{综,净} / \eta_{水}$$

$$W_{毛} = m_{综,毛} A$$

(5)某一特定区域年用水量：各个时段毛用水量之和。

至此，整个效益区的灌溉用水量就可以推算出来。

(三)灌水率(或灌水模数)

1. 概念

单位面积上所需要的净灌水流量叫做灌水率，又叫净灌水模数，简称灌水模数，它是根据灌溉制度确定的。表6是效益区灌水率计算表。

2. 计算公式

灌水率应分别根据灌区各种作物的每次灌水定额，逐一进行计算：

第一次灌水时　$q_{1,净} = \alpha m_1 / 8.64 T_1$

第二次灌水时　$q_{2,净} = \alpha m_2 / 8.64 T_2$

式中　α——灌区中该项作物的种植面积比例；

m_1、m_2——每次灌水定额，m^3/亩；

T_1、T_2——灌水延续时间，d，对于自流灌效益区，每天的灌水时间一般以24h计。

从计算公式可以看出，灌水延续时间直接影响着灌水率的大小。灌水延续时间与作物种类、效益区面积大小以及农业生产劳动计划等有关。灌水延续时间短，作物对水分的要求易得到及时满足，但这将加大渠道的设计流量，并造成灌水时的劳动力过分紧张。

3. 设计原则

对主要作物的关键性的灌水，灌水延续时间不宜过长；次要作物可以延长一些。如效益区面积大、劳动条件差，则灌水时间亦可较长，但延长灌水时间应在农业技术条件许可和不降低作物产量的条件下进行。

对于大中型灌区，尤其是灌溉面积在万亩以上的灌区，我国各地主要作物灌水延续时间大致如下：

水稻：泡田期灌水7～9昼夜，生育期灌水3～5昼夜。

小麦：播前灌水10～20昼夜，拔节前后灌水10～15昼夜。

棉花：苗期、花铃期灌水8～12昼夜，吐絮期灌水8～15昼夜。

玉米：拔节抽穗灌水10～15昼夜；开花期灌水8～13昼夜。

五、各级渠道的工作制度

效益区管理人员有必要了解渠道在管理运用中的工作制度。渠道工作制度有续灌和轮灌两种。

(一)续灌

渠道在一次灌水期间连续输水。

(二)轮灌

渠道在一次灌水时间只有部分时间输水。

轮灌的优点:实行轮灌时,同时工作的渠道少,这样水量集中,可缩短输水时间,减小输水损失,提高工作效率。

规划时,为了适时满足各单位用水要求和便于管理,干、支渠多实行续灌,斗、农渠多实行轮灌。轮灌一般有两种形式:

(1)集中轮灌:这种轮灌方式是将上一级的来水集中供给下一级的一条渠道,待这条渠道用水完毕后,再将水集中供给另一条渠道。这样,依次逐渠供水,水流最集中,同时工作的渠道长度最短,渠道损失最小,渠道水利用系数也最高。当上级渠道来水流量较小时,分散供水会显著降低渠道水利用系数,多采用这种轮灌方式。

(2)分组轮灌:是将下一级渠道分成若干组,将上一级渠道来水按组别实行分组供水。当上一级渠道来水流量较大时,特别对于支渠以下的渠道,一般多采用分组轮灌。

轮灌组的划分一般应注意以下几点:各轮灌组的流量(或控制的灌溉面积)应基本相等;每一轮灌组的总输水能力要与上一级渠道供给的流量相适应;同一轮灌组的渠道要比较集中,以便于管理,并减少渠道同时输水的长度和输水损失;要照顾农业生产条件和群众用水习惯,尽量把一个生产单位的渠道划在同一轮灌组内,便于组织供水。

在管理运用中,有时水源不足时,干、支渠也实行轮灌,以减少输水损失,并保持渠道必要的工作水位。一般当渠首引水流量低于正常供水的 40%~50%,干、支渠即实行轮灌。

六、引水灌溉工程的相关计算

引水灌溉工程的相关计算是效益区规划工作的主要组成部分。

(一)灌溉设计标准

灌溉设计保证率:在旱作物需水的情况下,由抗旱设施供水抗旱的保证程度。如 $P=75\%$,指平均 100 年中,由灌溉设施供水可保证 75 年正常供水,不成灾。

设计原则:一般缺水地区以旱作物为主,其灌溉设计保证率可低一些;而丰水地区多以水稻为主,灌溉设计保证率可高一些;同一地区,以水稻为主,其灌溉设计保证率比旱作物为主的灌区高一些;远景较近期高,大型工程较小型工程高。计算公式为 $P=m/(n+1)$,其中 P 指灌溉设计保证率;m 指灌溉设施能保证正常供水的年数;n 指灌溉设施供水的总年数。

具体参照 1977 年水利电力部颁发的《水利电力工程水利动能设计规范》中所规定的数值。

(二)设计引水流量的推求

1.固定灌溉用水量法

已知某一灌溉保证率为 P 的水稻用各种旱作物的灌溉定额,按下式估算引水流量:

$$Q_{引} = M_{毛}\omega/86\ 400t$$

式中 $Q_{引}$——某种作物一定保证率的灌溉引水流量;

$M_{毛}$——某种作物一定保证率的毛灌溉定额;

ω——灌溉面积;

t——灌溉期中灌水总天数。

2.设计灌水率法

此法首先根据效益区所处的位置及水、旱田面积比例等,参照附近灌区的灌水经验,选定设计灌水率值,并按下式确定渠首设计引水流量:

$$Q_{设} = q_{净}A/\eta_{水}$$

式中 $Q_{设}$——渠首设计引水流量,m^3/s;

$q_{净}$——设计灌水率;

A——灌溉面积,万亩;

$\eta_{水}$——灌溉水利用系数。

搞好流量和含沙量测验 提高引黄管理技术水平

张玉军

第一部分 基本情况

一、概述

濮阳市三条濮清南抗旱补源工程自1987年以来，截止到2006年10月底，共计完成引黄输水逾百次，完成总引水量47.195亿m^3，其中为农业生产输水44.475亿m^3，为工业、城镇居民生活及濮水河、濮上园等环境及生态旅游区送水2.72亿m^3，为促进我市工业、农业生产做出了突出的贡献，创造了巨大的经济效益、社会效益及环境效益。对此，2005年8月8日《濮阳日报》就在头版头条以《引黄十九年，效益百亿元》为题目，进行了详细的报道。一句话概括，我们各位同志下一步经历的工作，不论是在科室搞内业计算，还是在基层搞最基本的外业管理；不论是搞科室文秘工作，还是搞业务技术工作；不论是搞引黄灌溉，还是搞工程管理、工程建设等，都是对社会非常有用的、非常有意义的，能体现自身价值并为社会创造显著效益的。

20年100余次的引黄输水和47.195亿m^3的水量，每立方米黄河水的计算都离不开流量观测和水量计算，每立方米黄河水的输送都离不开含沙量的观测和泥沙的处理，所以如何搞好流量的观测和计算，如何搞好含沙量的观测和计算，为引黄灌溉和工程管理提供第一手详细资料，是我们每一位即将投身引黄处工作的同志所必备的技术。

流量观测和含沙量测验工作是水文测验的最基本、最重要的工作，也是引黄灌溉、工程管理的基础。它的任务包括：

(1)根据灌溉、防汛、抗旱补源的需要设立观测站。

(2)进行定位、定时观测，巡回测验工作，内容有水位、流量、水温、流态、冰凌、地下水位、泥沙、降水、蒸发等的观测和测验，我们主要讲解水位观测、流量测验以及过建筑物(闸、堰)水流流态分析和利用建筑物观测流量及推算水量。

各测验项目的具体工作方法将在下述各个部分里阐述，下述几点是各测验项目所需引起注意的：

一是弄清测验目的。测水、量水、泥沙观测的目的是服务于我市农业生产及经济建设，我们搞流量和含沙量测验要了解各生产部门和服务对象对资料的要求，测站布设、测验项目、工作内容、精度要求、测验年限都将根据实际需要进行安排。

二是搞好测验部署。部署测验工作时，既要考虑当前防汛、灌溉、抗旱补源以及防止水源污染的需要，又要考虑长远建设对积累资料的要求，使二者有机地结合起来，使我们

的水位观测、流量测验、含沙量测验有机地结合起来，使观测资料能够系统完整。

三是运用测验新技术不断提高测验精度。

首先，计算机技术、遥感技术等尖端技术的运用，使流速观测、水深观测、含沙量观测越来越具有科学性和针对性，测验精度也越来越精确，但一些薄弱环节如高水时和低水（速）时的测速、测沙等往往不符合实际，需要改进。

在座的各位都是通过严格的审查和考试优中选优到引黄处上班的，计算机等技术绝对比我们掌握得好，但与生产实际相结合，还缺少经验，一旦你们把实际工作与所学技术结合起来，定会创造出新的关于流量观测或泥沙观测方面的新成果。

其次，水文仪器、设备要不断创新和发展。

最后，各项测验方法要继续通过研究水流规律，分析误差组成，不断改进。这一方面需要在座的各位同仁在熟悉工作后，共同去产生兴趣，去探讨，去发展和完善测验方法，提高测验精度。

四是认真总结经验。要把所学理论与实践有机地结合起来，不断总结经验，有所发现，有所改进，有所提高，有所发明，有所创造。

二、站址查勘

我们知道，水文测验的目的是为水文计算、水利工程的规划设计和管理运用，为灌溉、防洪提供准确的水文数据，对我们而言，进行流量观测的目的是为了准确地推算各县（区）的用水量，进行悬移质或推移质泥沙观测的目的是为我处三条濮清南效益区的农业灌溉、放淤引水、渠道运用、河道淤积提供准确的水文数据。我们要针对这个目的来规划和布设我们的测站。

三、测站规划和布设

我们设立的临时水位、流量观测点和泥沙观测点，是为我处的工作服务的，比如水位、流量方面：在第一濮清南渠首设立水位、流量观测点（濮阳黄河河务局设立），主要是为了计算第一濮清南的总水量；在老城马颊河二中桥设立水位、流量测验站，主要是为了区别濮阳县、下游华龙区、清丰县、南乐县的水量；同样的道理，在北里商闸和大流闸运用建筑物分别设立水位、流量观测点，是为了推算华龙区、清丰县和南乐县的用水量。因为这些测站、断面基本上都处在相邻县（区）的交界处，通过渠首总水量减去马颊河二中桥处的过水量就是濮阳县的用水量，下余就是华龙区和清丰县、南乐县用水量，再减去北里商闸的过水量就是华龙区的用水量，下余就是清丰县和南乐县的用水量，再减去大流闸断面的过水量就是清丰县的用水量，最后下余南乐县的用水量。同样的道理在第三濮清南渠首，岳辛庄和清丰顺河（张堆）聂庄闸以及第二濮清南毛岗分别设立水位、流量观测点，也都是最基本和最必要的。

泥沙方面：在新建第八方沉沙池进出口分别设立含沙量测验断面，是为了监测沉沙池的沉沙效果，在马颊河设立含沙量测验断面是为了监测补源区的河道淤积状况，这些观测项目都是最基本也是最必要的。

下面我们就来共同探讨水位和流量的观测计算以及含沙量的观测计算。

第二部分　流量观测概述

一、流量观测的方法

流量观测的方法有多种，包括流速仪实测法、比降法、浮标法、建筑物推流等，下面我们着重讲述流速仪实测法和利用建筑物推流，因为这是我们在实际工作中最常用、最基本的方法。

用流速仪实测法搞好流量测验的第一项工作内容是搞好水位观测，下面我们首先讲一下水位观测。

二、水位观测

这是用流速仪法实测流量的最基本的观测要求。

（一）水位观测的设备

有水尺、自记水位计和利用某一高程点量算三种，我们常用的是水尺和利用某一高程点量算这两种方法。至于自记水位计观测水位，目前是大江大河上重要的控制测站专业水文站上常用的，因为它具有能够提供水位的连续记录，且完整、节省人力等特点。

（二）水尺观测水位的水尺布置

我们在大江大河上经常见到的水尺是搪瓷的，一般是钉在结实的木桩上或专用的混凝土桩上，其基本要求是：坚实耐用，设置稳固，利于观测，便于养护，便于看护，保证精度等。若不用靠桩或水尺板，还可在桥墩或闸墩等固定建筑物上喷漆标高进行观测。

（三）利用某一高程点量算观测水位

这是我们常用的方法，目前在渠首、各闸站以及濮阳县水文站的二中桥等处都是采用这种方法，其基本内容包括在桥上下游路缘带某一固定点高程处，用钢尺或钢卷尺测量水面距该固定点的高差，进行代数运算量算水位。

（四）水位观测的目的和意义

水位是水利建设、防汛、抗旱斗争的重要依据，直接应用于堤防、水库、堰闸、灌溉、排涝等工程的设计，并据此进行水文预报工作。同时，利用经常观测的水位与实测流量建立的关系，即水位与流量关系线反推各水位级下的流量，进而推算水量。在进行其他项目如泥沙等的测验时，也需要同时观测水位，作为一个重要标志。处属各段、总干渠各闸站，像沉沙池退水闸、2 号枢纽闸、3 号枢纽闸、5 号枢纽闸、马颊河二中桥、北里商闸、高庄闸、大流闸以及第三濮清南岳辛庄、顺河闸、聂庄闸等都有水位站或者水深观测站，下边的同志在引水灌溉期间也都对处灌溉科上报观测的水位。

（五）水位观测的内容和精度

首先应按要求的测次观测，而后随即记录到册，一般每天早 8 点和晚 8 点观测二次，冬季晚 8 点可提前到下午 5 点，水位变幅频繁时要加测次，随后利用水尺读数或所量高差计算出水位，再利用各水位平均（算术平均法和面积包围法）计算出日平均水位。

堰闸站除了观测水位外，还要测记闸门的开启高度、孔数以及水流流态。

水位的观测精度一般读记至0.01m,即1cm,有特殊精度要求的也可读记至0.005m,即5mm。

(六)换尺时的水位观测

换尺时的水位观测如图1所示。

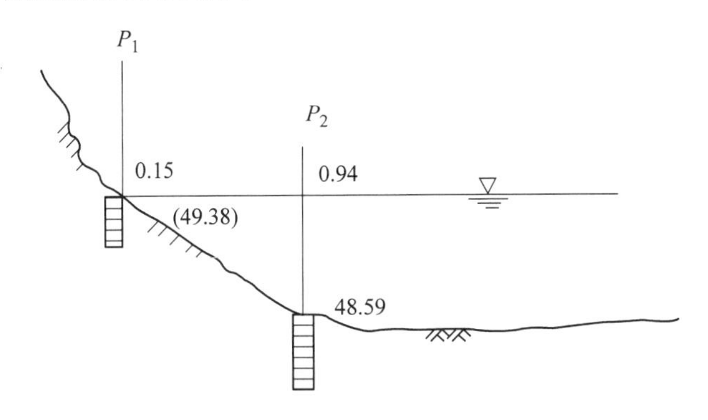

图1　换尺时的水位观测　(单位:m)

P_1—水尺桩1;P_2—水尺桩2

因水位涨或落需要换用水尺时,可选择适当的时机,同时比测相邻两支水尺的读数和水位,以便检测水位是否衔接和水尺零点高程有无变动。例如,图1中$49.38+P_1=48.59+P_2$,水位相等,说明水尺零点高程无变动。

(七)水位的观测次数

前已述一般早8点和晚8点(或5点)观测二次水位。需要说明的是,我处引黄灌溉启闭闸门频繁的闸站,水位有较大变幅,这个变化的过程要加测水位,以满足推算水量的精度要求。

(八)堰闸站闸门开启高度、孔数和流态的观测

每次开关闸和闸门变动时,应同时测记各闸孔的编号及其相应的开启高度。若各孔开启高度不同,应分别记载,各孔流态一致时,可用算术平均法计算其平均开启高度,闸门提出水面后,仅记“提出水面”,并记水位。

三、流态观测

(1)堰闸出流的流态一般分为自由式堰流、淹没(沉溺)式堰流、自由式孔流、淹没式孔流和半淹没式孔流五种。

(2)一般情况下,在我们豫北平原地区出现最多的是淹没式孔流和淹没式堰流。当落差较大时形成其他流态,比如沉沙池上建设的一个小斗门开启后形成的自由式孔流,或在沉沙池退水闸顶板上漫溢而出形成的自由式薄壁堰流。

(2)流态一般用目测识别,不易识别的辅以水力学计算。如时间许可,我们将在以后的内容中详讲。

四、日平均水位的计算

(1)日平均水位的计算一般采用算术平均法,只要水位的变幅不大,即使变幅较大,只要是等时距观测，均可采用此法。

（2）不满足上述要求的，一般采用面积包围法，如图 2 所示，则日平均水位 H 为：

$$H = 1/48[H_0a + H_1(a + b) + H_2(b + c) + H_3(c + d) + H_4d]$$

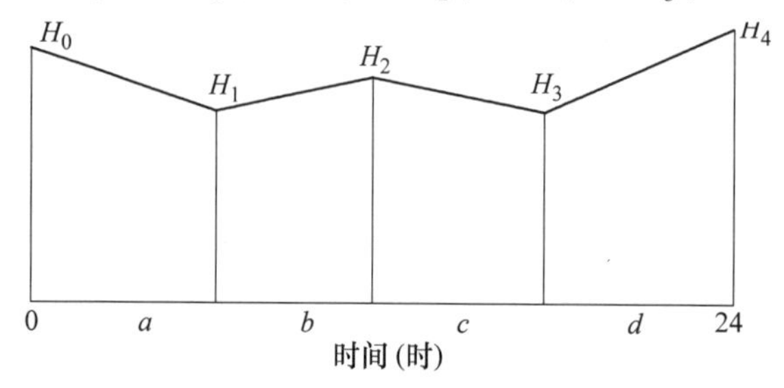

图 2　面积包围法

如 0 时或 24 时无观测记录，则应根据前后相邻水位按直线内插法求得。

（3）图解法计算日平均水位。如图 3 所示，在日水位变幅图上，用透明三角板上、下移动，使边 $C—C'$ 上下面积相等时所对应的水位即为日平均水位。

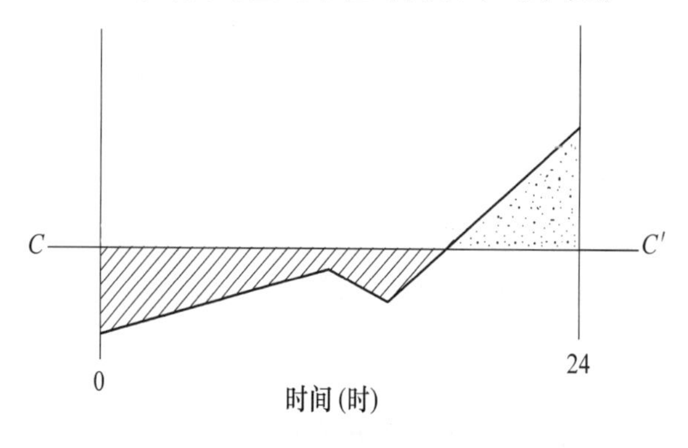

图 3　图解法

五、流量测验的目的、方法和测次

（一）流量测验的目的和意义

流量是反映水资源以及江河等水量变化的最基本资料，在进行水利规划时，必须掌握全河的水量分布情况，以及各支流的需用水情况，对我们来讲，流量测验的目的就是要准确地划分各效益县区的用水量，同时监测各渠段、各河段的工程现状及水量损失。

（二）流量测验的方法和次数

目前，我处的流量测验有两种方法：第一种由濮阳县水文站代测，采用流速仪实测法，通过建立水位与流量关系线来推算日平均流量；第二种利用水工建筑物（水闸），通过观测水力要素即建筑物法推算各日流量。由我处各段、各闸站通过观测各控制闸站水力要素和闸门开启情况推算各瞬时的流量，进而推算各日平均流量。

其他方法还有浮标法或直接安装开流仪表与计算机联网直接读取，相信随着我市经济尤其是我处经济的不断好转，工作条件或者科技运用将日新月异，届时，坐在办公室甚至坐在家即可把流量测验工作干得非常好。

(三)流速仪法测流次数的布置

河床稳定、控制良好(比如第三濮清南岳辛庄站),有足够资料证明该测站水位与流量关系线是稳定的单一线时,则可以按水位变幅均匀布置测次,一年一般控制在15次左右即可。若高水超出范围,则应适当加测。

图4为水位与流量关系,图中各点据为各实测水位、流量。

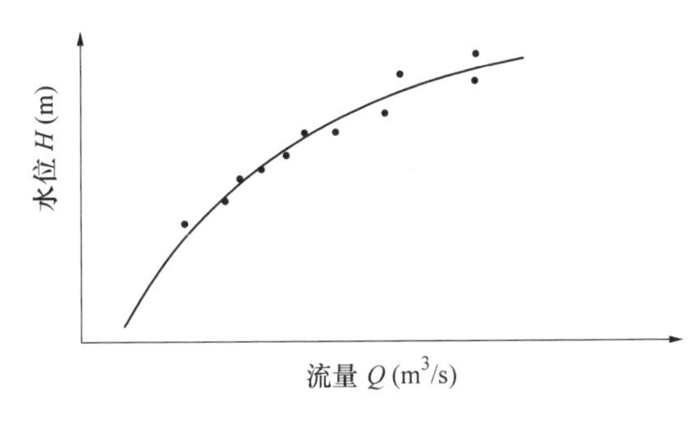

图4　水位与流量关系

河床不稳定、冲淤变化频繁的河段,则应根据情况进行常年观测(如马颊河二中桥),用连实测流量过程线法推算水量的(如渠首闸站),则更应每天早晚各观测两次流量,而后用算术平均法推算每天的过水量。

(四)堰闸站测流次数的布置

设在堰闸等处的水文测站,由于受到建筑物的回水影响,在闸门启闭变动时水流不稳定,因此很难寻求水位与流量的稳定的相关关系,目前大都利用水工建筑物出流的水力要素(如上下游水位、水位差、闸门开启高度、闸门宽度、流态)结合水力学理论推演的各种出流计算公式的实测流量系数建立相关关系,来推算任何时间的流量,现分述如下。

1.堰闸的类型

堰闸的类型包括①平底闸;②顶堰闸;③实用堰闸;④跌水壁闸;⑤薄壁堰;⑥宽顶堰;⑦实用堰。

2.堰闸出流的各种流态

在此只重点讲述什么叫自由式孔流。自由式孔流的特点:①闸下水位低于闸门板底边即 $h<e$;②闸下游水位没有漫过水跃淹没收缩断面。除此之外,在我们平原地区大都发生的是淹没式闸孔出流。图5和图6分别为自由式孔流和淹没式闸孔出流示意图。

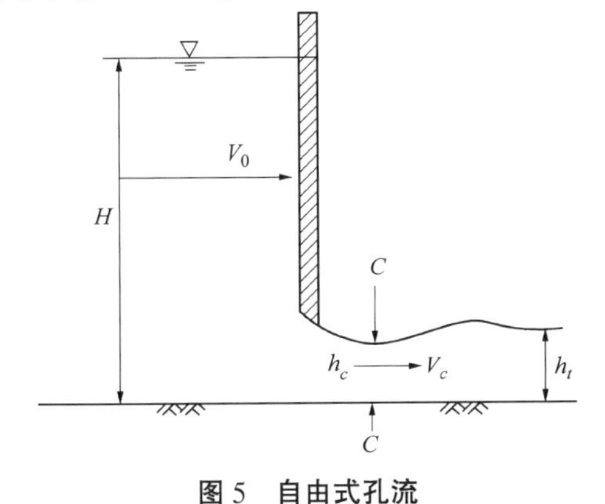

图5　自由式孔流

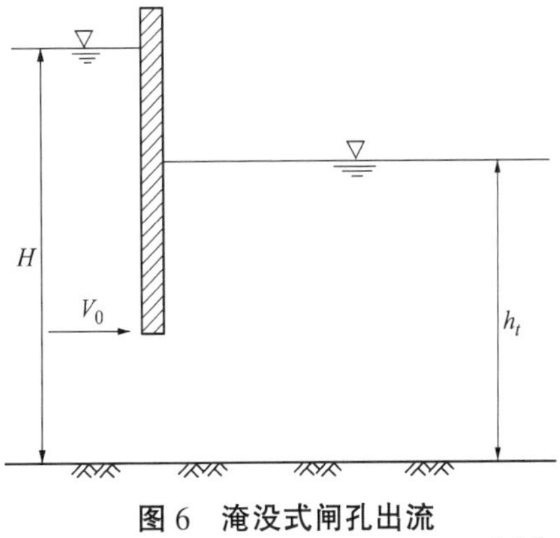

图6　淹没式闸孔出流

六、流速仪测流

(一)工作内容与测流方法

工作内容主要包括:

(1)进行水道断面测量(用以计算过水断面面积)。

(2)在各测速垂线上测验各点的流速。

(3)观测水位。

(4)其他观测(包括水面比降、天气气象以及相关情况)。

(5)计算、检查和分析实测流量及有关数据。

图 7 和图 8 分别是河道断面情况和各条测速垂线上的流速分布,从图 8 上可以看出,各条测速垂线上的流速分布不同,每条测速垂线上各点的流速也不同,一般均是从河边向河中间加大,从河底向水面流速也在加大,所以用流速仪法测流应根据不同时期、不同情况、不同的精度要求,采用不同的方法。流速仪测流一般分为精测法、常测法和简测法。

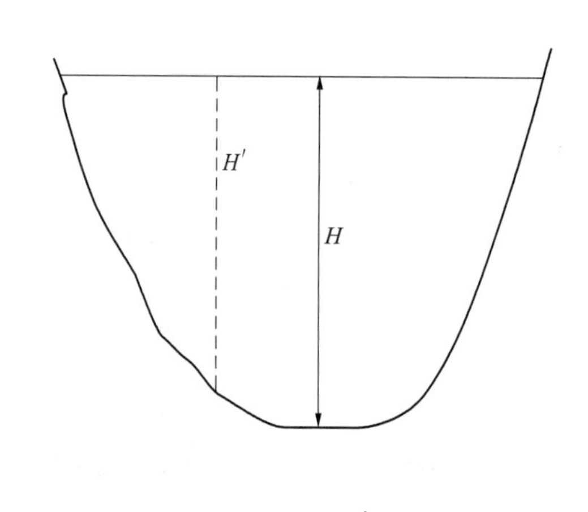

图 7　河道断面情况

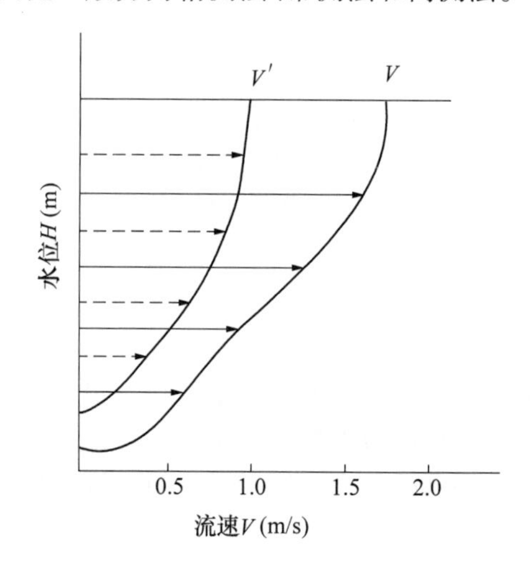

图 8　流速分布

精测法就是精度较高,常测法就是常规测量,简测法就是在精测法和常测法基础上的精简。

大江大河上一般过水断面较宽,测一次流量,一般在断面上布置几十条垂线,时间花费半天,而我们平时测流,因总干渠或马颊河河道较窄,一般 15～30m,只要均匀布设 5～7 条测速垂线即可,即间距 3～5m 布置一条,时间一般也不超过 1 小时。表 1 是常测法测速垂线的布设数目。

表 1　常测法测速垂线的布置数目

水面宽(m)	<5.0		5.0	50	100	300	1 000	>1 000
最少测速垂线数	窄深河道	3～5	5	6	7	8	8	8
	宽浅河道			8	9	11	13	>13

(二)流速测量

我们知道,流量等于过水断面面积乘以断面平均流速,而过水断面面积一般通过观测水深来计算,下面主要讲述断面平均流速的计算。

1.流速仪

常用的测量流速的仪器叫流速仪,其种类和测速范围分述如下:

LS25－1 型旋桨式流速仪是常用的,它有两个桨,新的流速仪目前只有一个桨,1 号桨的测速范围是 0.06～2.5m/s;2 号桨的测速范围是 0.2～5m/s。

2.流速仪的养护

(1)每次测流后应立即将仪器拆洗干净,并重上仪器润滑油,防止生锈,仪器的拆洗与安装应按说明进行。

(2)仪器的转子部分要悬空搁起,防止受压变形。

(3)易锈部位应经常涂以黄油保护。

(4)如对仪器没有全盘了解,切不可随意拆卸。

(5)仪器所备的零件,随用随放回原处,以防失落。

(6)仪器应放在干燥通风处,远离高温和腐蚀,并不能在仪器箱上堆放重物。

(7)仪器说明书、检定图表、公式等要妥善保存,以备检修使用时查阅。

3.流速仪的悬吊方式

悬吊方式分两种:悬杆悬吊和铅鱼悬索悬吊。悬杆悬吊不易过深,深则操作起来不方便;铅鱼悬索悬吊又有偏角对水深的影响,在实际操作上要择优,并尽可能减小其影响。

4.流速测点的分布

(1)精测法测各点的流速时,当水深大于 1.0m 时,每条测速垂线上应布设五点测速(即水面及 0.2、0.6、0.8 倍水深和河底);当水深小于 1.0m 时,一般布置三点测速(即 0.2、0.6、0.8 倍水深);当水深小于 0.6m 时,一般布置二点测速(即 0.2、0.8 倍水深);当水深小于 0.4m 时,一般用一点测速(0.6 或 0.5 倍水深)。

(2)常测法的流速测点分布:一般采用二点法(0.2、0.8 倍水深);特殊情况水位涨落急剧时用一点法(0.6 或 0.5 倍水深)。

(3)简测法的流速测点分布:应通过精简分析确定。

一般用一点法即布设在 0.6 或 0.5 倍的水深处。

5.测点流速测量

为了克服流速脉动的影响,测量每个测点的流速时,历时一般应大于 100s,遇有特殊情况可以缩短,但一般不应少于 50s。

6.测速计数仪器

用秒表和电铃配合流速仪进行计数。

(三)流速仪实测流量的计算

实测流量计算的一般步骤和方法如下。

1.垂线起点距和水深的计算

一般以左岸桥头为零点,计算起点距。

2.测点流速的计算

一般用转数、历时算出或从流速仪检数表上查读。

一般用流速仪与计数器配合,旋桨每转 20 圈接触一次,即音响响一次,消除流速脉动影响，大于 100s 后即可按秒表停测，通过计算公式求出测点的流速。比如流速 $V=0.254n+0.0065$，其中 n 为回转率，n = 总转数/总历时。

注意：对于每一个流速仪其计算公式和各系数均不同，出厂时均进行了检定，一般的流速仪用过 1~2 年后均需重新进行检定。

3. 垂线平均流速的计算

各点流速测定后，用下述方法计算垂线平均流速。

五点法：$V_m=1/10(V_{0.0}+3V_{0.2}+3V_{0.6}+2V_{0.8}+V_{1.0})$

三点法：$V_m=1/3(V_{0.2}+V_{0.6}+V_{0.8})$

二点法：$V_m=1/2(V_{0.2}+V_{0.8})$

一点法：$V_m=V_{0.6}$ 或 $V_m=KV_{0.5}$

其中，V_m 为垂线平均流速；K 为系数。

4. 部分面积的计算

将过水断面以测速垂线或岸边为分界划分为若干部分进行计算(岸边是三角形，中间为梯形)。

注意：徒岸边的 $H_0\neq0$，陡岸边流速系数与斜坡岸边的也不同。图 9 为部分面积计算划分示意图。

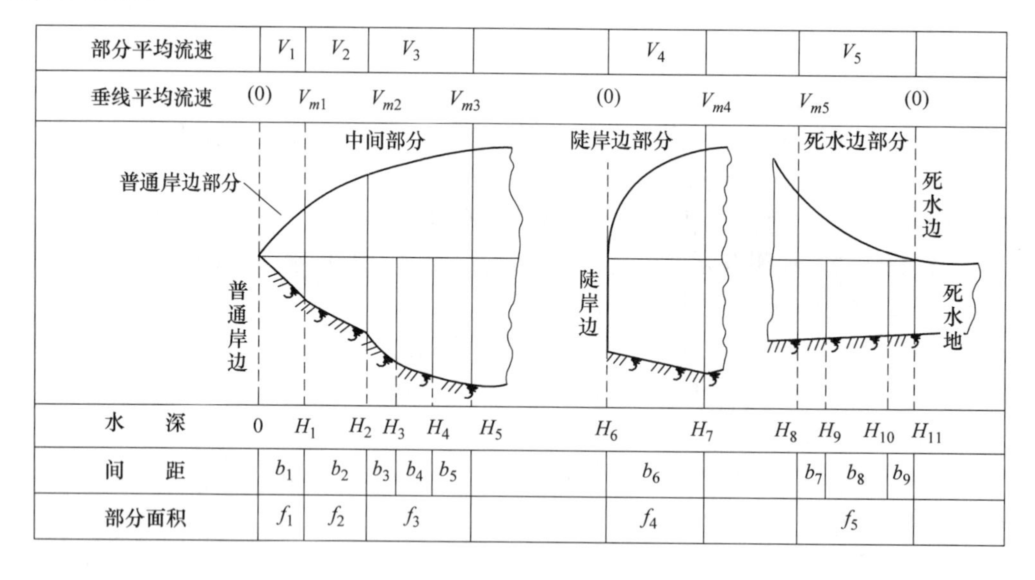

图 9　部分面积计算划分示意图

5. 部分流速的计算

两测速垂线中间部分的平均流速为两垂线平均流速的算术平均值，即

$$V_2=1/2(V_{m1}+V_{m2})$$

$$V_3=1/2(V_{m2}+V_{m3})$$

$$V_1=\alpha V_{m1}$$

其中，α 又叫岸边流速系数，一般斜坡岸边 $\alpha=0.70$；陡岸边 $\alpha=0.80$；光滑陡岸边 $\alpha=0.90$，见表 2。

表 2　岸边流速系数 α 值

岸边情况	α 值
斜坡岸边(水深均匀地变浅为零的岸边)	0.67～0.75,一般取 0.7
陡岸边	不平整陡岸边:0.8,光滑陡岸边:0.9
死水边(死水与流水交界处)	一般取 0.6

6.部分流量的计算

部分流量等于部分流速乘以部分面积,即

$$q_1 = V_1 S_1, q_2 = V_2 S_2, q_n = V_n S_n$$

7.断面流量的计算

测流断面流量为所有部分流量的代数和,即

$$Q = q_1 + q_2 + \cdots + q_n = \sum_{i=1}^{n} q_i$$

七、堰闸站流量的计算

前面已述,堰流和闸孔出流共分五种形式,即自由式堰流、淹没式堰流、自由式孔流、淹没式孔流、半淹没式孔流。关于半淹没式孔流不知道现在的水力学还有这种提法没有,我把它理解为下游水跃已经淹没过收缩断面,而没有淹没过出口断面,但下游水深大于闸门开启高度。

(一)闸孔出流和堰流的概念及判别

堰流和闸孔出流是可以互相转变的:

(1)在宽顶堰上:当 $e/H \leqslant 0.65$ 时为孔流;当 $e/H > 0.65$ 时为堰流。其中,e 为闸门开启高度;H 为从堰顶起算的闸前水深。

(2)在曲线型实用堰上:当 $e/H \leqslant 0.75$ 时为闸孔出流;当 $e/H > 0.75$ 时为堰流。

在此我们主要讲解自由式孔流、淹没式孔流和自由式堰流,因为这是我们豫北平原地区常见的三种流态,也是我处搞引黄灌溉常见的三种流态。

(二)闸孔出流流态的判别

分自由式出流和淹没式出流,一般情况下,当下游水深小于闸门开启高度即 $h_t < e$ 时,闸孔出流发生远离式水跃或临界水跃即为闸孔自由出流,当 $h_t > e$ 时,闸孔出流发生淹没式水跃即为闸孔淹没出流,我处搞引黄灌溉在总干渠和马颊河上多发生这种出流。

(三)宽顶堰上闸孔出流的流量计算

1.闸孔自由出流的流量计算公式

通过列能量方程演算后求得矩形闸孔自由出流的流量公式如下:

$$Q = \phi b h_e \sqrt{2g(H_0 - h_e)}$$

其中,ϕ 为流速系数,一般取 0.95～1.0,对有底坎的宽顶堰闸孔,$\phi = 0.85 \sim 0.95$;b 为矩形闸孔净宽;h_e 为收缩断面水深;H_0 为包括行近水头在内的闸前水头。

将 $h_e = \varepsilon' e$ 代入上式得:

$$Q = \phi b\varepsilon' e\sqrt{2g(H_0 - \varepsilon' e)} = \mu be\sqrt{2g(H_0 - \varepsilon' e)}$$

其中，μ 为流量系数，$\mu = Q\varepsilon'$；ε'为垂直收缩系数，可由表3查得。

在闸坝运用的实际工作中，闸落水头 H 容易测出，所以上式改写成：

$$Q = \mu_0 be\sqrt{2gH_0}, \quad H_0 = H + \frac{V_0^2}{2g}$$

上式中的流量系数 μ_0 对于平板闸门一般用下式求出：

$$\mu_0 = 0.60 - 0.18\frac{e}{H} \quad (0.1 < \frac{e}{H} < 0.65)$$

表3　ε'值

e/H	<0.05	0.05	0.10	0.105	0.20	0.205	0.30	0.35
ε'	0.611	0.613	0.615	0.617	0.619	0.622	0.625	0.629
e/H	0.40	0.45	0.50	0.55	0.60	0.65	0.70	0.75
ε'	0.633	0.639	0.645	0.652	0.661	0.673	0.687	0.703

2. 闸孔淹没出流的流量公式

我们知道，当下游水深大于闸门开启高度并发生淹没水跃时，这样的闸孔出流就叫淹没出流，其流量公式就是将自由出流的流量公式乘以淹没系数，即：

$$Q = \sigma\mu_0 be\sqrt{2gH_0}$$

其中，σ 为闸孔淹没系数，可由公式直接计算：

$$\sigma = 0.95\sqrt{\frac{\ln(\frac{H}{h_t})}{\ln(\frac{H}{h_c})}}$$

需要说明的是，我们在马颊河清丰县高庄闸、赵庄闸上应用的流量计算公式：

$$Q = \mu be\sqrt{2gh}$$

其中，h 为闸上、下游水位差。流量系数 $\mu = 0.58$ 是经过率定后得出的经验数值。

与所学公式不同的是，h 是上、下游水位差，而 H_0 是包括行近流速在内的上游水头，上式与书中的水力学公式并不矛盾，只是一个公式的两种表现形式。

八、堰流

常见的堰顶溢流有三种形式，即薄壁堰流、实用堰流和宽顶堰流。

薄壁堰：　　$\delta < 0.67H$

实用堰：　　$0.67H \leqslant \delta < 2.5H$

宽顶堰：　　$2.5H \leqslant \delta < 10H$

当 $\delta \geqslant 10H$ 时，即属于河渠水流了，在此我们着重讲述薄壁堰，这是我们常见的。

堰流的基本公式如下。

(1)通过列能量方程，并化简公式有：

$$Q = mb\sqrt{2g}H_0^{3/2}\quad(\text{薄壁堰自由出流})$$

其中，m 为薄壁堰流流量系数；$H_0 = H + \frac{V_0^2}{2g}$。

(2)薄壁堰淹没出流的流量计算公式：

$$Q = \varepsilon_1 \sigma mb\sqrt{2g}H_0^{3/2}$$

其中，ε_1 为侧收缩系数；σ 为流量系数。

在我处三条濮清南引黄补源工程上，大都发生有侧收缩影响的薄壁堰自由出流，其流量计算公式为：

$$Q = m_0 b\sqrt{2g}H^{3/2}$$

其中，m_0 为包括行近流速影响的流量系数，可用雷保克公式计算：

$$m_0 = 0.403 + 0.053\frac{H}{P_1} + \frac{0.000\,7}{H}$$

其中，P_1 为堰高。雷保克公式的适用范围：$H > 0.025\text{m}$，$H/P_1 \leqslant 2$。

若考虑侧收缩影响，则：

$$m_0 = \left(0.405 + \frac{0.027}{H} - 0.030\frac{B-b}{B}\right)\left[1 + 0.55\left(\frac{H}{H+1}\right)^2\left(\frac{b}{B}\right)^2\right]$$

举例如下：我处总干渠沉沙池退水闸发生薄壁堰自由出流，堰宽 $b = 20.4\text{m}$，渠宽 $B = 24\text{m}$，堰高 $P_1 = 1.0\text{m}$，堰上水头 $H = 0.60\text{m}$，试求其过堰流量。

解：

$$\begin{aligned} m_0 &= \left(0.405 + \frac{0.027}{0.60} - 0.030\frac{24-20.4}{24}\right) \times \left[1 + 0.55\left(\frac{0.60}{0.60+1}\right)^2\left(\frac{20.4}{24}\right)^2\right] \\ &= (0.405 + 0.045 - 0.004\,5) \times [1 + 0.55 \times 0.140\,6 \times 0.722\,5] \\ &= 0.47 \end{aligned}$$

则流量：

$$\begin{aligned} Q &= m_0 b\sqrt{2g}H^{3/2} \\ &= 0.47 \times 20.4 \times 4.43 \times 0.60^{3/2} \\ &= 19.74(\text{m}^3/\text{s}) \end{aligned}$$

因时间关系，宽顶堰和实用堰自由出流及淹没出流就不再讲述了，有兴趣的可查阅《水力学》等书籍。

最后强调一点，《灌区测水量水手册》是各种流态下、各种闸门尺寸下测水量水的全书，有兴趣的职工可认真阅读学习。

第三部分　泥　沙

一、泥沙的特性

河流泥沙是指随着水流运动和组成河床的松散颗粒的矿物质，广义的还包括砾石和卵石，水流挟带泥沙，河床本身由泥沙组成，二者之间经常发生泥沙的交换。正是这种交换，引起了河床的冲淤变化，因此研究泥沙运动对揭示河床演变的实质具有重要意义。

河流泥沙的特性包括几何特性、重力特性和水力特性。

(1)泥沙的几何特性是指泥沙颗粒的形状和大小，常采用球度系数表示：

$$\phi = F'/F \leqslant 1$$

式中　F'——与沙粒等体积的球体表面积；

　　F——沙粒表面积。

(2)泥沙的重力特性。主要反映在泥沙的密实重率和淤积泥沙的干容重两个方面：密实重率 r_s = 泥沙重量 T/泥沙体积 V，单位为 t/m^3；而泥沙的干容重是指烘干后的泥沙重量与原状体积的比值，用 r'表示，单位为 t/m^3。

我们工程建设中要求的土的干幺重达到 $1.5t/m^3$，就是指土的干容重。

(3)泥沙的沉降速度。沉降速度是泥沙的重要水力特性之一，因为泥沙的重率大于水的重率，而重力与水体阻力平衡时，泥沙将在水中作匀速运动。

以上三项是泥沙运动的三个特性，有兴趣的职工可以翻看有关书籍。

二、河流泥沙的分类

河流中的泥沙，除了按照颗粒大小分类外，还可根据他们的运动方式、冲淤情况及补给条件分类。

按照颗粒大小分类，目前没有统一标准，仅将我国水文界的分类列于表4。

表4　泥沙按照颗料大小分类　　　　(单位：mm)

泥沙类型	顽石	卵石	砾石	沙	粉沙	黏土
泥沙颗粒	>200	200～20	20～2	2～0.05	0.05～0.005	<0.000 5

除河床中的静止泥沙外(称为床沙)，按照在水流中的运动状态可分两大类：推移质、悬移质。

(1)推移质：一般指在床面附近随着水流以滑动、滚动或跳动的方式运动着的泥沙，又称底沙，一般在床面或床面附近2～3倍粒径的区域内运动，具有明显的间歇性，时进时停，与床沙不断交换，速度小于水流速度。

(2)悬移质：是指在水流紊动作用下，被水流挟运，远离床面，悬浮水中，随着水流浮游前进的泥沙，又称悬沙，属于水流所挟运的泥沙中较细的部分，运动时时上时下，被挟带前进，运动速度与水流速基本一致，维持泥沙悬浮状态。

推移质和悬移质泥沙没有明显界线，有的还互相交换。

三、泥沙运动

含有泥沙的水叫浑水。浑水中泥沙的运动就叫泥沙运动。很显然，泥沙运动分推移质运动和悬移质运动。它是一个复杂的运动，有兴趣的职工可阅读有关书籍，在此我们只讲一些泥沙的基本知识。

天然河流的水体中往往含有一定数量的泥沙，含有泥沙的水称为浑水。浑水与清水的性质不同，对水流运动和泥沙运动都产生一定的影响。

(一)含沙量

浑水含有泥沙，其浑水特性与水中所含泥沙的数量和颗粒粗细有关，为了便于分析计算河流泥沙，常用含沙量来反映水流中所含泥沙的多少，表达方式如下：

$$S = G_3/V_3$$

式中　S——含沙量，kg/m^3；

G_3——水体中的干沙重，kg；

V_3——浑水体积，m^3。

(二)输沙率

输沙率是指单位时间内通过河流某断面的泥沙重量，用 Q_S 表示，则：

$$Q_S = QS$$

输沙量为

$$W_S = Q_S \Delta t$$

式中　Q_S——输沙率，kg/s；

Q——流量，m^3/s；

S——含沙量，kg/m^3；

W_S——输沙量，kg 或 t；

Δt——时段，s。

(三)水流的挟沙能力

在治理河流时，往往要进行泥沙冲淤和输送方面的分析计算。要掌握河流在一定水流条件能够挟带多少泥沙，这就是提出了水流的挟沙能力，水流的挟沙能力常用 S 表示，单位为 kg/m^3，“在一定水流条件下，河床处于冲淤平衡状态水流所能挟带的悬移质泥沙的数量，称为水流的挟沙能力”。因为水流挟沙能力反映的是河床不冲不淤时的含沙量，因此也称为饱和含沙量。通过建立能量平衡方程，推导出水流挟沙能力的计算公式为：

$$S = K\left(\frac{V^3}{gRW}\right)^m$$

式中　V——河流断面平均流速；

R——水力半径；

W——床沙质泥沙的平均沉速；

m——指数；

K——系数。

另外，黄委会水科所针对黄河水流和泥沙，也推出一个挟沙能力的计算公式为：

$$S = \frac{77V^3}{gRW}(H/B)^{\frac{1}{2}}$$

式中　H——平均水深；

B——水面宽。

其中 W 单位为 cm/s，并且汛期相应的沉降速度 $W = 0.082$cm/s，其他月份相应的沉

降速度 $W=0.128\text{cm/s}$。

(四)高含沙水流和异重流

为啥想讲一点这个东西,主要是这两种水流在我们黄河流域常见,我们搞引黄最好是能够知道这一点。

(1)高含沙水流:是指含沙量达到每立方米数百千克甚至1 000kg以上的水流。其主要特性我们就不详细讲了。它所能发生的一个现象叫揭底冲刷现象,俗称“揭河底”,这种水流过后,短时间内能使河床冲刷深数米。另外,还有浆河现象和其他不稳定性,在此不详细讲了。

(2)异重流:异重流是指两种或两种以上的重率有较小差异的流体互相接触,并发生相对运动,在交界面上不会出现掺混现象的液体流,就像我们曾学过的恒定流。异重流又不是恒定的,就产生的位置异重流可分下异重流、中异重流和上异重流。

异重流的产生要有两个条件:一是两种液体异重;二是异重差异不大。河流中含沙量的差异就是形成浑水异重流的根本原因。清水与浑水之间,不同重率的浑水之间,其重力存在着微小的差异,导致流体间的压力差,从而形成异重流。

四、泥沙观测

前已讲述泥沙观测的测站规划和布设原则。在第八方沉沙池进出口和马颊河二中桥处分别布设泥沙观测站,是为了监测沉沙池的沉沙效果及补源区马颊河的淤积状况。需要说明的是,为了测算输沙率,泥沙观测站必须与流量站配合,因时间关系我们只讲述悬移质泥沙的观测和计算。

(一)悬移质泥沙含沙量的观测

1.悬移质泥沙采样方法

采样方法有两种不同的形式:积点法和积深法。

积点法是把采样器放到某一水深处取样;积深法是将采样器缓慢下放,再以相同的速度提升,直到满足取水样要求。

2.悬移质采样器的适用条件和操作要求

悬移质采样器的适用条件和操作要求与含沙量、水深、流速均密切相关,需要视综合因素确定。

在我们灌区一般情况下采用普通瓶式采样器,用双程积深法和手工操作取样。

仪器的操作要求如下:使用前应进行检查,发现问题应及时处理,现场量计水样容积。

采用普通瓶式采样器应符合下列规定:

(1)当垂线平均流速 $V_m \leqslant 1.0\text{m/s}$ 时,应选用6mm的进水管嘴。

(2)当垂线平均流速 $V_m > 1.0\text{m/s}$ 时,应选用4mm的进水管嘴。

(3)仪器排气管嘴的管径应小于进水管嘴的管径。

3.悬移质输沙率测验的一般规定

(1)布置测速和测沙垂线,在测速垂线上测流速、算流量,在测沙垂线上取水样,测含沙量,二者应重合。

(2)观测水位。

(3)需要建立单断沙关系的,应采取相应单沙样。

4.悬移质输沙率的测次分布

应满足下述要求:

(1)应能控制含沙量变化的全过程,一般情况下,每月测3~5次,即每旬测1~2次。

(2)单、断沙关系线紊合较好的,测次可适当减少。

5.悬移质输沙率的测验方法

(1)首先根据河宽、主流情况、测验精度要求,确定测沙垂线。

(2)根据水深等确定是用积点法还是用积深法,采取水样。

(3)用积点法取水样有五点法(0.0、0.2、0.6、0.8倍水深和河底)、三点法(0.2、0.6、0.8倍水深)、二点法(0.2、0.8倍水深)和一点法(0.6倍水深),这与测流速分布一致,若用积深法取水样,则注意操作要求,即匀速下降至河底附近(注意绝不能触到河底)再匀速上升,反复几次,直到取满水样。

(4)同时测速、算流量。

(5)计算输沙率。

(二)单样含沙量的测验

一般情况下,单样含沙量是通过断面平均含沙量与单样含沙量进行多次测验比较后,并建立单—断关系线后确定的,之后一个断面就可以用单样含沙量代表断面平均含沙量,精简测验。

(三)悬移质水样处理

一般情况下,水样处理应建立泥沙测验化验室,目前,我处已初步设想建立一个标准化验室,但人才奇缺,有兴趣、有特长的职工可在这方面进行一下钻研,到时我可以向领导建议,把你从基层上调到机关化验室,但必要条件是你确实在这方面有一技之长。化验室的设置应符合一系列的要求,在此就不多讲了。

水样处理一般有三种方法。

1.烘干法

(1)量水样容积。

(2)沉淀浓缩水样。

(3)烘干烘杯并称重。

(4)将浓缩水样倒入烘杯,烘干、冷却。

(5)称沙重(用烘杯+沙重-烘杯重)。

2.置换法

(1)量水样容积。

(2)沉淀浓缩水样。

(3)测定比重瓶装满深水后重量(瓶+浑水重)。

(4)计算泥沙重量。可按下式计算:

$$W_S = \frac{\rho_S}{\rho_S - \rho_W}(W_{WS} - W_W) = K(W_{WS} - W_W)$$

式中　W_S——泥沙重量,g;

ρ_S——泥沙密度,g/m^3;

ρ_W——清水密度,g/m^3;

W_{WS}——瓶加浑水重,g;

W_W——瓶加清水重,g;

K——置换系数,经计算得,一般 $K=1.56\sim1.62$。

注意:比重瓶每年应检定一次。

3.过滤法

(1)量水样容积。

(2)沉淀浓缩水样。

(3)过滤泥沙。

(4)烘干沙包(滤纸和泥沙)并称重。沙重等于沙包重减去滤纸重量。

渠道维护与闸门运行

凌 燕

第一部分 灌排工程

一、灌排工程管理的基本任务

灌排工程是为工农业和生活供水以及防洪、排涝等的基础设施，也是灌排工程管理单位进行生产经营活动的基本条件。现有大量灌排工程老化失修，工程不配套，抗旱除涝标准较低，还有大量盐碱地、渍害低产田急需改良，而灌排工程经营管理水平低。

灌排工程管理的基本任务是：确保工程安全和正常运行，充分发挥工程综合效益；通过工程的检查观测，验证规划设计的正确性，开展科学研究，提高水利科学技术水平；进行扩建和改建，以满足工农业生产和国民经济发展的需要，逐步实现工程管理现代化。

灌排工程管理一般包括以下内容。

（一）控制运用

根据灌排工程的技术性能特点，按照用（排）水计划，制定合理的工程调度运行计划，确保工程安全和最大效益的发挥，最大限度地满足各用（排）水部门的要求，并妥善处理防洪、灌溉、供水、排涝、防冻、防淤、治碱、发电、航运和养殖等情况下水位与流量之间的关系，保证综合利用与维护各行业的利益。积极采用现代管理科学和技术，优化调度方案，不断提高控制运用管理水平。

（二）养护和维修

灌排工程在运行过程中，由于设计、施工、意外变化和自然磨损等原因，会出现各种缺陷和损坏，必须及时进行养护和维修。养护和维修包括对各类工程设施的日常维护、定期检修、各种大中小型的整修、岁修以及病害工程的治理等。

（三）检查和观测

对灌排工程进行全面、系统的检查和观测，是发现工程存在问题，分析变化成因，掌握工程安全状态，进行工程维修和技术改造的基础工作。工程检查包括日常巡查、定期检查和重点检查等，要建立完善的工程检查制度。观测主要是对一些重点建筑物、病险工程、科学试验项目的有关技术性能指标及工程状态的定期监视和测定，以摸索变化规律，检验设计和试验效果，并不断完善和改进观测技术手段，以保证观测资料的准确性、完整性和可靠性。

（四）完善配套和技术改造

由于种种原因，许多灌排工程未能全面达到规划设计的要求，存在工程不完整、不配套的问题，直接影响工程综合效益的发挥，因此要积极进行工程的完善配套建设，包括主体工程和配套附属工程，特别是渠系和田间工程以及管理设施等。

（五）防汛抢险

防汛抢险工作是确保工程安全的重要任务之一。防汛是指在汛期根据水情变化和工程状况，做好调度和加强工程及其下游的安全防范工作；抢险是在工程出现险情及发生事故时进行的紧急抢护和维修工作。防汛抢险应从最坏处设想，向最好处努力，认真贯彻“以防为主，防重于抢”的方针。

（六）安全保护和管理制度

《水法》等有关水利法规是加强灌排工程安全保护的法律保障。为了确保工程安全，必须全面提高法制意识，做到以法管水、以法管护工程，要采取各种有效措施，加强工程的安全保护工作。其具体内容包括水利工程土地划界确权，明确管护责任；建立和完善水利法制体系，查处对水利工程破坏的违法行为等。对于工程管理单位，则要加强工程管理各项规章制度的建设，这是规范各项管理工作、建立正常的水管理程序、确保工程安全的基础。

二、灌溉工程规划设计

（一）灌溉排水系统

灌溉排水系统是由各级灌溉渠道、各级排水沟道、渠系建筑物和田间工程组成的灌排网络系统。灌溉渠道一般分为干、支、斗、农、毛渠五级，前四级为固定渠道，毛渠多为临时灌溉渠。地形复杂的大型灌区有的设总干渠、分子渠、分斗渠等。小型灌区的渠系常采用干、斗、农三级，也有采用两级的。干渠称为输水渠道，支渠以下渠道称为配水渠道。排水沟道一般亦分为干、支、斗、农、毛沟五级。田间工程包括斗渠以下灌排沟渠和建筑物，以及土地平整、道路布局、护田林网和格田、畦块等。渠系建筑物是渠道上修建的建筑物，主要有控制建筑物、交叉建筑物、泄水建筑物、连接建筑物、量水建筑物和防渗、防冲、防淤建筑物等。

（二）灌排渠系布置的基本原则

（1）尽量做到使自流灌溉面积最大。渠道应根据水源条件布置在较高地带和分水岭上，以便控制较多的自流灌溉面积。

（2）经济合理。布置的渠线要短，附属建筑物要少，尽可能减少占地、拆迁民房。

（3）工程要安全。尽量避免深挖、高填和险工地段。

（4）要便于用水管理和工程管理。

（三）灌溉设计标准的指标

我国表示灌溉设计标准的指标有两种：一是灌溉设计保证率，二是抗旱天数。

灌溉保证率是指一个灌溉工程的灌溉用水量在多年期间能够得到保证的概率，以正常供水的年数占总年数的百分数表示。例如 $P=70\%$，表示一个灌区在长期运用中，平均100年里有70年的灌溉用水量可以得到水源供水的保证，其余30年则供水不足，作物生长要受到影响。灌溉设计保证率是进行灌溉工程规划设计时所选定的灌溉保证率。选定时，不仅要考虑水源供水的可能性，同时要考虑作物的需水要求，在水源一定的条件下，灌溉设计保证率定得高，则灌溉用水量得到保证的年数多，灌区作物因缺水而造成的损失小，但可发展的灌溉面积小，水资源利用程度低；定得低时则相反。在灌溉面积一定时，灌溉设计保证率越高，灌区作物因供水保证程度高而增产的可能性越大，但工程投资及年运行费用也越大；反之，虽可减少工程投资及年运行费用，但作物因供水不足而减产的几率会增加。因此，灌溉设计保证率定得过高或过低都是不经济的。选定时，应根据水源和灌区条件，全面考虑政治、经济、工程技术等各种因素，拟定几种方案，计算几种保证率的工程净效益，从中选择一个经济上合理、技术上可行的灌溉设计保证率，以便充分开发利用地区水土资源，获得最大的经济效益和社会效益。

抗旱天数是指在作物生长期间遇到连续干旱时，灌溉设施的供水能够保证灌区作物用水要求的天数。它反映了灌溉设施的抗旱能力。例如，某灌溉设施的供水能够满足连续 50 天干旱所灌面积上的作物灌溉用水，则该灌溉设施的抗旱天数为 50 天。目前，我国各地采用的抗旱天数一般为 50～100 天，水源丰富和以水稻为主的南方各省，多采用 70～100 天；水源缺乏和旱作物为主的北方各省，多采用 60～90 天。

（四）灌溉制度

灌溉制度是指根据作物需水特性和当地气候、土壤、农业技术及灌水技术等条件，为作物高产及节约用水而制定的适时适量的灌水方案。主要内容包括灌水定额、灌溉定额、灌水时间和灌水次数。灌水定额是指单位面积上的一次灌水量；灌溉定额是播种前和全生育期内单位面积上的总灌水量，即各次灌水定额之和；灌水时间是指各次灌水的具体日期；灌水次数是指播种前和全生育期内灌水的总次数。

（五）农田排水的方式

农田排水的方式有水平排水和垂直排水两类。水平排水是在地面开挖沟道或在地下埋设管道进行排水。垂直排水也叫竖井排水，是用打井抽水的方法进行排水。水平排水又有明沟排水和暗管排水两种。明沟排水是在地面上开挖沟道进行排水。它具有适应性强、排水流量大、降低地下水水位效果好、容易开挖、施工方便、造价低廉等优点，是一种历史悠久、应用广泛的排水方式。明沟的断面能适应各种排水流量的要求，既适于排地下水，更适于排地面水；既适用于田间排水沟道，更适用于骨干排水沟道。但明沟有断面大、占地多、开挖工程最大、桥涵等交叉建筑物多、田间耕作不便、沟坡容易坍塌淤积、维修养护费工等缺点。暗管排水是在地面下适当的深度埋设管道或修建暗沟进行排水，是一种很有发展前途的排水方式。其主要优点是，排除地下水和过多的土壤水以及控制稻田渗漏水效果较好，增产显著，占地少，建筑物少，便于田间作业，便于机械化施工，管理养护省力等。其缺点是需要大量的管材，一次投资费用大，施工技术要求严格，清淤困难。暗管排水在国外发展很快，目前，美、英、日、德等国家已广泛采用暗管排水。我国的暗管排水起步较晚，近几年来逐步得到重视和推广。利用竖井排水，地下水水位降得快、降得深，能有效地控制地下水水位和防治土壤盐碱化。

（六）灌溉水源的主要类型

农田水利工程使用的水源有河川径流、当地地表径流、地下径流及城市污水四种。目前大量利用的是河川径流及当地地表径流。

(七)灌溉对水源水质的要求

灌溉水质是指灌溉水的化学、物理性状,水中含有物的成分及数量。主要包括含沙量、含盐量、有害物质含量及水温等。

灌溉水中的泥沙。粒径小于0.005mm的泥沙,常具有很大的肥力,可适量输入田间。但如引入过多,会减少土壤的透水性与透气性。粒径为0.1~0.005mm的泥沙,在土壤容易板结的地区,可少量输入田间,借以改良土壤结构,但不能增加肥力。粒径大于0.1mm的泥沙,容易淤积渠道,有害农田。在渠系工程设计和管理运用中,应采取措施,防止引水时含沙量过大或不利于农田的泥沙入渠。

灌溉水的含盐量。灌溉水中一般都含有一定的盐分,地下水的含盐量较高。如果灌溉水中含盐过多,就会使作物吸水吸肥困难,轻则影响作物正常生长,重则造成作物死亡,甚至引起土壤次生盐碱化。

灌溉水的温度。灌溉水的温度对作物的生长影响很大。水温过低,会抑制作物生长;水温过高,会降低水中溶解氧的含量并提高水中有毒物质的毒性,妨碍和破坏作物正常生长。麦类作物根系生长的适宜水温为15~20℃;水稻生长的适宜水温为28~30℃,最低不应低于20℃,最高不应超过38℃;棉花的适宜温度为20~35℃;油菜的适宜温度为10~18℃;白菜的适宜温度为10~22℃。水温较低时,应采取适当措施提高水温。

灌溉水中的有害物质及病菌。灌溉水中常含有某些重金属汞、镉、铬和非金属砷以及氰、氟的化合物等,其含量若超过一定数量,就会产生毒害作用,使作物直接中毒,或残留在作物体内,使人畜食用后产生慢性中毒。因此,对灌溉用水中的有害物质含量,应该严格限制。

(八)用水计划的执行与水量调配

1.用水计划的执行

编制用水计划,只是实行计划用水的第一步,更重要的是执行用水计划。为此,还必须具备或创立一些基本条件,其中最主要的是要建立、健全各级专业和群众性的管理组织以及搞好渠系工程配套,此外,在放水前还应做好以下各项准备工作:

(1)加强思想教育,提倡团结用水、节约用水,建立各种用水制度,如涵闸启闭制度和水量交接制度等。

(2)将编制的用水计划及时报上级审批,并印发通知各受益单位,通过各种形式广泛宣传,发动群众贯彻执行。

(3)做好渠道和建筑物的检查、整修工作,发现问题及时妥善处理。

(4)做好各控制点的量水工作,如检查量水建筑是否完整,设备是否齐全、精确,特别要做好各级量水员的技术培训工作,使其掌握各种量水方法。

(5)做好田间灌水的准备工作,如修好田埂,筑好沟、畦等。

在用水过程中,管理人员要深入灌区及主要渠段进行调查研究,了解水源情况,检查工程状况和用水情况,掌握旱情变化和灌水进度等,发现问题及时处理。在一般情况下,对已定好的用水计划不得任意改动。如果放水时实际的气象、水源、灌溉面积等条件与计划出入较大,则应调整、修改用水计划,进行水量调配。通过水量调配工作,具体实现用水计划中的引水、输水、配水。所以,水量调配是执行用水计划的中心内容,尤其在水源减少

或遇到降雨以及发生干旱情况下，更应做好水量调配工作，因时、因地制宜地贯彻执行用水计划。

每次用水结束后，应进行计划用水工作小结，以便及时发现问题和总结经验。全年用水结束后应进行全面总结，掌握用水计划执行情况，检查执行计划用水的成效，积累技术资料。

2. 水量调配的原则和措施

水量调配的原则是“水权集中、分级管理、统筹兼顾、综合利用、讲求效益”，以发挥水资源的多种功能。具体办法是按照作物种植面积、计划灌水定额、各级渠道水的利用系数分配水量。

水量调配措施如下：

(1)正常情况下的渠系水量调配，采用按比例配水与设立调配渠相结合的方法。当渠首实际引入流量大于或小于计划流量时，各干、支渠可按照预先制定的配水比例表或图分配流量，也可在一条干、支渠上调整流量，而维持其他干、支渠按计划引水。

(2)平衡水量的方法。由于种种原因，用水不平衡的现象经常发生的，应根据具体情况，采用下列措施，使不平衡的现象减少到最低限度。

个别渠道由于输水能力、输沙的限制，或由于非人力所能克服的原因造成缺引水量时，可由储备水量或抽调全渠机动水量适当补给。

上游站、渠、斗占用下游的水量，必须在次日全部偿还，不能等到轮期末平衡。

多数渠道用水不平衡时，应在一个轮期中间或末期调整配水比例，在本轮结束前达到平衡。若平衡差值过大，再以储备水平衡，或在下一轮期内继续进行平衡。

(3)特殊情况下的渠系水量调配措施如下：

遇到大风、烈日可按下述办法处理：6 级以下大风，加强护渠，正常输水；6～8 级大风，可适当减水；8 级以上大风，应立即停水。旱情加重时可加大流量并提前灌水。

遇到降雨、降温，土壤墒情、蒸发量急剧变化，可缩短灌水时间，减少灌水定额，停止放水或推迟放水时间。

在灌水期间如遇灌溉面积增加或减少，而渠系和用水单位的引用水顺序不变时，可相应增减渠首引用水流量或增减用水时间。

当流量减少到一定程度时，实行干、支渠轮灌。

为防止渠道淤积，应集中配水，在渠段内集中开闭，避免水量分散，并且按设计流量或加大流量放水，以水挟沙。引水渠道应连续行水，不宜中途停水，以免造成淤积。

三、渠道的运行管理

(一)渠道运行管理的任务

渠道运行管理的任务是：保证渠道工程安全、完整；保证渠道输水通畅，输水能力符合设计要求；正确确定渠道的工作方式；完成渠道的输配水任务并保证渠床稳定；减少输水损失，提高渠道水的利用率，渠道上的控制、调节建筑物要运用灵活，能较好地控制水流；在渠道非常运用条件下应尽量保证渠道工程安全，并尽可能减少灌水的危害。

(二)渠道运行管理的要求

渠道的运行管理应达到以下要求:

(1)在正常引水时,水位、流速和通过流量须符合设计要求。正确掌握渠道流量和渠道通水情况,过水能力应符合设计要求,以防止渠道由于流速的突然变化而引起冲刷和淤积,保证渠道稳定输水,满足灌溉的要求。

(2)禁止在渠道内修建和设置足能引起偏流的工程和物体,如修建不与水流垂直的闸、桥,在渠道两旁修建水上住房,以及在渠道中浸泡筏、沤麻等,都能引起水流中心与渠道中心的偏离,而使渠道产生冲刷、淤积和渠岸坍塌。

(3)保持渠道坡降与设计一致。防止任意抬高水位、增设壅水建筑物等而引起的冲刷、淤积情况,以满足输水要求。

(4)为保证安全输水,避免溢堤、破堤、决口事故,渠道上的堤顶和戗道高出最高水位的超高应符合设计要求。渠道最大流速不应超过开始冲刷渠道的流速的90%;渠道最小流速一般规定不应小于不淤流速。渠道流量应以维持正常流量为准,当有特殊用水要求时,可采用加大流量,但时间不宜过长。渠道流量的增加或减少、充满与排空,应该是逐渐进行的,特别在已有或可能有滑坡危险的渠道中更应注意,以免造成冲刷、滑坡或决口的危险。各次放水或减少流量的间隔时间一般不应小于2小时,每次改变流量不得超20%,但在特殊情况下以及流量较小的渠道可以例外。

(5)渠道渗漏损失符合设计规定,必须设法减少渠道的渗漏,减少输水损失。

(6)渠道工程安全可靠。渠坡或渠床有足够的稳定性,不致崩塌而阻塞渠道。

(三)渠道安全检查

渠道安全检查的目的,是为了做到及时发现和处理病害,保证渠道正常运用。因此,渠道安全检查是一项很重要的工作,必须坚持进行。在做好经常检查的基础上,每隔一段时间还要进行全面、系统的定期检查。放水前后及汛期检查尤为重要。检查渠道应注意以下几个方面:

(1)在放水前应检查渠道有无裂缝、缺口、沉陷、滑坡情况,淤积、冲深情况;渠道边缘和内外坡是否完整,防渗层是否破坏;渠道上有无鼠穴、獾洞及其他可能导致溃堤的情况;渠道上的泄水道、溢洪口有无堵塞、损坏,倒虹吸管和渡槽进口附近的沉沙池有无积满和杂物拥塞、损坏、失效情况。

(2)在放水时应检查渠道有无漏水、滑坡和冲刷现象,应随时消除水面漂浮的草本及其他杂物。

(3)暴雨时期应组织人员外出检查山水入渠情况、排洪道泄水情况、渠堤挡水情况、各种建筑物的过水情况等,以便及时处理因暴雨山洪引起的渠道发全问题。

(四)渠道管理工作制度

灌区渠道的管理是灌区管理工作的主要内容,应制定出一套管理制度。一般管理制度包括以下内容:

(1)渠道放水,必须按照规定的水位、流量、含沙量等严格控制,不得任意加大。

(2)渠道放水、停水,应遵守技术操作规程逐渐增减,防止猛增猛减。

(3)未经主管部门批准,不准私自在渠道上设置任何工程,不得向渠道内排放工业废水、污水，不许任意抬高水位。

(4)不得在渠道内搞拦养和网箱养鱼等养殖经营活动。

(5)不得在渠道外坡和渠堤附近铲除草皮、破坏绿化、损坏植被等。

(6)填方渠段外坡附近，不得任意进行挖土烧砖、开挖鱼池、打井和修塘等活动。

(7)平整土地、开荒造田等农事活动，必须给渠道外坡留够稳定安全宽度，防止渠道产生裂缝、滑坡等现象。

(五)安全生产

1.安全生产基本要求

(1)坚持“安全第一，预防为主”的方针，认真贯彻国家、行业和部门的各项安全生产政策与规定，确保生产安全。

(2)领导重视，加强安全生产管理，建立健全安全生产管理组织和责任制度，制定安全管理措施。

(3)狠抓安全生产宣传和教育，牢固树立安全生产意识，认真进行职工岗位培训和安全生产教育，提高职工技能素质。

(4)建立健全安全生产制度，严格执行各项安全生产和技术操作规程，落实安全措施。

(5)做好工程设备的安全防护和职工劳动防护用品的管理，不断改善运行管理和生产环境的安全条件。

(6)加强安全生产检查和工程设备维修养护，消除隐患，防止各类事故的发生。

2.安全生产制度

安全生产制度是做好安全生产的基本保证，灌排工程管理单位要根据工程特点，建立健全各项安全生产制度。安全生产制度主要有以下几种：

(1)安全生产管理组织制度。主要是规定安全生产组织机构设置、人员配备和职责任务等。

(2)安全生产责任制度。对各级运行管理人员，要根据工作岗位制定安全生产职责和管理办法，也可具体贯彻在各级人员的岗位责任制中。

(3)安全生产工作制度。包括工作交接班制度、巡视检查制度、维修养护制度，以及一些特殊岗位的安全工作制度。

(4)技术标准和安全运行及操作技术规程。技术标准是工程建设和管理的技术依据，安全运行规程是工程设备正确运行和管理的技术依据，操作技术规程则是操作必须遵守的规则和程序。运行管理人员应熟悉和掌握有关技术标准与技术规程，并严格遵照执行。

(5)安全生产检查制度。要定期组织有关人员对工程设备和安全措施进行检查，发现问题及时改进。

(6)安全生产考核制度。制定安全生产管理指标，层层分解，定期考核评比，并与生产任务、个人经济利益挂钩，促进安全生产管理工作。此外，要定期对运行管理人员进行安全生产知识和技能的考核，强化安全意识。

(7)事故报告统计制度。对已发生事故要加强报告统计管理，以便及时处理事故，减少损失，并通过调查分析，查明原因，分清责任，总结经验教训，研究事故规律，制定防范措施，提高安全生产管理水平。

第二部分　渠道维护

一、渠道及渠系建筑物基本知识

（一）灌区类型

所谓灌区是指一个灌溉系统所控制的土地范围。根据灌溉面积的大小可分为大型灌区、中型灌区和小型灌区；根据取水方式的不同可分为自然灌区（或自流灌区）和提水灌区；根据地理位置及自然条件的不同又可分为平原灌区和丘陵灌区。

（二）渠道

渠道是人工开挖填筑或砌筑的输水设施。按存在形式可分为明渠和暗渠两类；按用途可分为灌溉渠道、引水渠道、通航渠道、给水渠道、流送木材渠道、排水渠道和综合性渠道等；按渠床材料的不同又可分为土渠、石渠和衬砌渠道。

1. 渠道横断面

渠道横断面是渠道垂直于水流方向的剖面。常见的断面形状有梯形、矩形、半圆形和复式断面。从施工条件和边坡稳定条件考虑，梯形断面和复式断面具有较好的水力性能，用得最多；断面接近矩形的渠道主要用岩石或半岩性土壤；半圆形断面为水力特性最优的断面形式，但施工不便，仅用于由不同材料建筑的小型开敞式人工渠道和容易滑坡的地段，且常用挖渠机械一次压成。

渠道断面结构可分为挖方、填方和半挖半填三种类型。

（1）挖方渠道。当沿渠地面高程高于设计水位，而又不需要开挖隧洞时，可修建挖方渠道。

（2）填方渠道。当渠底高程高于地面高程时，须采用填方渠道。

（3）半挖半填渠道。当沿渠线地面高程介于渠底与设计水位之间时，可采用半挖半填渠道。

2. 渠道纵断面

渠道纵断面是沿渠道中心线的剖面，包括沿渠线的地面线、设计水位线、低水位线、最高水位线、渠底线和渠顶线、分水口及渠系建筑物位置等。

渠道纵断面的结构设计是与横断面的结构设计互相联系、交替进行的，其主要作用是保证渠道具有足够的输水能力和稳定的渠床，设计水位能满足所控制面积的自流灌溉。

3. 渠道过水能力

渠道过水能力，一般是指渠道在正常情况下能通过的流量。通常有设计过水能力与实际过水能力之分。设计过水能力包括正常流量、最小流量和加大流量，作为设计与校核之用；实际过水能力则是渠道经过运行而发生不同程度的变化后实际能通过的流量。

（1）正常流量：正常流量表示渠道在正常工作条件下通过的流量，常用 Q 表示，它是渠道和渠系建筑物设计的主要依据，是根据水力计算所求得的灌溉农作物及其他用水所需的净流量和渠道损失流量之和来确定的。

（2）最小流量：最小流量用来检验、校对下一级渠道的控制条件，以及确定节制闸建筑物的位置。它是根据水力计算中采用的设计灌水模数图或灌溉用水流量过程线中的最小值来确定的,最小流量不应低于设计流量的40%。

(3)加大流量:加大流量是为满足渠道运行中可能出现的气候剧变或灌区内作物组成可能有变化及综合利用的发展,需水量增大;或因渠道发生事故,需在短时间内通过较大流量等因素而在正常流量的基础上加大的流量,它是确定渠道堤顶高程的依据。一般在正常流量基础上增加10%~30%。

(三)渠系建筑物

渠系建筑物是为安全、合理地输配水量,以满足各用水单位的需要,在渠道系统上修建的建筑物,又称灌区配套建筑物。渠系建筑物一般具有单个工程不大、数量多、总工程量和造价大的特点。现分类介绍如下。

1.调节及配水建筑物

这类建筑物又称控制建筑物,用于调节水位和分配流量,如进水闸、节制闸、分水闸、斗门等。

1)进水闸

进水闸是从灌溉水源引取水量的控制性建筑物。一般情况下,它常和抬高水位的壅水坝和拦河闸,防止泥沙入渠的冲沙闸,保证建筑物安全的溢洪道、防洪堤等组成取水枢纽。进水闸一般由闸室、上游连接段和下游连接段三部分组成。闸室是水闸挡水和控制水流的主体部分,它由水闸底板、闸墩、边墩、胸墙、启闭台及交通桥等组成;上游连接段由上游翼墙防渗铺盖、上游护底、护坡及防冲槽等组成,其作用是引导水流平顺进入闸室,保护上游河底及岸坡免遭冲刷,延长闸基及两岸的渗径长度,防止渗透变形;下游连接段由下游翼墙、护坦、海漫、防冲槽及下游护坡等组成,其作用是引导水流向下游均匀扩散,消减出闸水流能量,保护下游渠床及渠岸免遭水流冲刷而危及闸室安全。

2)节制闸

由于农田灌溉、发电引水或改善航运等要求,常需修建水闸以控制闸前水位和过闸流量,这类水闸称为节制闸。河道上的节制闸也称拦河闸。在洪水期,拦河闸还起排泄洪水的作用。

渠道上的节制闸位于紧邻渠道分水口下游,当所在渠道出现低水位时,用以抬高水位,以满足下一级渠道引取设计流量。如果所在渠道的下游水工建筑物或下游渠道发生异常现象,也可闭闸进行检查维修。节制闸的设置应便于上、下游渠道水位衔接。从管理部门实际情况看,为了便于轮灌配水可在轮灌配水渠段分界处设置节制闸。

3)分水闸

位于干渠以下各级渠道首部的进水闸,称为分水闸,其作用是将上一级渠道的流量按需要分送到其所在的渠道。位于支渠首部的分水闸,工程上称为支渠口;位于斗渠首部的分水闸,工程上常称为斗门。

2.交叉建筑物

当渠道穿越山岗、河流、山谷、道路、低洼地带或与其他渠道相遇时,必须修建交叉建筑物,常用的交叉建筑物包括隧洞、渡槽、倒虹吸管、涵洞和桥梁等。

1)隧洞

在山体中或地下开凿的通道,又称隧洞。其广泛运用在铁路、公路、水运、水利等工程中。通水用的隧洞称为水工隧洞,在渠系建筑物中通常为输水隧洞。

2)渡槽

渡槽是输送渠道水流跨越河渠、溪谷、洼地和道路的交叉建筑物。它由进口段、出口段、槽身和支撑结构等部分组成。进口段和出口段是槽身两端与渠道连接的渐变段,并起平顺水流作用;槽身主要起输水作用,其过水断面形式有矩形、U形、半椭圆形和抛物线形等,通常为矩形和U形;支撑结构起支撑槽身荷载的作用。

渡槽按建筑材料可分为木渡槽、砖石砌渡槽、混凝土渡槽、钢筋混凝土渡槽、预应力混凝土及钢丝网水泥渡槽。按支撑结构形式可分为梁式、拱式、桁架拱式、桁架梁式及斜拉式渡槽等。常用的是梁式与拱式渡槽。

3)倒虹吸管

倒虹吸管是指敷设在地面或地下用以输送渠道水流跨越河渠、溪谷、洼地、道路的下凹压力管道。按其敷设方式和用途可分为穿越式倒虹吸管、横跨式倒虹吸管两种。

倒虹吸管由进口段、管身、出口段三部分组成。

进口段包括进水口、闸门、检修门槽、拦污栅、启闭台、进口渐变段及沉沙池等。

出口段基本上与进口段相同,可设或不设闸门,根据具体情况而定。多管倒虹吸管一般在出口段上留有检修门槽,以便部分管道工作和维修。

管身可以是单管或多管相联,可以是现场或预制安装。

4)涵洞

在渠道系统中,当渠道、溪谷、交通道路等相互交叉时,在填方渠道或交通道路下设置的输送渠水或排泄溪谷水的建筑物称为涵洞。涵洞的构造较简单,大型的涵洞多采用混凝土或钢筋混凝土制造,亦可用预制涵管。一般为就地取材,多采用浆砌块石或砖砌或干砌卵石等。国外常用的是螺纹钢管,施工较方便。

涵洞由洞口和洞身组成。

洞口是用来和填土边坡相接,同时也起引导水流的作用。上、下游洞口基本形式相同,只是上游洞口应做护底,下游洞口应有消能设施,以防冲刷。

洞身因用途、工作特点及建筑材料不同,其断面形式有以下几种:圆形涵洞,多用于压力涵洞;箱形涵洞,多为四面封闭的钢筋混凝土结构,静力工作条件较好,适应地基不均匀沉降,适用于无压和低压涵洞。

5)桥梁

桥梁是指沟通渠道两岸交通的建筑物。一般分为人行桥、机耕桥、公路桥和铁路桥,也有利用水工建筑物作交通桥的。

渠道上的桥梁,其荷载等级一般均低于公路桥标准,按荷载等级分类有:

生产桥:供行人及牛马车、手扶拖拉机行驶的桥梁,桥面宽一般为2~2.5m。

机耕桥:机耕道路上供拖拉机行驶的桥梁,桥面净宽一般为3.5~4.0m。

低标准公路桥:一般为县乡或县与县之间的公路桥梁,桥面净宽一般为4.5m。

标准公路桥梁:必须严格按公路等级的规定加以确定。

桥梁和渡槽在结构形式和受力方面有共同的特点。

3.落差建筑物

在渠道落差集中处修建的连接上下游水流的渠系建筑物,又称连接建筑物。落差建筑物常用于下列情况:渠道通过高差较大或坡度较陡地段时,为保证渠道的设计纵坡,避免深挖或高填方,可将渠底高程落差适当集中,并设置此建筑物用以连接上下游渠道;在干支渠分水处,如二者高差较大时,可用以作为两级渠道的连接建筑物;与水闸、溢流堰结合,作为渠道上排涝、退水、汇水的建筑物。常用的落差建筑物主要有陡坡和跌水两种类型。

4.泄水建筑物

为防止渠道水流超过允许最高水位而酿成决堤事故,保护危险渠段及重要建筑物的安全,放空渠水以渠道和建筑物维修等目的所修建的建筑物称为泄水建筑物。泄水建筑物分为两类:一是放空渠水或将入渠山洪排走的泄水建筑物,如溢流堰、泄水闸、虹吸泄洪道等;二是将山洪自渠道下部或上部泄走的泄水建筑物,如渠下泄洪涵洞、倒虹吸管、渠上排洪渡槽等。

5.冲沙和沉沙建筑物

冲沙和沉沙建筑物是指为防止和减少渠道淤积而在渠道或渠系中设置的冲沙与沉沙设施,如冲沙闸、沉沙池等。冲沙闸一般设在进水闸附近,用来冲走闸前或渠道中的淤沙,也可利用设在多沙渠道上的排水闸来冲沙。沉沙池一般用以沉淀和清除水流中有害或多余的泥沙,其断面大于渠道断面,水流经过时,流速降低,水流挟沙能力减小,使大于及等于设计粒径的泥沙沉积下来,从而达到澄清水流、防止渠道淤积的目的。

6.量水建筑物

为按用水计划向各级渠道和田间输配水量,以及为合理收取水费提供依据,须在渠系上设置各种量水设施,如各种形式的量水堰、量水槽及量水管嘴等。渠道上符合量水条件且能达到量水要求的其他建筑物,如水闸、涵洞、渡槽、陡坡、跌水等也可用来量水。

二、渠道及其建筑物的管理

(一)灌溉渠道正常工作的标志

灌溉渠道正常工作的标志有以下几项:

(1)输水能力符合设计要求。

(2)水流平衡均匀、不淤不冲。

(3)渠道水量的管理损失和渗漏损失量最小,不超过设计要求。

(4)渠堤断面规则完整,符合设计要求,输水安全。

(5)渠道内没有杂草与输水障碍物。

(6)渠堤绿化达到要求标准,林木生长良好。

(二)渠道管理运用的一般要求

渠道的管理运用,由于各灌区工程设施条件存在差异,其要求亦有所不同,一般应满足以下几点要求:

(1)经常清理渠道内的垃圾、杂草等,保持渠道正常行水。

(2)禁止在渠道上垦殖、铲草及滥伐护渠林,禁止在管理保护范围内取土、挖沙、打井、修塘等一切危害工程安全的活动。

(3)渠道两旁山坡上的截流沟或泄水沟要经常清理,防止淤塞,尽量减少山洪或客水进渠,造成渠堤漫溢决口或冲刷淤积。

(4)不得在排水沟内设障堵截影响排水。

(5)做好水污染防治,禁止向渠道倾倒垃圾、废渣及其他腐烂物,定期进行水质校验,发现污染应及时报有关部门并采取处理措施。

(6)禁止在渠道内毒鱼、炸鱼。

(7)通航渠道应限制机动船行驶速度,不准使用尖头撑篙,不准在渠道上抛锚。

(8)对渠道冲刷损坏部位要及时修复,必要时还应采取防冲措施。

(9)应及时查禁违章修建建筑物和退泄污水、废水及私自抬高水位的行为。

(10)按照规定,定期进行渠道清淤整修,渠底、边坡等应保持原设计断面要求。

(11)渠道放水、停水,应逐渐增减,尽量避免猛增猛减。

(三)渠道控制运用的一般原则

1.水位控制

为保证安全输水,避免溢堤决口,各渠道必须明确规定最高允许水位,或规定渠顶超高,不得超限输水。最高水位的确定,一般按渠道设计正常水位为警戒水位,设计校核水位为保证水位。但在实际应用中,尚需考虑渠段工程设施及自然地理条件的变化,包括工程老化程度和区间径流对渠道的影响等情况而确定控制运行水位。汛期输水,应视入渠洪水情况,适当降低渠道水位。

2.流速控制

渠道中流速过大或过小,会发生冲刷或淤积,影响正常输水。在管理运用中,必须控制流速。总的要求是渠道最大流速不应超过开始冲刷渠床流速的90%,最小流速不应小于落淤流速(一般不小于0.2~0.3m/s)。

渠道流速的控制,在工程设计时即已按技术要求作了设计计算,但在运行管理中,往往因运行不当,造成流速过大或过小而发生冲淤现象。因此,要注意以下几点:一是渠道上节制闸的运用应按操作规程和控制运用指标进行调控,否则会造成渠床冲淤,甚至壅水溃堤事故;二是渠道内生长的水草应经常铲除,桥桩等设施滞留的杂物应及时清除,以免水草丛生而滞留泥沙,愈积愈多而缩小过水断面,阻碍水流;三是要严格禁止渠道内擅自设置堵水设施,以防影响渠道流速造成损坏工程事故;四是渠道流速不易控制而发生冲刷现象,可采取防冲工程措施,发生淤积时应注意经常清淤,必要时可采取裁弯取直、调整纵坡、增建排沙闸与沉沙池等工程措施。

3.流量控制

渠道过水流量一般应不超过正常设计流量,如遇特殊用水要求,可以适当加大流量,但时间不宜过长。尤其是有滑坡危险或冬季放水的渠道不宜加大流量。浑水淤灌的渠道可以适当加大流量。冰冻期间渠道输水,在不影响用水要求的前提下,应尽量缩短输水时间,并要密切注意气温变化和冰情发生情况,及时清除冰凌,防止流凌壅塞造成渠堤漫溢成灾。渠道放水时采取逐渐增加或减少流量的方法,以免猛增猛减,造成冲淤或垮岸事

故,每次改变流量最好不超过10%~20%。

(四)渠系建筑物完好率和正常运用的基本标志

渠系建筑物一般具有小型、多样、数量多的特点,其管理运用因其工程类型和规模不同,要求也不尽相同,共同的要求是要保持工程完好和正常运行,达到以下基本标准:

(1)过水能力符合设计要求,能准确、迅速地控制运用。

(2)建筑物各部分应保持完整、无损坏。

(3)挡土墙、护坡和护底均填实,无空虚部位;挡土墙后及护底板下无危险性渗流。

(4)闸门和启闭机械工作正常,闸门与闸槽无漏水现象。

(5)建筑物上游无冲刷或淤积现象。

(6)建筑物上游壅高水位不能超过设计水位。

(7)各种用于测流、量水的水尺标志完好,标记明显。

(五)渠系建筑物管理中的一般要求

渠系建筑物管理是指对渠系上各类建筑物进行合理运用、养护维修,使其经常处于正常技术状态的管理工作。在经常性管理中应达到以下要求:

(1)各主要建筑物应具有一定的照明设备,行水期和防汛期应有专人管理,不分昼夜地轮流看守。

(2)对主要建筑物应建立检查制度及操作规程,切实做好检查观察工作,认真记录,发现问题要分析原因,及时研究处理,汇报主管机关。

(3)在配水枢纽的边墙、闸门上及大渡槽、倒虹吸管、涵洞、隧洞的入口处,必须标出最高水位,放水时严禁超过最高水位。

(4)在建筑物管理范围内严禁进行爆炸活动,200m范围内不准用炸药炸岩石,500m范围内不准在水内炸石。

(5)禁止在建筑物上堆放超过设计荷载的重物,各种车路距护坡边墙至少保持2m以上距离。

(6)建筑物中允许行人的部分应设置栏杆等保护设施,重要桥梁应设置允许荷载标志。

(7)主要建筑物应有管理闸房,启闭机应有启闭机房等保护设施。重要建筑物上游附近应有退、泄水闸,以便发生故障时能及时退水。

(8)未经管理单位批准,不允许在渠道及其建筑物管理范围内增建或改建建筑物。

(9)渠道及其建筑物要根据管理需要,划定管理范围,任何单位或个人不得侵占。

(10)不准在专用通信、电力线路上架线或接线。

(11)与河、沟的交叉工程,应注意做好导流、防淤、护岸工程,防止洪水冲毁渠系建筑物。

(六)渠系建筑物管理养护中应注意的问题

1.渡槽

渡槽入口处设置最高水位标志,放水时绝不允许超过最高水位。

水流应平稳,过水时不冲刷进口及出口部分,为此,对渡槽与渠道衔接处应经常进行检查,如发现有沉陷、裂缝、漏水等变形,应立即停水修理。渡槽进出口的衬护工程发现有毁坏或变形应及时修复。

渡槽槽身漏水严重的应及时修补，钢筋混凝土渡槽在渠道停水后，槽内应排干积水，特别是严寒地区更要注意。

渡槽两侧无人行道设备的应禁止人畜通行，必要时可在两端设置栏杆、盖板等设施。

放水期间，要防止柴草、树木、冰块等漂浮物壅塞，产生上淤下冲的现象，或决口漫溢事故。

渡槽的伸缩缝必须保持良好状态，缝内不能有杂物充填堵塞，如有损坏要立即修复。

跨越河沟的渡槽，要经常清理滞留于支墩上的漂浮物，减轻支墩的外加负荷。同时要注意做好河岸及沟底护砌工程的维护工作，防止洪水淘刷槽墩基础。

在渡槽的中部，特别要注意支座、梁和墙的工作状况，以及槽底和侧墙的渗水和漏水，如发现漏水严重应及时停水处理。

木质渡槽要防止时湿时干而造成干裂漏水，在非灌溉时期除冬季停水外最好使槽身经常蓄水。间歇供水的在秋季停水后，可涂刷煤焦油等防腐剂进行维修保护。

2. 倒虹吸管

倒虹吸管上的保护设施，如有损坏或失效应及时修复。

进出口应设立水尺，标出最大、最小的极限水位，经常观测水位流量变化，保证通过的流量、流速符合设计要求。

进出水流应保持平稳，不冲刷淤塞。进出口两端必须设拦污栅，及时清除漂浮物，防止杂物入管或壅水漫堤。

经常检查倒虹吸管与渠道连接部位有无不均匀沉陷、裂缝、漏水，管道是否变形，进出口护坡是否完整，如有异常现象应立即停水进行修理。

倒虹吸管停水后应关闭进出口闸门，无闸门设施的应采取其他封拦措施，防止杂物进入管内或发生人畜伤亡事故。

管道及沉沙、排沙设施应经常清理，暴雨季节要防止山洪淤积管道。有底孔排水设备的，在管内淤积时应在停水后开启闸阀，排水冲淤，以保持管道畅通。

直径较大的裸露式倒虹吸管，在高温或低温季节要采取降温、防冻保护措施，以防管道发生胀裂破坏。

倒虹吸管顶冒水者，停水后在内部填塞处理，严重者应挖开填土，彻底处理。

3. 量水建筑物

经常检查水标尺的位置与高程，如有错位、变动等情况应及时修复，水标尺刻画不清晰的要描画清楚，随时清洗标尺上的浮泥，以便准确观测。

经常注意检查量水设备上下游冲刷和淤积情况，如有冲刷、淤积要及时处理，尽量恢复原来水流状态以保持量水精度。

对边墙、翼墙、底板、梯形测流断面的护坡、护底等部位应定期检查，发现有淘空、冲刷、沉陷、错位等情况，应及时修复。

有钢、木构件的量水设备，应注意各构件连接部位有无松动、扭曲、错位等情况，发现问题及时修理，并要定期进行防腐、防锈处理，以延长其使用年限。

配有观测井的量水设备，要定期清除测井杂物，疏通测井与渠道水的连通管道。

有测流缆道设备的,要做好绞车、缆道的养护和检修,使绞车启动灵活。

三、渠道及渠系建筑物的检查观察及观测

(一)渠道工程检查观察的基本任务

(1)监视水情和水流状态、工程状态和工作情况,掌握水情和工程变化规律,为管理运用提供科学依据。

(2)及时发现异常迹象,分析原因,采取措施,防止发生事故,保证工程安全。

(二)工程检查

工程检查可分为经常检查、定期检查、特别检查。

(1)经常检查。渠道工程管理人员应按照工程管理单位规定的检查内容、次数、时间、顺序,对建筑物各部位、闸门和启闭机械、动力设备、通信设施、管理范围和保护范围的保护状态及水流形态等经常进行检查观察。一般实行每日巡渠制度,发现问题及时处理。在汛期或水位高于正常水位期间,应增加巡查次数。必要时,对可能出现险情的部位昼夜监视。

(2)定期检查。每年汛前、汛后,用水期前后,北方冰冻严重地区在冰冻期,由管理单位组织有关人员,必要时还应请上级主管部门参加,对渠道工程各项设施进行定期全面检查。汛前要着重检查安全度汛存在的问题,以及防汛组织情况和防汛材料及通信、照明、机电动力设备等,及时做好防汛准备工作;汛后应重点检查工程变化损坏情况,有输水任务的要及时采取措施维持渠道的通水;岁修前要在汛后检查的基础上,进行岁修安全检查,据以拟定岁修计划;岁修后重点检查岁修工程完成情况;在间断供水的灌区,每次输水前后都应对渠道工程状况进行检查;冰冻期间应着重检查防冻措施的落实和冰凌压力对建筑物的影响等。

(3)特别检查。当发生特大洪水、地震、重大工程事故和其他异常情况时,管理单位应及时组织力量对所属工程进行全面的检查,必要时报请上级主管部门及有关单位会同检查,着重检查有无损坏和损坏程度等情况。

(三)工程的检查观察

1.土工建筑物的检查观察

应注意堤身有无雨淋沟、塌陷、滑坡、裂缝、渗漏;排水系统、导渗与减压设施有无堵塞、损坏和失效;渠堤与闸端接头和穿堤建筑物交叉部位有无渗漏、管涌等迹象。在进行检查观察时,特别要注意以下几点:

(1)发现有裂缝时要观察有无滑坡迹象,对横缝要观察是否能形成漏水通道。

(2)发现轻微塌陷或洞隙时,要注意观察有无獾窝、鼠洞、蚁穴等隐患痕迹。

(3)要注意渠堤外坡及外坡脚一带有无散浸、鼓泡等现象。

2.砌石建筑物的检查观察

应注意坡块石或卵石有无松动、塌陷、隆起和人为破坏;浆砌石结构有无裂缝、倾斜、滑动、错位、悬空等现象。

3.混凝土和钢筋混凝土建筑物的检查观察

应注意有无裂缝、渗漏、剥落、冲刷、磨损和气蚀;伸缩缝止水有无损坏、填充物有无流

失等。其中特别应注意裂缝、渗漏的检查观察，其观察方法是：

(1)裂缝细微时，可用放大镜检查其长度、宽度、走向等情况，并在裂缝两端用油漆作标记，继续观察其发展情况。也可以采用白色油漆涂填一段裂缝，以观察是否继续裂变。

(2)发现渗漏时，应观察其位置、面积和渗漏程度，并注意有无游离石灰及黄锈等析出。

(3)用小锤敲打混凝土表面，细心分辨敲击部位的声音，以判断有无离层、空洞、疏松等现象，并观察混凝土冲蚀程度、有无钢筋露出等情况。

4.闸门和启闭机的检查观察

应注意结构有无变形、裂纹、锈蚀、焊缝开裂、铆钉和螺栓松动，闸门止水设备是否完整，启闭机运转是否灵活，钢丝绳有无断丝，转动部分润滑油是否充足，机电及安全保护设施是否完好。

检查观察金属结构是否有裂缝和焊缝开裂现象，可用下列方法：

(1)观察金属表面。如表面有一条凸起的红褐色铁锈，附近有流锈或油漆开裂的地方，就可能有裂纹。

(2)用木锤敲击金属构件，从发出的声响来判断，如声响苍哑而不清脆，传声不均，有突然中断现象，就是在附近有裂纹。

(3)在发现有裂纹迹象的附近，将煤油滴在金属表面上，观察其散开情况，如油渍不成圆弧形散开，而在某处截然形成线条，该处即有裂纹。

(4)对于焊缝，可在焊缝的一面涂一层粉笔灰，然后在另一面涂上煤油，在有贯穿裂纹或开焊的位置，可以看出煤油渗透的痕迹。

5.水流流态的观察

观察时应注意渠道水流是否平顺，流态是否正常。有水闸设施的渠段，应注意闸口段水流是否平直，出口水跃或射流形态及位置是否正常稳定，跃后水流是否平稳，有无折冲水流、摆动流、回流、滚波、水花翻涌等现象。在观察渠道水流形态时，应特别注意有渠下涵管等设施的渠段，如有渗漏现象发生，其水流形态会有管状旋涡出现。

6.其他项目的检查观察

附属设施动力、照明、通信、安全防护和观测设备、测量标志、管护范围界桩、里程碑等，应注意检查是否完好，有无人为破坏或遗失。

闸房设施应注意房顶是否有漏雨，门窗有无腐朽、损坏，墙体有无裂缝、风蚀，房梁有无异常变化。

渠道防护林应注意有无盗伐、损毁等现象。

四、渠道及其建筑物的维修

维修养护是为确保工程的安全和完整，充分发挥并扩大工程效益，延长工程使用寿命而采取的重要措施。渠道及其建筑物的维修养护必须本着“经常养护，随时维修，养重于修，修重于抢”的原则进行。

(一)渠堤及堤防工程表面损坏的修补

堤顶如有坑洼而易于积水，应填补齐，并保证堤顶有一定的排水坡度。对于能行车辆的堤顶，如有损坏，应按原堤顶修复，必要时，还应对路面加固改建。

预留护堤地、护渠地。即在堤脚以外应留有适当宽度的护堤地、护渠地，护堤地、护渠地的宽度通常由各地主管部门参照历史情况作出决定。

栽植树草护坡。为保护堤坡稳定，一般应植草皮、栽树等以保持水土，并注意经常性的养护。

消除隐患。当发现堤身有蚁穴、兽洞、坟墓及窑洞等隐患时，应及时进行开挖、回填或采取灌浆等方法进行处理。

(二)渠道表面损坏的修补

渠道在运用过程中，常出现冲刷垮岸、渠底拉槽等现象，如不及时加以修补，必将影响渠道的正常运行。

1. 内坡冲刷的处理

发现渠道内坡有冲刷现象时，应立即处理，以防继续扩冲。应根据冲刷程度和当地条件采用不同处理方法，在不影响渠道正常输水和过水断面的前提下，可分别采取以下措施：

(1)将冲刷部位清理规则，用浆砌卵石衬护，背面用卵石填心进行永久性处理。

(2)用干砌片石防护，砌体与坡面一致。

(3)冲刷段打桩编柳防护，背面用泥土夯实，与坡面衔接一致。

(4)也可采用草袋、麻袋等临时性防护措施。

2. 渠底冲槽、坑的处理

根据渠底冲槽、坑的深浅及宽窄程度分别处理，如所冲的槽、坑不严重，可用黏土填满并夯实与渠底齐平；当所冲槽、坑较深，可先用大卵石或碎石填塞，然后再用黏土或混凝土堵塞整平，以防止渠底再冲坏。

(三)渠道清淤

为了保证渠道能按计划进行输水，每年必须编制清淤计划，确定清淤量、清淤时间、清淤方法及清淤组织等。清淤方法有水力清淤、人工清淤、机械清淤等。

(四)渠道裂缝处理

渠道裂缝大都是由于填方段的两端新老土接合不好和不均匀沉陷而引起的，也有因土壤干缩和渠坡滑动引起的。裂缝有横缝和纵缝，横缝是与渠道轴线垂直的裂缝，危害性最大，必须严格处理。平行于渠道轴线的纵缝，若是由非滑坡引起的，一般问题较小，但也要认真对待。常用的裂缝处理方法有以下几种：

(1)挖沟回填：沿裂缝开一梯形槽，深度应比裂缝深0.3～0.5m，宽度以便于施工为原则，长度需比裂缝长出1m左右。对横缝，如裂缝较长，应开挖锁口沟槽，再采用与原土质一致的土料进行分层回填并夯实。

(2)泥浆灌缝：裂缝较小(2cm左右)可用泥浆灌注。灌注前用清水冲刷，灌浆时最好一次灌满。灌满停几天后，泥浆干缩，裂开的小缝要反复灌实。在灌注中，如果泥浆流动迟缓或停止不流，可用清水冲洗继续再灌泥浆。拌制泥浆的土料要采用干燥的黏土、黄土，粉碎过筛，再与水拌和成浆。其稠度要看缝的大小而定，缝小要稀，缝大要稠。一般的水土比例为1:1～1:2(重量比)。必须注意，冲洗裂缝时，不要灌水过多，以免破坏均衡稳定,引起更多的裂缝。对于脱坡引起的裂缝,不能盲目灌注泥浆,应当根据具体情况,采用削头减重、排水稳坡等办法,制止脱坡继续发展。在渠坡稳定的基础上,再开挖回填,处理裂缝。

(五)渠道滑坡的处理

土堤、土坝及渠道的局部失去稳定,发生滑动,上部坍塌,下部隆起外移,这种现象称为滑坡。凡是土坝、河堤、渠堤等土工建筑物以及挖方边坡与天然岸坡等,如在一定的内外因素作用下使土体改变稳定性,都可能出现滑坡现象。

土坡出现滑坡,有些是突然发生的,有的则先由裂缝开始,如能及时注意,并采取适当的处理措施,则损害性可以减轻,否则,一旦形成滑坡,就可能造成重大损失。因此,必须严加注意。现仅就渠道滑坡处理措施介绍如下。

滑坡处理前应通过勘察,查找出滑坡原因,判别滑坡的类型和稳定程度,以便确定合理的整治措施。滑坡的形成往往有一个发展过程,一般由小到大、由浅入深。在滑坡活动初期,整治比较容易,一旦形成了大的滑坡,就会增加整治难度。因此,整治滑坡贵在及时,并要求根治,以防后患。

整治滑坡常用的措施有排水、减载、反压、支挡、护坡、换填、暗拱、渡槽及改线等。上述措施中,除排水是普遍适用的外,其余措施可根据具体情况因地制宜地单独或综合采用。

第三部分　闸门运行

一、闸门

(一)闸门及其在水工建筑中的作用

闸门是水工建筑物的重要组成之一,它的作用是封闭水工建筑物的孔口,并能够按需要全部或局部开启这些孔口,以调节上、下游水位,泄放流量,用于防洪、引水发电、通航、过水以及排除泥沙、冰块或其他漂浮物等。

(二)闸门的分类

闸门的种类很多,目前尚无统一的分类方法,一般可按闸门的工作性质、设置部位、使用材料和构造特征等加以分类。下面以按闸门的工作性质分类来了解一下。按闸门的工作性质可分为工作闸门、事故闸门、检修闸门和施工导流闸门等。

工作闸门:指承担主要工作并在动水中启闭的闸门,但也有例外,如船闸通航孔的工作闸门大都在静水条件下启闭。

事故闸门:指当闸门的下游发生事故时,能在动水中关闭的闸门,为防止事故的扩大,截断水流,在事故消除后,则可在静水条件下开放孔口。能作快速关闭的事故闸门,也称快速闸门,这种闸门一般在静水中开启。

施工导流闸门:供截堵经历数年施工期过水孔口用的闸门。这种闸门一般在动水条件下关闭孔口。

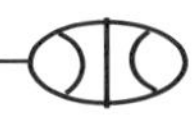

(三)闸门的维护

由于闸门多安装于露天场所,长期或间歇地浸入水中,承受较大的水压力或水流、泥沙及污物的冲击磨损和周围介质的腐蚀作用,一般情况下,闸门的寿命总是小于建筑物的寿命。只有良好的维护工作,才能保证闸门安全正常的运行,延长闸门的使用年限,以充分发挥工程的效益。在这里重点讲一般性的维护。

1.清理检查

正常工作的闸门必须保持清洁完好,启、闭运行灵活。但随着水流的运动,水中的漂浮物、推移质等总是向闸门集中,贴附于门体或卡阻于门槽内,影响闸门的正常运行,或造成漏水,或加快闸门的腐蚀,所以必须随时进行检查清理。

闸门门体上不得有油污、积水和附着水生物等污物。启闭机检修时,应避免废油落于门体上,卷筒和钢丝绳上多余的润滑脂应刮除干净,防止夏季融化滴落到闸站上。门体结构上的落水孔应畅通。严禁向闸门上倾倒污水、垃圾等污物。

闸门槽、门库和门枢等部位,常会被树枝、钢丝、块石或其他杂物卡阻,影响闸门正常运行,甚至酿成事故,应及时进行检查清理。对浅水中的建筑物,可经常用竹篙、木杆进行探摸,利用人工或借助水力进行清除;对深水中较大的建筑物,应定期进行潜水检查和清理。

为了防止石块、杂物卡阻,除加强管理和检查清理外,还应结合具体情况,采用防护措施。有条件的,可在门槽、门库上部设置简易启闭机房或防护盖。转动闸门门座的上方可设置混凝土挡坎拦截砂石和杂物。

2.观测调整

闸门运行时,应注意观察闸门是否平衡,有无倾斜、跑偏现象。闸门严重倾斜,可能撕裂止水橡皮,拉断钢丝绳或使闸门变形损坏,必须配合启闭机进行调整。对双吊点闸门,两侧钢丝绳长度应调整一致,侧轮与两侧轨道间隙大体相同。

止水橡皮应紧密贴合于止水座上,止水不严密或有缝隙,必然造成漏水。但预压过紧,则增加摩擦力,加快止水磨损或挤压变形,最后失去止水作用。因此,应视各种不同的止水形式进行适当调整。对于没有润滑装置的闸门,启闭前应对干燥的橡皮注水润滑。

3.清淤

多泥沙河流上的闸门,闸前往往有大量泥沙淤积,而在沿海挡潮闸的闸下也会有大量泥沙沉积。闸门在泥沙压力作用下,负荷加重,运行困难,或因泥沙淤堵,闸门落不到底,孔口封闭不严造成漏水。为此,除采取其他清沙措施外,应定期输水排沙,或利用高压水枪在闸室范围内进行局部清淤。

4.拦污栅清污

在水草和漂浮物多的河流上,应注意检查,定期进行拦污栅清污。

5.防冰凌

北方寒冷地区的闸坝,因水面结冰对闸门产生冰压力,加大闸门的荷载,因此对冬季有运行要求的闸门,门槽冻结将影响闸门的正常运行。为此,需要采取防冰冻措施。为防止冰压力影响,一般在闸门前用压缩空气或压力水,在闸门前形成一条不冰冻的水域,与河流冰盖隔开;为防止冰冻对闸门正常启闭的影响,除用压缩空气、压力水法外,也可采用加热的方法为门槽加热,使之不致结冰。

6. 防风浪

位于沿海、湖泊或开阔河面的水闸,由于吹程长,风浪对闸门的撞击力很大。有时风浪进入潜孔闸门门前喇叭口段,水体扩散不畅,对闸门形成不完整水锤作用,对闸门安全有相当大的威胁。一般采用设置防浪板或在胸墙底梁开扩散孔的办法加以解决。在强风暴地区,可根据气象预报,在大风到来之前适当降低闸前水位。

(四)闸门的检修

闸门经过长期运行,或运用中由于设计考虑不周、制造和安装质量不佳以及运用管理不善等方面的原因,常会出现某些缺陷或故障,严重的会影响闸门的安全运行。因此,在运行管理中不但要注意其工作状态,及时进行保养维护外,还应定期进行闸门的检修。

闸门检修分为小修、大修和抢修。

小修指对闸门进行有计划的全面的养护性维护,并对定期检查工作中发现的问题进行统一处理。小修也称岁修,每年进行一次。

大修是指对闸门进行功能恢复性的维修。大修应对闸门门体结构变形和腐蚀情况、行走支撑装置的运行状态和止水装置的工作效果等,进行全面的技术检测和鉴定,并制定出大修项目内容和技术措施。一般金属结构闸门大修每6～10年进行一次。

闸门抢修一般是针对发生不可预见的故障或事故所采取的紧急处理。

二、启闭机

起重机械是用来对物体启吊、搬运、装卸和安装作业的机械设备,它广泛地应用于各生产部门。随着生产规模日益扩大和专业化、现代化的需要,各种专门用途的起重机相继产生。在水利工程上专门用来启闭闸门的起重机械,称为闸门启闭机,简称启闭机。

启闭机有以下特点:可靠性高、荷载变化大、运行频率低。

(一)启闭机的分类

启闭机的种类很多,按传动方式可分为机械式和液压式两种。机械式启闭机是通过机械传动来实现闸门启闭,这是应用最为广泛的启闭机。液压式启闭机是利用液压传动来实现闸门启闭,它属于后发展起来的一种启闭设备。

(二)启闭机的维护

维护是闸门启闭机运行管理的重要内容。闸门启闭机的维修原则是“安全第一,预防为主”,必须做到“经常维护,随时维修,养重于修,修重于抢”。所以,认真做好闸门启闭机的维护工作是贯彻这一原则的具体表现。

维护就是对经常检查发现的缺陷和问题,随时进行保养与局部修补,以保持工程及设备完好。启闭机械在使用过程中由于磨损、受力、振动和时效等原因,会引起设备的动力性、经济性和安全可靠等性能降低,产生隐患和故障。因此,必须根据设备技术状况、变化规律,经常进行必要的维护作业,减少磨损,消除隐患和故障,保持设备始终处于良好的技术状况,以延长使用寿命,减少运行费用,确保安全可靠的运行。

(三)启闭机维护的内容

启闭机维护的内容可概括为“清洁、紧固、调整、润滑”八字作业。

1.清洁

启闭机械在运行过程中,由于油料、灰尘等影响,必然会引起设备表面的脏污。有些关键部位,如制动轮圆周面、电器接点、电磁铁吸合接触面、蓄电池和整流子碳刷滑环接触面等会因脏污而使设备不能正常运转,甚至引起事故。因此,必须定期进行清洁工作,清洁包括整齐美观,故必须定期对机器周围的环境及移动式启闭机的轨道沟、场地上的油污等及时清扫,场地上的工器具应及时整理,摆放整齐。

2.紧固

启闭机的紧固连接,虽然在设计、安装时已采取了相应的防松措施,但在工作过程中由于受力振动等原因,可能还会松动。紧固件松动的影响,与其自身的作用相关联。

3.调整

启闭设备在运行过程中由于松动、磨损等原因,引起零部件相互关系和工作参数的改变,如不及时调整,则会引起振动和噪音,导致零件磨损加快,机器性能降低,甚至会导致事故。所以,需要及时调整,以保证设备经常处于正常状态,确保灵活、安全可靠的运行。

4.润滑

在启闭设备中,凡是有相对运动的零部位,均需要保持良好的润滑,以减少磨损,延长设备寿命;降低事故率,节省维修费用,并降低能源消耗等。

设备的润滑工作很重要,国外因润滑不良和润滑方法不当引起的故障占故障次数的1/3以上;而国内由于润滑问题引起的停机时间,占总停机时间的1/2以上。经验证明,设备的寿命在很大程度上取决于润滑。

三、闸门与启闭机的运行

(一)启闭依据

对于工程管理单位而言,闸门启闭必须按照批准的控制运用计划,以及负责指挥运用的上级主管部门的指令执行,不得接受其他任何单位或个人的指令。

(二)闸门与启闭机的检查内容

为了使闸门能安全及时启闭,启闭前应对闸门和启闭设备及其他有关方面进行检查。如润滑油的油量充足否、油质是否合格,电动机的相序是否正确,钢丝绳是否有锈、断丝,连杆、螺杆有无弯曲变形,吊点结合是否牢固等。因为在接到开机指令后检查这些内容是来不及的,故要求所有闸门启闭前均应处于正常使用状态。为此,应重视闸门与启闭机的检查及修理工作,确保闸门启闭机安全可靠。

1.闸门的检查

(1)闸门开度是否在原来位置;

(2)闸门周围有无漂浮物卡阻,门体有无歪斜,门槽是否堵塞;

(3)有旁通阀的建筑物,要检查其是否正常;

(4)冰冻地区,在冬季要检查闸门活动部位有无冻结现象。

2.启闭机的检查

(1)启闭闸门的电源或动力有无故障,用人力启闭的要备妥足够数量的工人;

(2)机电安全保护设施、仪表是否完好;

(3)液压启闭机的油泵、阀、滤油器是否正常,管道、油缸是否漏油。

3.其他方面的检查

(1)上下游有无船只、漂浮物或其他障碍影响行水等情况;

(2)观测上下游水位、流量、流态;

(3)有通气孔的建筑物,要检查通气孔是否堵塞。

(三)闸门的操作运用

1.闸门的运用原则

工作闸门和阀门能在动水情况下开闭。事故闸门能在动水情况下关闭,一般在静水情况下开启。平压阀门应在动水下开启,静水下关闭。检修闸门能在静水中启闭。

2.工作闸门的操作

允许局部开启的工作闸门在不同开度泄水时,应注意对下游的冲刷和闸门本身的振动。

闸门开启泄流时,必须与下游水位相适应,使水跃发生在消力池内。

不允许局部开启的工作闸门,不得中途停留使用,否则会改变水流的流态,使形成共振的可能性加大,危及水工建筑物和闸门的安全运行。

操作压力输水洞或是有压力钢管的闸门时,在充放水时不应使洞或管内的流量增减过快,通气孔应畅通无阻,以免洞内或钢管内产生超压或是负压、气蚀、水锤等现象,造成隧洞或钢管的破坏。

3.多孔闸门的操作运用

当需要多孔闸门全部开启时,可由中间孔依次向两边对称开启,关闭时由两边向中间对称依次关闭。

当只需部分开启时,只开中间闸门。如果开两边闸门,则高速水流冲击坡岸,并产生回流而冲刷水工建筑物,可能造成大的塌方、滑坡,并把山石带入河道,影响行水的排放,还可能使山石随水流回旋冲刷水工建筑物或是厂房,使其遭到破坏。

对于立体布置的双层孔口的闸门或上下双扉布置的闸门,先开底层或下扉的闸门,再开上层或上扉的闸门。关闭时顺序相反。双层布置的闸门多为高水头的深孔,水压高,泄洪时水的流速很大,如先开上层易使下层泄水孔洞产生负压,扰乱下层的流态,使下层闸门产生振动。

允许局部开启的多孔闸门,应根据本单位技术人员给定的闸门分次启闭的开度与间隔时间进行操作。

(四)机械传动式启闭机的操作程序

(1)凡有锁定装置的,应先将其打开。

(2)合上电器开关,向启闭机供电。

(3)启动驱动电动机:对固定式启闭机,启动驱动电动机,闸门即行启闭;对移动式启闭机,先启动行走机构电动机,大车行走,完成启闭机整体定位或是闸门在孔口间的位移,再启动小车行走机构或回转的电动机,使其吊具对正闸门吊点,并连接牢靠,最后启动起升机构的驱动电动机,闸门即行启闭。

(4)闸门运行至预定开度:由手动操作或由控制器停机,驱动电动机停止转动;由移动

式启闭机开启的闸门加置锁定装置；对固定式启闭机启闭的闸门，开门时间较长，也加置锁定装置。

(5)拉开电器开关，切断电源。

此外，当用人工操作手电两用启闭机时，应先切断电源，合上离合器，才能进行操作。如使用电动操作，应先取下摇柄，拉开离合器，才能按电动操作程序操作。

(五)闸门启闭机操作注意事项

1.一般要求

(1)操作人员必须熟悉业务，思想集中，坚守工作岗位。

(2)操作过程中，不论是遥控还是现场操作，均应设专人在机旁和控制室进行监护。

2.监视闸门的运行情况应注意事项

注意闸门是否按要求的方向进行运动，开度指示及各仪表指示的数值是否正确，指针动作是否正常，电器、油压和机械的运行是否良好。

启闭双吊点单独驱动的启闭机，应观察卷筒转速是否一致，闸门歪斜是否超过允许值。当发现启闭机超载或是载荷为零时，不得强拉硬拖或松放太多，应停机检查，以防闸门卡在门槽，造成启闭机或是闸门变形损坏。

闸门运行时，应避免停留在容易发生振动的开度上。

人字闸门注意两个门扇的同步运动，启动和停止应平稳，门扇的接合速度不得超过规定值。

在操作深孔闸门时，特别注意闸门在水中下降情况，观察荷载指示器是否正确，闸门歪斜指示器是否水平，以免闸门卡住悬空而后又突然跌落。

要注意闸门在运动中是否有外力撞击闸门。

在解冻流冰时期，泄水时应将闸门全部提出水面，或控制小开度放水，以避免流冰撞击闸门。

闸门启闭完毕后，应校核闸门开度。

3.监视启闭机运行情况应注意事项

无论是卷扬式还是液压式启闭机，运行中必须注意是否超载。

卷扬式启闭机关闭闸门时，不得在不通电源情况下单独打开制动器降落闸门。

高扬程卷扬机启闭机在运行中，特别是启升时，要注意钢丝绳排列是否整齐，排绳机构运转是否正常，如有问题立即停机处理。

(六)泄水期间值班人员应注意事项

泄水期间，为防止发生意外情况和及时采取措施，值班人员应注意以下事项：

(1)通气孔的工作情况是否正常；

(2)闸门的振动情况和闸门是否自动下降；

(3)上、下游水位变化及水流状态；

(4)有无船只或其他漂浮物临近闸前。

(七)安全保护

为保护工程、设备和人身的安全，必须采取可靠的安全技术措施，操作人员必须了解有关安全方面的要求。

1.防火

不得采用明火烘烤机组,如用炭火、电炉保温,必须有专人看管。

汽油、煤油、柴油、废旧棉纱及其他易燃易爆物品,平时不得堆放在启闭机附近。

熟练使用启闭机房和控制室内安设的消防器具及设备,并严加保管。

如发生火灾,应立即切断电源并报警抢救。

2.防止人身伤亡事故

启闭机运转部位,必须有防护设施。

没有保护盖的电闸,不准在带负荷情况下直接投合或拉开。

进人孔和通气孔等,应根据情况设置井盖或保护罩。

(八)操作运行中的常见故障及处理

1.启闭机在运行中突然停车的原因与处理

停电:由电气专业人员按规程进行检查处理。如是大面积停电,应启动备用电源。

保险丝烧断:更换保险丝,但在更换之前应先检查有否短路或接地现象,处理之后再行更换。

限位开关误操作:应重新调整好。

过流保护器动作:说明电动机电流过大,应检查闸门是否发生倾斜,制动器是否有过紧现象。

2.制动器失灵、闸门下滑的原因与处理

制动器闸瓦间隙过大:调整间隙使之符合规定。

闸瓦的夹紧力过小:调整工作弹簧的长度,增加夹紧力。

闸瓦磨损且铆钉已经凸出,并摩擦制动轮:应更换制动闸瓦并使之符合技术规定要求。

水法理论探讨

赵卫东　刘仁和

我们今天进行水法理论探讨，重点解析《中华人民共和国水法》。我没有讲过法律课，今天在这里是一个尝试。在解读水法之前，我们先搞清几个概念：水利，法规，法。

什么是水利？水利一词最早见于战国末期《吕氏春秋》的《孝行览·慎人》，但其中“水利”一词指捕鱼之利。西汉史学家司马迁的《史记》中《河渠志》出现的“水利”一词开始具有防洪、灌溉、航运等含义。1933年，中国水利工程学会第三届年会的决议中指出：“水利范围应包括防洪、排水、灌溉、水力、水道、给水、污渠、港工八种工程在内。”至目前水利的含义又有了扩展，水利还应包括水土保持、环境水利、水利渔业等工程及水资源调度管理、水政管理等非工程内容。因此，“水利”一词的定义可概括为：采用各种工程措施或非工程措施，对自然界的水（如河流、湖泊、海洋以及地下水）进行控制、调节、治导、开发、管理和保护，以减轻和免除水旱灾害，满足人类生活与工业生产用水需要。

我们再看什么是法规？广义讲，法规是法律、法令、条例、规则、章程等的总称。狭义讲，法规是指行政法规和地方性法规。我们今天是从广义上来讲法规，重点是讲他的法律层面——《中华人民共和国水法》，以后若有时间，我们再讲一下《河南省水利工程管理条例》。

那么，什么是法呢？古罗马法学家塞尔苏士认为：“法乃善良公正之术。”法是社会的组成部分，是一种与其他社会现象交互作用的产物。法的现象是具体的、活生生的、无限丰富的。法的本质最初表现为法的正式性。法的正式性又称法的官方性、国家性，指法是由国家制定或认可的并由国家强制力保证实施的正式的官方确定的行为规范。无论就形成方式、实施方式或表现形式来看，法都是正式的国家制度的组成部分。法的本质其次反映为法的阶级性。法的阶级性是指：在阶级对立的社会，法所体现的国家意志实际上是统治阶级的意志。法的本质最终体现为法的社会性。法的社会性是指法的内容是受一定社会因素制约的，最终也是由一定社会物质生活条件决定的。法的特征如下：①法是调整人的行为的社会规范；②法是由公共权力机构制定或认可的具有特定形式的社会规范；③法是具有普遍性的社会规范；④法是以权利义务为内容的社会规范；⑤法是以国家强制力为后盾，通过法律程序保证实现的社会规范。法的作用可以分为规范作用与社会作用。法的规范作用可以分为指引、评价、教育、预测和强制作用；法的社会作用主要涉及三个领域和两个方向。三个领域即社会经济生活、政治生活、思想文化生活领域；两个方向即政治职能和社会职能。

一、水法的位置

水法的位置就是水法在我国属于哪一个法律部门。为此，我们先看一下我国法的渊源和我国的法律部门。

(一)当代中国法的渊源

法的渊源指法的源泉、来源、源头。当代中国法的渊源主要为以宪法为核心的各种制定法,包括宪法、法律、行政法规、地方性法规、民族自治法规、经济特区的规范性文件、特别行政区的法律法规、规章、国际条约、国际惯例等。

(1)宪法。宪法是一个民主国家最根本的法的渊源,其法律地位和效力是最高的。它是国家最高权力的象征或标志,宪法的权威直接来源于人民。我国宪法规定了当代中国的根本的社会、经济和政治制度,各种基本原则、方针、政策,公民的基本权利和义务,各主要国家机关的组成和职权、职责等,涉及社会生活各个领域的最根本、最重要的方面。

(2)法律。法律有广义、狭义两种理解。广义上讲,法律泛指一切规范性文件;狭义上讲,仅指全国人大及其常委会制定的规范性文件。我们这里仅用狭义。法律由于制定机关的不同可分为两大类:一类为基本法律,即由全国人大制定和修改的刑事、民事、国家机构及其他方面的规范性文件,如刑法、刑事诉讼法等;另一类为基本法律以外的其他法律,即由全国人大常委会制定和修改的规范性文件,如文物保护法、商标法等。

(3)行政法规。行政法规是指国家最高行政机关即国务院所制定的规范性文件,其法律地位和效力仅次于宪法和法律。目前我国行政法规的数量远远超过全国人大和全国人大常委会制定的法律的数量。

(4)地方性法规、民族自治法规、经济特区的规范性文件。地方性法规是一定的地方国家权力机关,根据本行政区域的具体情况和实际需要,依法制定的在本行政区域内具有法的效力的规范性文件。根据宪法和 1986 年修改后的地方各级人民代表大会和地方各级人民政府组织法、立法法的规定,省、自治区、直辖市以及省、自治区人民政府所在地的市和经国务院批准的较大的市的人民代表大会及其常委会有权制定地方性法规。我国的地方性法规,一般采用“条例”、“规则”、“规定”、“办法”等名称。

(5)特别行政区的法律。宪法规定,国家在必要时得设立特别行政区,在特别行政区内实行的制度按照具体情况由全国人民代表大会以法律规定。

(6)规章。规章是行政性法律规范文件,从其制定机关而言可分为:国务院组成部门及直属机构在它们的职权范围内制定的规范性文件,部门规章规定的事项应当属于执行法律或者国务院的行政法规、决定、命令的事项;省、自治区、直辖市人民政府以及省、自治区人民政府所在地的市和经国务院批准的较大的市人民政府依照法定程序制定的规范性文件。地方政府规章可以就下列事项作出规定:为执行法律、行政法规、地方性法规的规定,需要制定的事项;属于本行政区域的具体行政管理事项。规章在各自的权限范围内施行。

(7)国际条约、国际惯例。国际条约是指我国作为国际法主体同外国缔结的双边、多边协议和其他具有条约、协定性质的文件。国际惯例是国际条约的补充。

需要指出的是,国家政策是当代中国法的非正式渊源之一。政策是国家或政党为完成一定时期任务而规定的活动准则。根据我国《民法通则》第 6 条的规定,“民事活动必须遵守法律,法律没有规定的,应当遵守国家政策”,因此国家政策就成为我国法的渊源。

(二)当代中国法律部门

当代中国的法律体系通常包括下列部门:宪法、行政法、民法、商法、经济法、劳动法与社会保障法、自然资源法与环境保护法、刑法、诉讼法。

(1)宪法。宪法作为一个法律部门,在当代中国的法律体系中具有特殊的地位,是整个法律体系的基础。

(2)行政法。行政法是调整国家行政管理活动中各种社会关系的法律规范的总和。如行政复议法、行政许可法、行政处罚法等。

(3)民法。民法是调整作为平等主体的公民之间、法人之间、公民和法人之间等的财产关系和人身关系的法律。如婚姻法、商标法、著作法等。

(4)商法。在明确提出建立市场经济体制以后,商法作为法律部门的地位才为人们所认识。商法是调整平等主体之间的商事关系或商事行为的法律。如公司法、保险法、票据法等。

(5)经济法。经济法是调整国家在经济管理中发生的经济关系的法律。如银行法、税法、会计法等。

(6)劳动法与社会保障法。劳动法是调整劳动关系的法律,社会保障法是调整有关社会保障、社会福利的法律。如劳动法、安全生产法、工会法等。

(7)自然资源与环境保护法。自然资源法与环境保护法是关于保护自然资源和环境、防治污染和其他公害的法律,通常分为自然资源法与环境保护法。自然资源法主要指对各种自然资源的规划、合理开发、利用、治理和保护等方面的法律。环境保护法是保护环境、防治污染和其他公害的法律。属于自然资源法方面的有森林法、渔业法、水法等;属于环境保护法方面的有环境保护法等。

水法的渊源是法律。水法就是属于我国的自然资源法的范畴。

(8)刑法。刑法是规定犯罪和刑罚的法律。

(9)诉讼法。诉讼法又称诉讼程序法,是有关各种诉讼活动的法律。我国的三大诉讼法是刑事、民事、行政诉讼法。

以上内容是让大家熟悉法的基本知识,认识水法在我国法律体系中的位置。认识水法的位置,有助于我们更好地理解水法,学习水利法规,做到依法治水。

二、依法治水

我们经常讲依法治水,我们学习水利法规的目的就是为了依法治水,那么什么是依法治水呢?今天我们从三个方面进行解读。

依法治水,是指政府和其他社会组织、个人依照国家水资源治理、开发、利用、保护的法律制度进行治水活动。

(1)依法治水是“法治”方针对水利的必然要求,是水利可持续发展的客观需要。水法是从治水实践中产生出来的,并随着治水实践的发展而完善,依法治水必须遵循治水的科学规律。

(2)科学治水是依法治水的基础。一方面,“依法治水”能够科学地规范和指导治水活动、有效防止和制裁水事违法行为;另一方面依法治水是科学治水的保障。

(3)依法治水主要包括完善水法制、依法加强水行政管理、增强全社会依法办事自觉性三方面内容。

当前重点是要加强水利依法行政,提高水法制意识,充分发挥全社会的力量,以水资源的可持续利用支撑经济和社会的可持续发展。

(一)依法治水是"法治"方针对水利的必然要求,是水利可持续发展的客观需要

党的十五大提出依法治国的基本方略,九届全国人大二次会议通过宪法修正案,明确规定:"中华人民共和国实行依法治国,建立社会主义法治国家。"根据宪法,国家的一切权力属于人民,法是人民意志与利益的集中体现和反映,法治是人民当家作主的必然要求和具体形式。"依法治国"要求国家各项事业都必须依法进行。水利是国家的基础设施,是国民经济和社会可持续发展的重要支撑,直接关系人民群众的切身利益。因此,水利事业的发展必须遵循"法治"方针,实行依法治水。

依法治水,就是政府和其他社会组织、个人依照国家确立的水资源治理、开发、利用、保护的法律制度进行治水活动。长期以来,在计划经济体制下,水利主要是由政府兴办。随着社会主义市场经济的发展,水利正逐步走市场化、社会化的路子。国家在水资源统一管理的基础上,鼓励其他社会组织和个人治理、开发、利用、保护水资源,充分发挥全社会的力量共同治水。因此,"依法治水"并不仅限于政府依据法律治水,也不仅限于政府依法管理群众的治水活动。政府和其他社会组织、个人都是依法治水的主体,在治水活动中都应当严格依法办事。其中,政府(主要是水行政管理部门)依法行政、依法进行水行政管理,是依法治水的重点。

随着我国人口不断增加、经济快速增长、城市化进程加快和人民生活水平提高,全社会对水利的要求越来越高。水利建设已成为国民经济和社会发展的战略重点。实行依法治水,能够为水利建立稳定的建设环境和规范的运行机制,保障和促进水利可持续发展。我国已经加入世界贸易组织(WTO)。世界贸易组织的一个重要特点就是要求各成员必须适应 WTO 规则,实行法治,依法办事。因此,依法治水也是我国水利迎接入世挑战、向世界发展的客观需要。

(二)科学治水是依法治水的基础,依法治水是科学治水的保障

水是人类生存的生命线,是经济发展和社会进步的生命线,是实现可持续发展的重要物质基础。几千年来,人类为了生存和发展,坚持不懈地对自然界的水进行治理、开发、利用和保护。治水涉及资源、环境、工程、技术、经济、社会等多种因素,是一项复杂的系统工程。在长期的治水实践中,人们逐步认识水的自然特性,不断总结治水的经验教训,努力探索治水的科学规律。许多治水规律是人们在付出沉重的代价后才认识到的。例如,过去认为水是取之不尽、用之不竭的,在"人定胜天"口号下,过度开发利用水资源、围垦湖泊、乱垦滥伐,导致江河断流、湖泊萎缩、水土流失、水污染、生态环境破坏等诸多问题,严重制约了经济和社会的发展。总结这些教训,我们深刻地认识到:开发利用水资源必须"全面规划、统筹兼顾、标本兼治、综合治理";经济和社会可持续发展必须建立在水资源承载能力和水环境承载能力之上;建设水利工程,利用水资源为人类服务,必须按自然规律办事,绝不能违背自然规律。如果说在水资源问题上尊重自然规律我们有了一定的认识,那么在尊重社会规律,特别是经济规律方面的认识上还有很大差距。例如,过去我们只把水作为自然资源,对水的商品属性认识不足,用水往往是免费或价格太低,因而造成严重的浪费水。供求关系决定商品价格。我国人均水资源占有量少,北方地区就更紧缺。最稀缺的东西价格却最低,这是违背价值规律的。因此,解决我国水资源短缺的问题,必须要按价值规律办事,建立符合市场经济规律的水价机制。实践证明:只有按照水的自然规律以及其他相关的自然规律和社会规律,运用多种手段和措施进行治水,才能达到兴利除害、造福人类的目的。为了使全社会自觉地科学治水,人们把治水的经验和规律确定为具有普遍约束力的行为规则,这便产生了水法。

水法是以水为调整客体,规范人们治水行为的准则。因此,水法就应当全面反映水的自然特性,充分体现治水的客观规律。如果水法符合治水的科学规律,人们依法治水,也就是依照科学规律治水,就能够达到兴利除害的目的。如果水法违背了治水规律,结果则相反。例如水资源具有循环性、流域性的特点,地表水、地下水、空中水相互转化,上下游、左右岸、干支流相互影响。水的这种自然特性客观要求必须以流域为单元,对水资源实行统一管理。而现行《水法》规定的水资源管理体制,不适应水的自然特性和治水规律,导致水资源管理上的部门分割、地区分割和城乡分割,不利于水资源的综合治理、优化配置和可持续利用。为保证水法的科学性,就要求立法者充分认识水资源的自然规律,全面总结治水的经验教训,把治水的科学规律反映到水法中,做到立法的主观意志与科学治水的客观实践相一致。"立法者应该把自己看做一个自然科学家。他不是在制造法律,不是在发明法律,而仅仅是在表述法律……如果立法者用自己的臆想来代替事物的本质,那我们就应该责备他极端任性。当私人想违反事物的本质任意妄为时,立法者也有权利把这种情况看做是极端任性"(《马克思恩格斯全集》第一卷第183页)。立法调研和执法检查,正是为保证法的科学性而必不可少的基础工作。1997年,全国人大《水法》执行情况检查组明确指出:"鉴于我国水资源的严峻形势,必须尽快改变水资源分割管理体制,实行统一管理;水资源只宜统一管理和分级管理,不宜分部门管理,这是强化国家对水资源实行权属管理的根本保证。"新《水法》强调"加强水资源统一管理",正是基于对多年来水资源管理经验和教训的总结,是在治水实践基础上对治水规律认识上的深化。

水法是从治水实践中产生的,同时还要随着治水实践的发展而完善,依法治水必须遵循治水的科学规律。正是从这个意义上说,科学治水是依法治水的基础。

"依法治水"并不意味"没有法律就不能治水"。《水法》颁布以前水利建设也取得很大成就。这些成就都是在探索和运用治水规律的实践中取得的。那么,为什么要把治水的科学规律上升为法律规范、强调"依法治水"呢?这是因为,依法治水对科学治水具有重要的保障作用。一方面,依法治水能够科学地规范和指导治水活动。治水的经验和规律,都是在具体而分散的治水实践中产生出来的,既有特性,又有共性。把其中具有共性的经验和规律加以总结深化,上升为具有普遍指导作用的法律规范,体现了人类认识世界"由特殊到普遍"的唯物辩证法。法是具有普遍约束力和国家强制力的行为规则。以水法规范和指导全社会的治水活动,就是运用法的国家强制力把治水活动纳入科学轨道,发挥治水科学规律的普遍指导作用,保障治水的科学性,使局部自发的科学治水发展为全社会自觉的科学治水,以达到兴利除害、造福人类的目的,避免违背科学规律、盲目治水而造成损失,避免无谓地"交学费"。另一方面,依法治水能够有效地防止和制裁水事违法行为,维护良好的水事秩序。恩格斯说过:“我们不要过分陶醉于我们对自然界的胜利,对于每一次这样的胜利,自然界都报复了我们。”人类治水史已充分证明:不按科学规律办事,必然受到大自然的惩罚。但这种惩罚往往造成难以补救的惨重损失,遗患无穷。因此,国家就应当以法的形式确立科学的治水行为规则,明确禁止各种危害治水安全的行为,防患于未然。对于任何违背治水科学规律、造成社会危害的行为,依法制裁,惩前毖后。正是由于依法治水能够有力地保障和促进全社会科学治水,世界各国及地区普遍制定并完善水法,重视和加强依法治水。可以说,依法治水是科学治水的客观要求和必然发展,是人类治水活动由必然王国迈向自由王国的必经阶段。

依法治水与科学治水是相辅相成、辩证统一的。治水实践在不断发展,依法治水也应当与时俱进。水利部按照中央水利工作方针,提出从传统水利向现代水利、可持续发展水利转变,以水资源的优化配置满足经济社会发展的需要,以防洪安全和水资源可持续利用保障经济社会的可持续发展,实现人与自然和谐共处。这是对多年来治水经验教训的全面客观总结,是对治水规律认识上的飞跃,充分体现了“科学治水”的精神和要求。在治水新思路指导下,近年来,水利部门成功地实施了黄河、黑河、塔里木河调水,受到社会广泛好评,被国务院领导誉为“绿色的颂歌”。这些科学治水的成功实践,为修订完善水法、推进依法治水积累了宝贵经验。同时,通过大力宣传贯彻水法,也有力地保障了治水新思路的实践。

(三)完善水法制,加强依法行政,实现全社会自觉依法治水

全面推进依法治水,主要应当从完善水法制、依法加强水行政管理、增强全社会依法办事自觉性这三个方面抓起。

水法制,是调整人们在治理、开发、利用、保护和管理水资源、水环境的过程中所发生的各种社会关系的法律规范、法律制度的总称,是国家法制体系的一个组成部分。我国水法制体系是由不同层级、不同效力的法律规范组成的有机整体,包括关于水的法律、行政法规、地方性法规、国务院部门规章、地方政府规章及其他规范性文件。目前,以《水法》、《防洪法》、《水土保持法》、《水污染防治法》为主干,以水法规、规章为支脉的水法制体系已初步形成。随着我国加入 WTO,水利事业面临着前所未有的机遇和挑战。为保障我国水利事业持续发展,迫切要求我们根据 WTO 规则尽快修订、完善我国水法制。当前,重点是要在总结现行《水法》实施经验教训的基础上,按照社会主义市场经济体制和依法行政的要求,理顺水资源管理体制,加强水资源的合理开发、高效利用、优化配置、全面节约、有效保护和综合治理,健全执法监督机制,强化法律责任,以各项科学、可行的法律制度保障和促进水资源的可持续利用。

立法是基础,执法是关键。当前,依法治水的重点是依法规范和加强水行政管理,推进依法行政。根据“依法治国”精神,行政就是执法,管理必须依法。全部水行政管理都是贯彻执行国家水法及其他相关法规、履行法定职责的活动,都应当依法进行。按照市场经济、依法行政和我国加入世界贸易组织的要求,水行政管理应当依法充分发挥宏观调控的作用,把职能集中到规划、防洪指挥、水资源配置、水资源保护、执法监督等方面。经营性事业(如工程建设、供水、污水处理等)应全部走市场的路子。凡属于水行政管理职能的,都应当纳入法治轨道,依法规范、加强和保障。例如:水资源规划的制定与监督实施,是水行政管理的重要内容。近几年,中央水利投资持续大幅度增加,水利建设突飞猛进,一个很重要的原因就是根据国民经济和社会可持续发展的要求,编制完成了一系列重要水利规划,明确了当前和今后一个时期水利建设的任务及重点,为水利发展奠定了扎实的基础。新《水法》的一个重点,就是明确了规划的法律地位,提高了规划编制的科学性,加强了规划实施的监督管理,保障了规划能够落到实处。这既是科学治水的客观要求,也是依法加强水行政管理、推进依法治水的重要制度保障。

按照依法行政的要求,水行政管理不仅要内容合法,而且要程序合法。行政程序是行政机关实施行政行为的方式、步骤、顺序和时限的总称,是保障行政机关依法行政、提高行政效率、保护公民合法权益的一项重要法律制度。水行政机关要依照法定权限和法定程序,严格执法,及时查处各种水事违法行为,维护良好的水事秩序。同时通过执法,教育当事人、宣传水法制、普及水科学,促进全社会依法办事的自觉性。

对水行政管理进行监督、对水行政管理给相对人合法权益造成的损害进行救济,这是依法行政的必然要求。依据宪法和有关法律的规定,监督机制主要包括人大监督、行政系统内部监督(如审计、行政监察、行政复议)、司法机关监督(如检察、行政诉讼)和人民群众监督(如批评、建议、申请复议、起诉),救济机制主要包括行政补偿和行政赔偿。监督和救济机制的建立完善,大大促进了水行政机关依法行政。

法治是建立在全体公民和社会组织自觉尊重、遵循法律的基础之上的。水利是关系人民群众切身利益的大事。依法治水不仅要求政府加强依法行政,更需要全社会的自觉依法办事。随着经济和社会的发展,人民群众对水资源和水环境的需求日益提高。应当通过各种积极有效、生动活泼的形式,在全社会树立科学的水观念,提高全体公民的水法制意识,做到自觉节约用水、爱护水资源,共同创造美好的水环境。充分发挥全社会的力量,科学治水、依法治水,努力使我国江河安澜、青山常在、绿水常流,实现人与自然的和谐共处,促进经济和社会可持续发展。

三、水法的内容与特点

(一)水法的内容

1988 年 1 月全国人大常委会通过的《中华人民共和国水法》是我国第一部防治水害和开发水利的法律。2002 年 8 月 29 日中华人民共和国第九届全国人民代表大会常务委员会第二十九次会议修订通过了《中华人民共和国水法》,自 2002 年 10 月 1 日起施行。修订后《水法》共 8 章 82 条。第一章和第八章是总则和附则,第六章和第七章是水事纠纷处理与执法监督检查及法律责任,第二、三、四、五章是水资源规划、开发利用、水域和水工程保护、配置和节约使用。它是在已有的治水、用水、管水的经验和政策的基础上,并借鉴国外行之有效的经验和办法,针对当前的情况和发展中的问题,制定防治水害、开发水利的各项活动的基本准则。立法的任务是要防止水的污染、枯竭、堵塞,以保护和维持水的数量和质量,维护良好的自然环境;有效地利用有限的水资源,根除或减少水旱灾害,防止发生用水纠纷;最大限度地满足全社会对水的需求,保障人民生命财产的安全。近年来,国务院和有关部门又根据《水法》制定了一些条例、办法,目前我国的水法规已初步形成体系。

我国的《水法》既强调是基本法，又不强求面面俱到。如水质管理是水管理的重要内容之一，因已有《水污染防治法》，故在《水法》中就没有规定这方面的要求。其主要内容包括以下几方面：

(1)强调统一管理。首先规定了合理开发利用和保护水资源、防治水害的统一原则。明确规定本法所称的水资源，是指地表水和地下水，使其作为一个整体统一管理。提出国家对水资源实行统一管理与分级管理、分部门管理相结合的制度。国务院水行政主管部门负责全国水资源统一管理工作。

(2)明确水资源的所有权。我国宪法规定水流属于国家所有，即全民所有。据此《水法》规定了水资源属于国家所有，即全民所有，另外，还规定农业集体经济组织所有的水塘、水库的水，属于集体所有，强调了作为资源利用的水流的所有权是国家的，应由国家统一分配。

(3)讲求综合利用。《水法》规定，开发利用水资源应当全面规划、统筹兼顾、综合利用、讲求效益、发挥水的多种功能。指出应当兼顾地区之间的利益，统筹居民、工业、农业和航运的需要。要求兴建各类水工程应兼顾其他行业利益，同时建设相应的补救设施，对地区、行业进行的水事活动都规定了综合利用的要求。这样既可以充分发挥水资源的综合效益，还可以防止或减少水事纠纷的发生。

(4)实行规划、计划制度。《水法》规定开发利用水资源和防治水害，应当按流域或者区域进行统一规划。指出综合规划应当与国土规划相协调，兼顾各地区、各行业的需要。规划的修改必须经过原批准机关核准。国家实行计划用水，厉行节约用水，以及水的长期供求计划的制定和审批程序。国家以法律条款的形式明确了规划、计划的编制、审批地位和作用，以保障规划、计划的实施。

21世纪的中国水利，宏观环境正在发生着重大而深刻的变化。党的十六大提出了全面建设小康社会的奋斗目标，国民经济和社会的发展，对水资源的可持续利用提出了更高的要求；社会主义市场经济体制的进一步完善，市场配置资源的基础性作用进一步增强，水资源的管理体制和机制面临着改革与创新；建设社会主义政治文明，依法治国，建设法治国家，为依法治水铺平了道路。水利要保障国家宏观目标的实现。新世纪的治水思路，必须与时俱进，除实现由传统水利向现代水利的转变外，还应该向法治水利转变。建设法治水利更具全局性、根本性。

(二)水法的特点

整个水法突出了一个“新”字，以水资源可持续利用为主线，以新体制、新机制为发展理念，归纳起来有“六新”，即新形势、新问题、新目标、新层次、新体制、新机制，标志着我国将进入水资源合理开发、高效利用、优化配置、全面节约和有效保护的历史新阶段。

一是体现了与时俱进的精神。新《水法》始终以党和国家的治水方针为指导，按照从工程水利向资源水利，从传统水利向现代水利、可持续发展水利转变这一新的治水思路。新《水法》适应了经济社会可持续发展和依法治国、依法行政、依法治水的需要，体现了中央的治水方针和新时期的治水思路，是对我国水问题认识的一次飞跃。

新形势：21世纪是我国进入现代水利发展的新时代。①21世纪被称之为水的世纪，21世纪水利的主要矛盾是水资源短缺和水污染与水环境恶化。②水危机列为未来10年

人类面临的最严重的挑战之一。③中国解决了温饱以后要防止有可能面临的第二个贫困——水贫困。

新问题:随着经济的发展、社会的进步,尤其是进入20世纪90年代,水旱灾害和水污染频繁发生,水多、水少、水脏三大灾害中干旱缺水与水污染问题越来越严重,对国民经济和人民的生命财产造成了巨大损失,对人类的生存与发展,对人民的生活质量和健康水平已构成严重威胁。

新目标:20世纪80年代以来,可持续发展战略已成为各国经济社会与环境协调发展的共同准则。

二是充分借鉴和吸收了国外水管理的先进经验。具体体现为:

新层次:其一是水资源规划。第一次将规划划分为三个层次。①国家负责的是全国水资源战略规划,规划内容涵盖了开发、利用、节约、保护水资源和防治水害五大领域。②流域负责流域规划,地区负责区域规划,区域规划包括区域综合规划和专业规划。③流域内的区域规划应当服从流域规划,专业规划应当服从综合规划。其二是水资源配置和节约使用。水资源配置是近几年来提出的一个新问题。针对目前全社会节水意识和节水管理工作薄弱,水价偏低、用水浪费严重,水的重复利用率低的问题,重点提出节约用水,节约用水在新《水法》中占有十分重要的战略地位。

新体制:综合开发、高效利用、优化配置、全面节约和有效保护问题,新《水法》在水资源管理体制上吸取了10多年的经验教训,借鉴了国外行之有效的管理模式,强化流域管理和行政区域管理相结合的体制,这是新的突破。流域机构是具有行政职能的事业单位,统一管理流域的水资源。

新机制:原《水法》在水资源开发、利用、节约与保护等各个领域没有相应的约束和奖惩机制。新水法明确规定:国家对用水实行总量控制与定额管理相结合的制度。规定缴纳水资源费。用水实行计量收费和超定额累进加价制度。

新《水法》的颁布施行是我国水法制建设的一个新的里程碑,它对转变治水观念、调整治水思路、推进我国现代化水利事业的发展不仅具有深远的历史意义,而且标志着我国水利事业法制建设进入了新的历史阶段。

三是突出重点,强调针对性与科学性。①强化了水资源的统一管理和流域管理,注重水资源合理配置。②把节约用水放在突出位置,核心是提高用水效率。③加强了水资源的宏观管理。④重视水资源与人口、经济发展和生态环境的关系协调。⑤适应依法行政的要求,加强执法监督,强化法律责任。

四是设定的法律制度和法律责任具有较强的可操作性。明确了执法主体、责任主体、执法程序和处罚尺度,并对刑事处罚、民事处罚、行政处罚和行政处分进行了详细的规定。与《行政许可法》、《行政处罚法》有着很好的衔接。

四、水法体现的三个理念

水法体现的三个理念是:水资源可持续利用,节水型社会,人水和谐。

(一)水资源可持续利用

通观整部新《水法》,可以明晰地看到,它围绕水资源可持续利用的要求,强化了水资源的规划、配置和节约保护，特别是把提高水的利用效率作为强化水资源管理的核心。

1.我国水资源分布特点及形势

我国水资源总量为28 405亿 m^3，地表水资源量为20 117亿 m^3，地下水资源量为8 288亿 m^3，水资源总量在世界上居第6位，但人均占有量仅为2 200m^3，约为世界平均值的1/4，在世界上排在128位，每亩耕地的水资源占有量仅为1 888m^3。

我国水资源分布特点为：①水资源的分布与人口、土地、矿产及生产力的分布不相匹配。②由于气候变化和人类活动的影响，我国北方地区水资源量还出现进一步减少的趋势。③降水量的年内分配和年际分配都极不均匀造成水资源在时间上分布的不均匀。

我国的四大水问题包括：①频繁的洪涝灾害威胁着经济社会的发展；②水资源紧缺成为经济社会发展的主要制约因素；③水土流失、生态恶化的趋势没有得到有效遏制；④水污染严重。

2.我市水资源面临的的问题

党的十六大提出的全面建设小康社会的奋斗目标，对水利发展提出了新的任务和要求。我市的水利事业，经过多年的建设，虽然取得很大成就，但是与经济社会可持续发展的要求、与全面建设小康社会的目标还极不适应，突出表现为：

(1)水资源紧缺。我国是一个水资源贫乏的国家，人均水资源约占世界平均水平的1/4。我省水资源不到全国平均水平的1/2。我市水资源不到我省平均水平的1/3，且时空分布极不均衡。随着人口增加和经济社会的发展，城市化水平的提高，生态环境用水量的增加，未来我市水资源的供需矛盾将越来越突出。

(2)水资源开发利用率低。由于投入不足，我市水利基础设施建设仍然比较落后，对地表水的截蓄能力不足，调控能力在全国处于非常低的水平。目前，城乡供水矛盾突出，保证程度不高，严重制约了经济社会发展和人民生活水平的提高。

(3)水灾害频繁发生，防汛抗旱能力仍然很低。水灾害一直是我市的心腹之患。

(4)水资源浪费比较严重，水质污染呈现加剧态势。由于节水意识淡薄，无法律约束和水价偏低等原因，农业等各项用水浪费十分严重。工业和城市用水的循环使用率低、污水处理能力低，加剧了水资源短缺的矛盾。多数污水未经处理排入水域，造成河流水体严重污染，全市范围内的水质污染仍然处在日趋严重的态势，部分水体已经丧失使用功能。

当前，水利事业正面临着良好的发展机遇。积极推进传统水利向可持续发展的现代水利转变，坚持全面规划、统筹兼顾、标本兼治、综合治理，坚持兴利除害结合、开源节流并重、防洪抗旱并举，对水资源进行合理开发、高效利用、优化配置、全面节约、有效保护和综合治理，下大力气解决洪涝灾害、水资源不足和水污染问题是我们全体水利人面对的挑战。

3.怎样理解水资源可持续利用

水资源可持续利用是水法的核心理念，是水法突出的目的和意义。

(1)什么是水资源？水资源是指一个区域中能够逐年恢复和更新的，并能够为人类经济社会所利用的淡水。其含义如下：水资源是指淡水资源，不包括海水、苦咸水等；水资源是指可以被利用的淡水资源；自然界中的水不断运动，在一个区域中，大气降水、地表水、地下水不断相互转化；自然界中的水在不断循环运动，因此水资源是可以再生的。

没有水就没有生命。淡水资源是人类生存和发展不可缺少、不可替代的基础性资源，是经济社会发展的战略性资源。

(2)什么是可持续利用？持续是指延续不断。利用是使事物或人发挥效能。可持续利用是一直性地、连续性地、永久性地发挥效能。要做到可持续利用，须处理好四个方面的关系：一是当前利益与长远利益的关系；二是局部利益与全局利益的关系；三是平衡发展与不平衡发展的关系；四是计划杠杆与市场杠杆的关系。

(3)什么是水资源可持续利用？水资源可持续利用的根本在于尊重自然规律和经济规律，实现人与水和谐共处。

水资源可持续利用的内涵可从以下几方面来理解：一是以人为本，以改善人类生存环境和提高国民生活质量为根本目标，科学、合理地开发利用水资源；二是实现水资源合理配置；三是建立节水型社会；四是注重保护水资源。五是依法治水，充分利用经济手段，深化水资源管理体制改革，加强水资源统一管理。

4.我国水资源可持续利用对策

我国水资源可持续利用对策可归纳如下：一节、二保、三规划、四管理、五调整、六调水、七控制工程、八科技创新、九市场机制、十知识与资金投入。

(1)节约用水。任何短缺资源都应开源节流，对水资源来说，开源就是保护，节流就是节水。“节水是一场革命”，不仅是一场思想上的革命，也是一场政策和体制上的革命。

(2)保护水资源。①科学划分水功能区，确定纳污总量、合理设置排污口。②优先保证广大居民生活用水，重点保护好饮用水源。③把水污染防治放在突出重要的地位。

(3)全面规划。要在科学进行水资源评价的基础上，根据水资源、水环境和水生态状况，做出以供定需的全面、综合的水资源规划，作为国民经济总体规划的重要组成部分。规划的指导思想是防洪安全、用水总量控制、排污总量控制及水资源、水环境的水生态保护。水资源配置规划要回答水资源状况、水资源可利用程度、开发利用上限、资源配置方案与保障措施、水资源开发利用总体布局与重点地区开发利用和保护方案等。

(4)加强管理。①加强流域水资源统一管理。要加强流域机构的执法地位，依法确定流域分水方案和排污方案。明晰水权，建立水资源的宏观控制体系和水资源的微观定额体系，包括河流纳污能力、排污总量、用水总量、行业万元国内生产总值用水指标、节水指标等。②在城市应实行城乡一体化的水务管理体制。目前，全国成立水务局和由水利系统实施水务统一管理的单位已达 804 个，上海、深圳、珠海、武汉、包头、呼和浩特等大型城市都成立了水务局。只有在城市水资源统一管理、统一调度的基础上，才有可能依据本地区水资源状况，合理确定城市发展规模和产业结构调整的方向。

(5)调整产业结构。通过需水管理调整产业结构是必要调水的前提。产业结构的调整和调粮、调菜等措施，实际上就是调水，是在可能条件下更为科学的调水——虚拟调水。

(6)跨流域调水。在调整产业结构和节水的基础上向人均水资源量短缺和自然水生态不平衡的地区实行跨流域的科学调水。调水必须综合考虑全球气候变迁，调出地区的经济社会发展，调入和调出地区水资源分布在时间上的匹配程度，调水在工程和经济上的可行性，调入地区对水价的承受能力，调水工程建成后的运行机制，调水沿途对水质、水量保护的代价和可能性等因素。

(7)控制工程。我国水资源的时空分布极不均匀,北方地区集中连片的缺水区在世界上也是罕见的,控制工程的建设极为重要。而正在总体规划阶段的南水北调工程是21世纪我国最大的水资源配置工程。

(8)科技创新。科学技术转化为生产力对水资源的优化配置、对水资源问题的解决同样起着决定性的作用,必须加大投入力度。

(9)市场机制。①建立水价形成机制。适时、适地、适度地调整水价势在必行。提高水价必须考虑到农村与城市的差别,社会必需产业与高消费产业的差别,基本生活用量与扩大生产的差别等。②城市供水、排水、污水处理及回用的民营化。根据我国的具体情况,借鉴国际经验,供水水源地应由国家管理,而供水、排水、污水处理及回用可以根据经济发展程度,在建立了强有力的监管制度的情况下,在有条件的大城市逐步考虑股份制经营或民营,以形成竞争,解决投入严重不足、提价不提质以及节水投入、污水处理费用和污水回用等一系列政府包下来难以彻底解决的问题。

(10)知识与资金投入。解决我国水资源短缺的问题,知识投入、科学决策和资金投入、财政保障都是必不可少的。目前世界上供水的总投入为700亿～800亿美元,我国以世界上6%的水资源量支撑着世界上21%的人口,但供水投入还不及目前世界平均水平的1/5。为真正实现我国水资源优化配置,要把我国保护水资源、建设和完善城市现代供水体系及农村节水灌溉的总投入提高到国内生产总值的0.5%左右的水平。

(二)节水型社会

我国是一个水资源短缺的国家,水资源时空分布不均。近年来,我国连续遭受严重干旱,旱灾发生的频率和影响范围扩大,持续时间和造成的损失增加。水资源短缺问题日益成为制约我国经济社会可持续发展的瓶颈,是实现全面建设小康社会目标所面临的重大挑战之一。建设节水型社会是解决我国水资源短缺问题最根本、最有效的战略举措。

1.节水型社会的特征

节水型社会的本质特征是建立以水权、水市场理论为基础的水资源管理体制,充分发挥市场在水资源配置中的导向作用,形成以经济手段为主的节水机制,不断提高水资源的利用效率和效益。这不同于传统的主要依靠行政措施来推动节水的做法。建设节水型社会需要政府的大力推动,更需要社会的广泛参与和支持。要建立政府调控、市场引导、公众参与的节水型社会管理体制,鼓励公众广泛参与水管理,促进节水的社会化。

无论是水资源短缺的地区还是水资源丰富的地区,都需要建设节水型社会。因为节水是减少污水排放的重要措施,浪费水资源不仅造成局部地区水资源供需矛盾和水污染加剧,也增加了经济社会的发展成本,包括取水耗水成本和水污染处理的成本等。

未来15年是我国节约型社会建设的关键时期。建设节水型社会,应从三个方面着手:一是完善水资源管理体制,建立政府调控、市场引导、公众参与的节水机制。二是充分考虑水资源承载能力,调整经济结构和转变经济增长方式;三是推广先进实用的节水技术。

2.关于构建节水型社会的思考

水是社会发展和人民生活赖以生存不可缺少的物质。民以食为天,人以水为源,水是生命的源泉,更是文明的母体,没有水就没有生命,当然也就没有文明。《中共中央关于制

定国民经济和社会发展第十一个五年规划的建议》中明确指出:“要把节约资源作为基本国策,加快建设资源节约型、环境友好型社会,促进经济发展与人口、资源、环境相协调。”

我国属于水资源短缺国家。根据2004年全国水资源综合规划水资源调查评价成果,我国水资源总量为28 405亿m^3,但全国人均水资源占有量仅2 200m^3。据新华社2004年3月21日报道,到20世纪末,全国600多座城市中已有400多个城市存在供水不足问题,其中比较严重的缺水城市达110个,全国城市缺水总量为60亿m^3。

水资源先天不足,已成为国民经济发展一大制约因素,继而转变为影响人类生存的现实危机。面对此情此景,“节约用水”在当今社会已不再是一种空谈,而是一种现实的选择。构建节水型社会,是当前各项工作的重中之重,是全面建设小康社会的重要支撑,也是解决水问题的根本出路。

一是加大宣传教育,营造浓厚氛围。通过“世界水日”、“节水宣传周”等时机,充分利用广播、电视、报刊等新闻媒介,广泛宣传节水理念、节水效益和节水型城市建设的重大意义,使全社会了解水、珍惜水、保护水和节约水,提高全民节水意识和水危机意识,使节水成为全社会的自觉行为,在全社会营造构建节水型社会的浓厚氛围。

二是加强立法建设,实现依法治水。没有规矩,不成方圆。构建节水型社会,单一地靠全民的自觉行动远远不够,还要靠一系列严格的规章制度、法律、法规的约束,使全民参与构建节水型社会有法可依、有法必依、违法必究。同时,应加大对执法人员的培训,提高其执法水平,做到执法必严,以实现依法治水的目标。

三是推进水价改革,优化资源配置。中国人民银行在2005年11月9日发布的《第三季度货币政策执行报告》称,在我国39个工业大类行业中,水的生产与供应业是利润率最低的行业,改革水的管理体制、建立合理的水价形成机制、调动全社会节水和防治水污染的积极性是当务之急。因此,各地要结合实际,严格按照国务院办公厅《关于推进水价改革促进节约用水保护水资源的通知》(国办发[2004]36号)的部署,适时、适地、适度地调整水价,形成合理的水价体系,允许水权转让,形成水市场,实现跨流域、跨区域用水。

四是运用价格杠杆,实行阶梯水价。要贯彻落实国务院《关于利用价格杠杆促进节约用水的要求》,结合自身实际,按照公平、公正的原则,严格划分阶梯计量标准和水价标准,以此推动节水器具的发展和污水的再生利用,最终提高人们的节水意识。

五是依靠科技进步,提高管理水平。要不断依靠科技进步,研制、开发节水的新技术、新途径、新产品,大力推广现有的节水新工艺和新产品,努力提高节水管理的技术水平,要积极建设节水信息管理系统,建立和完善节水技术推广的服务网络。

六是坚持三项原则,实现持续发展。要坚持开源、节流、管理三项并举的原则,实事求是地走可持续发展之路,避免片面化、脱离实际、走极端化,从浪费水的极端走向杜绝用水的另一极端。

七是引导全民参与,发展循环经济。循环经济是一种与环境和谐的经济发展模式,是一种资源—产品—再生资源—再生产品反馈式的流程,资源消耗量少,重复利用率高,污染排放量低,这种经济发展模式符合科学的发展观。因此,政府应加强引导居民、企业等社会各阶层广泛参与节水,支持鼓励中水回用,大力发展循环经济。

(三)人水和谐

水是大自然生态系统的控制因子,又是生命元素、文明源泉和经济社会发展的基础。人水关系是人与自然关系的缩影。

1.人水和谐的历史背景与实践意义

(1)人与自然和谐相处是中国传统文化的精髓。和谐的理念是中国文化的精髓。史伯在《国语·郑语》中说:“以他平他谓之和。”《说文解字》解释“谐”:“谐,论也。此与龠部龠皆异用,龠皆,专谓乐和。”《尔雅·释乐》:“龠,乐之竹管三孔,以和众声也。”从字源学的角度来看,“和谐”一词都是指不同的事物、元素或性质能够和谐地共处于一个统一体中,并在一定条件下相互沟通和融合,都表明了不同的事物、元素或性质既统一又转化的关系。

中国古代文化中很早就注意到人与自然的关系,形成了“天人合一”的思想观念,即认为,人与自然、人道与天道、人文与自然是相通的,即宇宙真理与人生真理是重合一致的。尽管这里的“天”有“自然之天”、“义理之天”、“神道之天”三方面的含义,以后“神道”的内涵逐渐被淡化,“义理”即道德的内涵被逐渐强化和深化,但是,“自然之天”与人类主体的和谐统一始终是中国文化的传统。可以认为,“天人合一”的理念统摄了整个中国传统文化,规定了中国人的价值取向、思维方式、审美情趣和行为模式。

(2)人与自然和谐相处是马克思主义本体论、认识论、价值论的内在要求。本体论是关于世界的总体看法,表现在对人、自然和社会三者之间关系的认识上。按照马克思主义的本体论观点:一方面人类在发挥能动性的同时,要充分尊重自然界的演变规律及其与相关生态系统的关系,实现主体尺度与客体尺度的统一,协调好人与自然的关系;另一方面要自觉处理好当代人之间以及当代人与后代人的关系。

马克思主义认为,认识是在实践基础上主体对客体的能动的反映,同时,马克思主义又给出了主体对客体能动反映的条件,就是必须尊重客观事物的规律。恩格斯告诫,“我们不要过分陶醉于我们对自然界的胜利。对于每一次这样的胜利,自然界都报复了我们。每一次胜利,在第一步都确实取得了我们预期的结果,但是在第二步和第三步却有了完全不同的、出乎预料的影响,常常把第一个结果又取消了”。可见,人类只有在认识了、掌握了并遵循了自然规律,才能改造和利用自然,才不至于使自然混乱或瓦解,从而真正有益于人类的长远利益。

综观古今中外,从价值的角度来认识人与自然的关系,不外乎三种观念:一是“极端的人类中心论”,即认为“人是万物之灵”,是自然的中心、主宰、征服者、统治者;二是“极端的自然中心论”,认为有独立于人类实践之外的自然价值,主张以生态为中心、一切顺应自然;三是“人与自然和谐相处论”,并不反对或否定一般意义上的“人类中心论”。马克思主义认为,价值是与人相联系的范畴,离开了人,就无所谓价值。人是不同于一般生物的高级生物,人发展成熟到一定阶段具有超越自我的能力。人应该尊重、保护、合理利用自然,实现人与自然的和谐相处。

(3)人水和谐是治水实践的更高境界。人类的治水历程大体经历了四个阶段:一是人类利用河流并听命于河流的自然阶段,大致相当于原始社会时期。虽有保护居民区的护村堤埂,但人们对水的自然状态无力加以明显的改变,不得不听命于大自然的主宰。二是人类利用河流并抗御河流的阶段,大约在奴隶社会和封建社会时期。人们有能力一定程度地控制洪水的威胁,也有条件兴建较大型的灌溉和航运工程,但抗御自然灾害的能力仍然有限,严重的旱灾或水灾还常常成为改朝换代或重大社会动荡的直接原因。三是改造河流为人类服务的阶段。随着科学技术的巨大发展和生产力的迅速提高,人类支配河流的能力远远超过历史水平,但也带来对河流健康的伤害。四是人类与河流和谐发展阶段。当主要依靠工程技术措施治水出现困境时,人们重新认识到,人类与河流的关系应该是既要改造和利用,又要主动适应和保护。人类要由河流的征服者转变为河流的朋友和保护者。

全面建设和谐社会,把人类的治水实践推进到人与河流和谐发展的第四阶段,即人水和谐的新阶段。经过我们坚持不懈的努力,人水和谐将从抽象的哲学概念转变为科学治水生动实践和可持续发展的新境界。

2.人水和谐的基本内涵

(1)在观念上,要牢固树立人与自然和谐相处的思想。在一个更大的尺度上,人与自然都是一个复杂生态系统的组成部分。在这个系统中,人与水既有主客体的对立,更有主客体的统一。人水关系中,人是主导方面。正是因为人类不合理的活动,才加重了人水关系的紧张,激化了人水矛盾,导致人类遭受河流的报复。要改变这种对抗,必须首先牢固树立人与自然和谐相处的理念。须知,自然界的基本结构单元是多种多样的生态系统,处于一定时空范围内的生态系统,都有特定的能流和物流规律。只有顺从并利用这些自然规律来改造自然,人们才能持续取得丰富而又合乎要求的资源来发展生产,从而保持洁净、优美和宁静的生活环境。

(2)在思路上,要从单纯的治水向治水与治人相结合转变。总结长期以来的治水做法,总是"头疼医头,脚疼医脚",片面强调治水而忽视或有意回避对人类活动的治理。例如,为了经济社会的发展,我们不惜占用本来是河流行洪的滩地和低洼地带,把厂矿企业和城镇布置在洪水高风险地区,而不去主动避让洪水。一旦遇到洪水,总是水来土掩,拼命加高加固堤防,反而带来更大的风险。又如,为了满足高耗水产业的用水需求,则千方百计地开发水资源,导致河流干涸、地下水严重超采,结果是越缺水越开发,越开发越缺水,形成了恶性循环。再如,面对严重的水资源污染和水土流失,人类最先想到的是对污染进行稀释,对流失进行治理,而忘记了正是人类活动本身才是污染和流失的根本原因。总而言之,水资源问题虽然表现在水上,根子则在岸上,在人类这个方面。采取各种技术手段治理水问题固然极为重要,但终究还是治标,只有调整人与人之间的关系,抓住人类活动这个中心,对人类行为进行约束,才是治本之策。

(3)在行为上,要正确处理保护与开发之间的关系。水问题看起来多种多样,但是究其根本,则是保护与开发脱节。我们必须认识到,保护与开发成为一对矛盾,乃是工业化过程中的必然。尤其是对中国这样一个发展中国家,解决经济社会发展中的诸多制约,例如能源制约、水资源制约、生态环境制约,仍然不可避免地需要开发利用水资源。同时,开发又必须是可持续的,要把在开发中落实保护、在保护中促进开发作为一条最基本的原则。围绕这一原则需要落实一些具体的行动措施。当前特别需要加强两个方面的措施:一是强化水资源承载能力和水环境承载能力的约束。按照不同区域、不同河流、不同河段的功能定位,合理有序规范经济社会行为。在水资源紧缺地区,产业结构和生产力布局要与两个承载能力相适应，严格限制高耗水、高污染项目。在洪水威胁严重的地区，城镇发展和产业布局必须符合防洪规划的要求，严禁盲目围垦、设障、侵占河滩及行洪通道，科学建设、合理运用分蓄洪区，规避洪水风险。在生态环境脆弱地区，实行保护优先、适度开发的方针，加强生态环境保护，因地制宜发展特色产业，严禁不符合功能定位的开发活动。二是建立流域共同体。流域既是一个自然单元，也是一个经济单元、文化单元。流域内各区域是以水系、流域为纽带的共同体，这种共同体不仅体现在共同保护流域的责任和义务，而且也体现在经济社会发展的互相支持和帮助上。非保护区域、非限制开发区域、经济较发达区域，应当更多地承担起保护的责任和义务。可以设想，通过政府转移支付、征收保护基金、建立补偿机制、移民等多种方式，将生态脆弱地区对河流开发的需求转化为对河流保护的需求。

3.人水和谐的举措

第十二届“世界水日”以“人水和谐”为主题，这是治水思路与时俱进的体现。我们一定要着眼于经济社会的可持续发展，充分认识水资源与人口、耕地、经济发展不匹配，工程性缺水和资源性缺水同时并存的严峻性及水利建设的重要性，提高全民的水患意识，树立科学、全面、可持续的发展观，全面推动水利事业的可持续发展，促进人与自然的和谐。

一要重新认识人与水、与自然的关系。世间万物来源于水，人类文明产生于水。综观人类历史，没有一个国家、一个民族和一个地区的发展和繁荣富强不依赖水、依附自然界。只有坚持人与自然和谐相处，人类才可得以持续发展，人类文明才可延续。在影响人类发展的进程中，水是极其重要的因素。解决水资源问题，最根本的出路是转变治水思路。要坚持人与自然的和谐共处，实现社会经济的可持续发展；要紧密联系实际，统筹规划，综合治理，高度重视水资源的合理利用，优化配置和节约保护工作。

二要加强水资源的统一管理。水作为一种自然资源和环境要素，以流域或水文地质单元构成一个统一体。因此，对水的问题必须统筹考虑，以流域为单元，对上下游、左右岸进行统一规划、统一调度、统一管理，实现水资源的优化配置。按照“先生活、后生产，先地表、后地下，先节水、后调水”的原则，城乡统筹，科学调度，协调好生活、生产和生态用水。加强对城镇供水水源的监督检查，确保供水安全。继续开展大型企业水平衡测试、水资源论证工作。严格限采地下水。积极推动城市、工业和农业节水，提高水资源的利用效率，发展节水型工业、农业和服务业，建设节水型社会。

三要切实加大依法治水、管水力度。依法治水工作，一靠立法、二靠执法、三靠普法。抓紧做好《水法》配套法规建设，加快完善水法制体系。进一步加大执法力度，依法查处水事违法案件，及时调处水事纠纷，做到有法必依、执法必严、违法必究，维护良好的水事秩序。

四要积极推进我市水利事业发展。要认真抓好重点水利工程建设，提高水资源的配置能力和水平；要按照”三个代表”重要思想的要求，下大力气解决农村人畜饮水安全问题；要积极推进改革，加强水利管理工作，提高工程运行效益；要提高水利对经济社会发展的保障能力，以水源的可持续利用支持经济社会的可持续发展，实现人与自然的和谐相处。

五、解读新《水法》条文

我们知道,运用法律解决实际问题,都是逐条逐款地对照应用,所以学习法律必须学习条文,必须逐条理解,才能应用自如。下面我就《水法》的条文逐条为大家作以解析。

(1)《水法》的第一章是总则,共有 13 条。第一章是关于开发、利用、节约、保护水资源的原则和理念的规定。第一条指出水法制定的目的和意义,突出提出“实现水资源的可持续利用”这一核心理念。第二条界定了水法的适用范围,界定了水资源的范围。第三条确定了水权的问题,水资源属于国家所有。水权,一般指水资源的所有权和使用权。水资源的所有权,从形式上看是人们与水资源的关系,实质上是法律确认和保护的人与人之间对水资源的占有关系,是一种民事法律关系。水的使用权主要包括水的分配、水的使用和收益等。我国水权的解释主要有三层意思:其一,水资源属于国家所有;其二,农村集体经济组织的水塘和由农村集体经济组织修建管理的水库中的水,归该农村集体经济组织使用;其三,国家依法保护单位和个人的水使用权,只要单位和个人依法开发利用水资源,其合法权益就受到法律保护。水权的主要法律特点如下:具有物权的基本法律属性;体现民法上的相邻权关系;具有与环境权相同的复合性。建立水资源物权体系,应从传统的以占有为核心的水资源权属观转变为以利用为核心的水资源权属观,从水资源利用的单一经济价值观转变为多元价值观,承认水资源除经济价值以外的其他价值(尤其是生态价值、美学价值等)。在水资源立法中,要着力调整国家所有权与实际利用国家所有财产的组织与个人间的产权关系,充分保护水资源利用人的权利,以合理的开发和利用实现水资源的优化配置。第四条和第九条规定了治水的原则,体现了“人水和谐”的理念。第五条和第十三条明确执行水法是政府的一项职责,明确了依法治水的行政主体。第六条和第十条用了两个“鼓励”,这是国家引导和发展的方向,凡是鼓励的国家都是要保护和支持的,也是要投资的。第六条也体现了一种权利义务关系,实质是一种法律关系。第七条规定了两项制度,取水许可制度和有偿使用制度,体现了运用行政手段和经济手段对水资源的控制。第八条提出了建立“节水型社会”,体现了对节约用水的高度重视,是节水的新理念。第十一条是对执法主体的奖励机制,是要通过提高人员素质来促进依法治水。第十二条规定了新层次、新体制,分清了职责,强化了流域管理,要知道我国的七大流域是长江、黄河、松辽、海河、淮河、珠江和太湖。

对第一章的学习应理解《水法》的三个理念,即水资源的可持续利用、节水型社会和人水和谐。

(2)《水法》的第二章是水资源规划,共有 6 条。第二章是政令性的硬性规定,强化了规划的规范性、层次性和执行性。就规划的种类、制定权限与程序、规划的效力和实施等问题作了具体规定。第十四条规定了规划的种类和内涵。第十五条规定了规划间的关系及有关事项。第十六条规定了规划的依据是科学考察和调查评价,并要求建立信息系统和进行动态监测的措施,而且强调是必须执行的!第十七条规定了规划的申报和批准权限划分及工作程序。第十八条用两个“必须”强调执行的严肃性,必须执行是不允许有所更改的,也是不允许不作为的!第十九条用一个“必须”,强调工程建设必须符合规划,并处理好防洪的问题!

对第二章的学习应理解规划的严肃性和法治性，做好四个“必须”。

(3)《水法》的第三章是水资源开发利用，共有10条。第三章是关于开发利用的具体规定。第二十条指出了开发利用应考虑到的各方面问题。第二十一条指出了开发利用的原则是生活优先于生产。第二十二条指出了跨流域调水中的生态环境问题。第二十三条指出了水的综合利用及水与城市规模的关系。第二十四、二十六、二十七条用三个“鼓励”，强调了对雨水的利用，多目标梯级开发及水运问题，针对性、综合性开发很重要。第二十五、二十八条强调了政府及投资主体在水利开发中的责任和义务。水利是公益事业，应当是谁投资、谁管理、谁受益！第二十九条规定了工程建设中移民的问题。

对第三章的学习应理解开发的原则和开发的科学性、积极性规定。

(4)《水法》的第四章是水资源、水域和水工程的保护，共有14条。第四章规定了水资源及水工程保护的6项制度和6项禁止。第三十条规定了保护水资源的标准是遵循自然规律维护水体的自然净化能力。第三十一条规定了保护水资源的责任和补偿制度。第三十二条规定了保护水资源水域的水功能区划制度，规定了水质监测的责任分工及工作程序。第三十三条规定了饮用水水源保护区制度是确保城乡居民饮用水安全的措施。第三十四条规定了第一个禁止性规定，对水源保护区内设置排污口的禁令。第三十五条规定了水工程建设的补偿制度。第三十六条规定了保护水资源的地下水开采问题。第三十七条规定了两个禁止性规定，禁止的行为是不允许出现的行为，凡是突破禁止的行为都是违法性行为。第三十八条规定了其他建筑与水利工程交叉的问题，法律上多用“应当”，凡是“应当”的就是要做到的，违反“应当”的就是违法。第三十九条规定了采砂许可制度，它是一个授权性条款。第四十条规定了两个禁止性规定，禁止围湖造地和围垦河道。第四十一条规定了一个公共性义务，单位和个人对公共设施的保护义务。第四十二条规定了政府和水行政部门的责任和义务。第四十三条规定了水工程的保护区划制度，一个禁止性规定，禁止危害水工程。

对第四章的学习应理解保护的内容、责任和义务性规定。

(5)《水法》的第五章是水资源配置和节约使用，共有12条。第五章规定了水资源配置和节约使用的6项制度。第四十四条规定了水的中长期供求规划制度。第四十五条规定了建立跨行政区域的水量分配方案和旱情紧急情况下的水量调度预案制度。第四十六条规定了实施水量统一调度制度。第四十七条规定了对用水实行总量控制和定额管理相结合的制度。第四十八条规定了取水许可和水资源有偿使用制度。第四十九条规定了用水实行计量收费和超定额累进加价制度。第五十条规定了提高农业用水效率的措施。第五十一条规定了提高工业用水效率的措施。第五十二条规定了提高城市用水效率的措施。第五十三条规定了节水设施的“三同时”原则。第五十四条规定了政府对居民饮用水的责任。第五十五条规定了缴纳水费的问题。

对第五章的学习应理解水资源配置和节约使用的6项制度。

(6)《水法》的第六章是水事纠纷处理与执法监督检查，共有8条。第六章关于执法程序的规定，是依法治水的关键环节。第五十六条规定了水事纠纷的协商处理办法。第五十七条规定了水事纠纷的诉讼处理办法。第五十八条规定了水事纠纷处理时执法主体的权力。第五十九条规定了政府或执法主体开展监督检查的职责。第六十条规定了政府或

执法主体开展监督检查时的职权。第六十一条规定了政府或执法主体开展监督检查时相对人的义务。第六十二条规定了水政人员开展监督检查的程序。第六十三条规定了政府或执法主体对执法人员的管理。

对第六章的学习应理解水行政执法的程序、责任与义务。

(7)《水法》的第七章是法律责任,共有 14 条。第七章规定了违反水法规定应承担的法律责任。在这一章应搞清楚违法与犯罪的区别;刑事责任、民事责任与行政责任的区别;刑事处罚、民事处罚、行政处罚与行政处分的区别。应搞清楚执法主体、执法对象和执法尺度。应联系行政处罚法的有关规定进行学习。关于执法尺度的确定应以事实为根据,以法律为准绳。处理水事违法案件一是要界定水工程的保护范围,二是要重证据,三是要重程序,四是要全面理解《水法》的条文。处理水事违法案件要注意《中华人民共和国治安管理处罚条例》的运用。

(8)《水法》的第八章是附则,共有 5 条。第八章规定了水法需要解释的其他问题。第七十八条规定了国际条约、协定的优先适用权。第七十九条明确了水工程的定义。第八十条明确了海水不适用本法。第八十一条界定了《水法》与《防洪法》、《水污染防治法》的适用。第八十二条规定了《水法》的施行日期,2002 年 10 月 1 日起施行。

管理机制建设理论

赵卫东

在开始的时候，感到我们管理处需要管理机制建设，所以想讲一讲有关管理机制建设方面的问题，但后来感到《管理机制建设》这个题目太大，这一课题的内容需要界定，也就是说，需要限制讲述的内容，在今天上午我们将只就管理、机制、管理机制、激励理论的有关问题进行讲解，希望大家能学有所感，学有所获！

我们管理处在多年的管理工作中，建立了一些良性机制，比如领导机制、目标机制、建设机制；但也存在一些不良机制，比如学习机制、工薪机制、考核机制；还有一些缺位机制，比如竞争机制、监督机制、奖惩机制。我认为我处进行管理机制的建设是十分必要的！

为何有些人不愿学习，需要有考勤、点名制度来约束，这是机制问题；为何有些人不愿到闸站去工作，不愿履行岗位责任制，这是机制问题；为何在一些部门干好干坏一个样，没有人监督和制约，这是机制问题；为何有些人认为自己的才能不能得到发挥，对工作环境不满意，这是机制问题；为何有些人没有工作积极性，这是机制问题……

我们首先搞清楚几个概念。

一、管理

管理无处不在，大到管理一个国家、一个国际组织，小到管理一个家庭或者自己。那么，什么是管理呢？所谓管理，就是在特定的环境下，对组织所拥有的资源进行有效的计划、组织、领导和控制，以实现既定的组织目标的过程。

一个组织要有一个远大的目标，而管理是为实现组织的目标服务的，组织的目标就是管理的目标，不能为管理而管理。《西游记》中的那匹白马，是因为服从了玄奘大师取经的目标，才实现了它自身的价值。

20世纪初，科学管理的创始人泰罗创立了科学管理理论，从而开创了一个追求效率的时代，同时也推动了厂长、雇主、董事会在管理方面对其同事、工人的一次思想革命。之后，程序学派的创始人法国人亨利·法约尔指出了管理的职能，他指出计划、组织、指挥、协调和控制是管理的五大职能；其次，提出了著名的管理的14项原则，即分工、权力、责任、纪律、命令一致、指挥统一、公利先于私利、报酬、集权、等级制、秩序、公正、主动精神、集体精神；再次，提出了著名的“法约尔跳板”。此外法约尔认为，组织的效率取决于组织的一些内在要素，要注意对员工的培训。

（一）管理的概念

管理是社会组织中，为了实现预期的目标，以人为中心进行的协调活动。

这一表述包含了以下五个观点：

(1)管理的目的是为了实现预期目标。世界上既不存在无目标的管理，也不可能实现

无管理的目标。

(2)管理的本质是协调。协调就是使个人的努力与集体的预期目标相一致。每一项管理职能、每一次管理决策都要进行协调,都是为了协调。

(3)协调必定产生在社会组织之中。当个人无法实现预期目标时,就要寻求别人的合作,形成各种社会组织,原来个人的预期目标也就必须改变为社会组织全体成员的共同目标。个人与集体之间,以及各成员之间必然会出现意见和行动的不一致,这就使协调成为社会组织必不可少的活动。

(4)协调的中心是人。在任何组织中都同时存在人与人、人与物的关系。但人与物的关系最终仍表现为人与人的关系,任何资源的分配也都是以人为中心的。由于人不仅有物质的需要还有精神的需要,因此社会文化背景、历史传统、社会制度、人的价值观、人的物质利益、人的精神状态、人的素质、人的信仰,都会对协调活动产生重大的影响。

(5)协调的方法是多样的,需要定性的理论和经验,也需要定量的专门技术。计算机的应用与管理信息系统的发展,将促进协调活动发生质的飞跃。

(二)管理的职能

人类的管理活动具有哪些最基本的职能?这一问题经过了许多人近100年的研究,至今还是众说纷纭。自法约尔提出五种管理职能以来,有提出六种、七种的,也有提出四种、三种甚至两种、一种的。各种提法都是15种管理职能,即决策、计划、组织、用人、指导、指挥、领导、协调、沟通、激励、代表、监督、检查、控制、创新职能中不同数量的不同组合而已。最常见的提法是计划、组织、控制。我们认为根据管理理论的最新发展,对管理职能的认识也应有所发展,许多新的管理理论和管理实践已一再证明:决策、组织、领导、控制、创新这五种职能是一切管理活动最基本的职能。

管理的过程包括决策、组织、领导、控制和创新这五项基本工作或职能。不过,对于不同层次的管理者,有不同的履行程度和重点。决策、组织、领导、控制和创新这五项基本工作的顺序不能颠倒。

1.决策

过去有许多作者把“决策”仅仅看做“从行为过程的各个抉择方案中作出选择”,因而认为“决策”是“计划”职能的一部分。我们的看法与此恰恰相反,我们认为决策是一个复杂的过程,计划是决策过程中的一部分,计划是为实施决策制定的,任何计划都是实施决策的工具。决策是针对未来的行动制定的。未来的行动往往受到行动者所处的外部环境和内部条件的制约,所以决策前首先就要分析外部环境、分析本身的长处和短处,对未来的形势作出基本的判断。由于未来的形势受到很多因素影响,绝大多数情况是不确定的,因此必须进行预测,预测是以概率统计为基础的,很难十分准确,决策就必定有一定风险。为了提高预测和决策的准确性,依靠数学模型、计算机进行科学的计算和模拟是完全必要的。但面对同样的事实前提,不同的决策者可能作出完全不同的抉择,这与决策者的价值前提和追求的目标有关。

由于社会经济形势十分复杂,各种因素相互制约,实际上很难找到真正优化的方案,而只是比较满意而已。对管理者而言,作出抉择是一项十分困难的任务。但作出正确的抉择,只是万里长征走完了第一步,更重要的是如何制定切实的计划来实施已抉择的方案,并在实施中不断检查、取得信息反馈,在实践中评价决策是否正确。

任何社会组织的管理活动从最高层管理者到最基层的工作者都有决策职能,愈往高层目标性(战略性)决策愈多,愈往基层执行性决策愈多。大多数目标性决策是非程序性的,比较复杂,难度较大;大多数执行性决策是程序性的,难度相对较小。管理的决策职能不仅各个层次的管理者都有,并且也分布在各项管理活动中。所以,我们认为决策应是管理活动中第一位的基本职能。

管理就是决策。有人形象地说,决策就是一个人处在岔路口中选择一条通往目的地的道路。这种认识尽管抓住了决策最直接、最本质的含义,但它仍是狭义的。广义的决策,不仅是指在某一瞬间做出了明确、果断的决定,还包括在做决定之前进行的一系列准备活动,并在决定之后采取具体措施落实决策方案。

决策的基本步骤是:①发现问题;②确定目标;③拟定方案;④选择方案;⑤落实方案。

计划是决策的重要组成部分。计划是为了把决策付诸实施预先进行的行动安排。

计划工作的步骤是:①明确地位;②确定目标;③分配资源;④综合平衡。

计划的特性包括阶段性和渐进性、系统性和倾斜性、创新性和求实性、连续性和权变性。

2.组织

决策的实施要靠其他人的合作。组织工作正是从人类对合作的需要产生的。合作的人们如果要在实施决策目标的过程中,能有比各合作个体总和更大的力量、更高的效率,就应根据工作的要求与人员的特点,设计岗位,通过授权和分工,将适当的人员安排在适当的岗位上,用制度规定各个成员的职责和上下左右的相互关系,形成一个有机的组织结构,使整个组织协调地运转。这就是管理的组织职能。

决策目标决定着组织结构的具体形式和特点。例如,政府、企业、学校、医院、军队、教会、政党等社会组织由于各自的目标不同,其组织结构形式也各不相同,并显示出各自的特点;反过来,组织工作的状况又在很大程度上决定着这些组织各自的工作效率和活力。在每一项决策和计划的实施中,在每一项管理业务中,都要做大量的组织工作,组织工作的优劣同样在很大程度上决定着这些决策、计划和管理活动的成败。任何社会组织是否具有自适应机制、自组织机制、自激励机制和自约束机制,在很大程度上也取决于该组织的组织结构的状态。因此,组织职能是管理活动的根本职能,是其他一切管理活动的保证和依托。

组织实际上是一群人为了达到共同的目的,通过权责分配和层次结构所构成的一个随环境变化而不断进行自我适应与调整的完整的有机体。

我们单位是矩阵型组织结构,职能制结构和事业部制结构在纵横两个方面的结合,就产生了矩阵型组织结构。在此结构中,员工受到职能部门和项目部门的双重领导。

对非正式组织的研究起源于霍桑实验。首次提出这一概念的是巴纳德。国内外学者关于非正式组织的定义可概括为:非正式组织是正式组织内的若干成员由于生活接触、感情交流、情趣相近、利害一致、未经人为的设计而产生的交互行为和共同意识,并由此形成自然的人际关系。

3. 领导

决策与组织工作做好了,也不一定能保证组织目标的实现,因为组织目标的实现要依靠组织全体成员的努力。配备在组织机构各种岗位上的人员,由于各自的个人目标、需求、偏好、性格、素质、价值观及工作职责和掌握信息量等方面存在很大差异,在相互合作中必然会产生各种矛盾和冲突。因此,就需要有权威的领导者进行领导,指导人们的行为,沟通人们之间的信息,增强相互的理解,统一人们的思想和行动,激励每个成员自觉地为实现组织目标共同努力。管理的领导职能是一门非常奥妙的艺术,它贯彻在整个管理活动中。在中国,领导者的概念十分广泛,不仅组织的高层领导、中层领导要实施领导职能,基层领导,例如车间主任或班组长也担负着领导职能,都要做人的工作,重视工作中人的因素的作用。

领导就是指挥或带领、引导或鼓励部下为实现目标而努力的过程。①领导者必须有部下或追随者。没有部下的领导者谈不上领导。②领导者拥有影响追随者的能力或力量。③领导的目的是通过影响部下来达到组织的目标。

领导的作用是:①指挥作用;②协调作用;③激励作用。

基于权力运用的领导的风格有:①专制式;②民主式;③放任式。

基于态度和行为取向的领导风格有:①以任务为中心;②以人员为中心;③关心任务和关心人员相结合。

4. 控制

人们在执行计划过程中,由于受到各种因素的干扰,常常使实践活动偏离原来的计划。为了保证目标及为此而制定的计划得以实现,就需要控制职能。控制的实质就是使实践活动符合计划。计划就是控制的标准。管理者必须及时取得计划执行情况的信息,并将有关信息与计划进行比较,发现实践活动中存在的问题,分析原因,及时采取有效的纠正措施。纵向看,各个管理层次都要充分重视控制职能,愈是基层的管理者,控制要求的时效性愈短,控制的定量化程度也愈高;愈是高层的管理者,控制要求的时效性愈长,综合性愈强。横向看,各项管理活动、各个管理对象都要进行控制。没有控制就没有管理。有的管理者以为有了良好的组织和领导,目标和计划自然就会实现了。实际上无论什么人,如果你对他放纵不管,只是给他下达计划、布置任务、给他职权、给他奖励,而不对他工作的实绩进行严格的检查、监督,发现问题不采取有效的纠正措施,听之任之,那么这个人迟早将会成为工作的累赘,甚至会把他完全毁掉。所以,控制与信任并不完全对立。管理中可能有不信任的控制,但绝不存在没有控制的信任。

所谓控制,从其最传统的意义方面说,就是纠偏,也就是按照计划标准衡量所取得的成果,纠正所发生的偏差,以确保计划目标的实现。但从广义的角度来理解,控制工作应包括“纠偏”和“调适”两方面的内容。所谓“调适”就是在必要的时候对原定的控制标准和目标进行适当的修改。就像在大海航行的船只,一般情况下船长只需对照原定航向调整由于风浪和潮流作用而造成的航线偏离,但当出现巨大的风暴或故障时,船只也有可能需要改变航向,驶抵新的目的地。

管理控制的目标和作用:①发现管理中的漏洞;②限制偏差的积累;③适应环境的变化。

管理控制的基本特征:①目的性;②整体性;③动态性;④人性。

控制工作的基本过程：①确立标准；②衡量实绩与界定偏差；③分析原因与采取措施。

5.创新

迄今为止很多研究者没有把创新列为一种管理职能。但是，最近几十年来，由于科学技术迅猛发展，社会经济活动空前活跃，市场需求瞬息万变，社会关系也日益复杂，每位管理者每天都会遇到新情况、新问题。如果因循守旧、墨守陈规，就无法应付新形势的挑战，也就无法完成肩负的任务。现在已经到了不创新就无法维持的地步。许多事业获得成功的管理者成功的诀窍就在于创新。要办好任何一项事业，大到国家的改革，小到办实业、办学校、办医院，或者办一张报纸，推销一种产品，都要敢于走新的路，开辟新的天地；否则，总是踏着前人的脚印走，是不可能取得卓著的成就的。

(1)维持功能与事务型管理：管理中的维持功能就是严格按预定的计划来监视和修正组织的运行，以保持系统的有序性。没有维持，组织的目标就难以实现，整个系统就会出现一种混乱状况。为了维持组织正常运行而实施的管理就是事务型管理。

(2)创新与创新型管理：创新是指人们在改造自然和改造社会中方法、手段及结果的质的飞跃。这种质的飞跃是在社会、经济的发展过程中，人和物的结合凝结了科技进步，表现为发明、发现、革新和开发。创新还包括管理活动的创新，它是指组织活动的管理者为科技创新活动创造必要的外部环境和提供必要的创新条件。

(3)事务型管理与创新型管理：事务型管理与创新型管理是两类不同的但又需要结合起来的管理。仅有强有力的创新型管理而事务型管理薄弱的组织，如一个好舵手在艰难地驾驶一艘破船；仅有强有力的事务型管理而创新型管理薄弱的组织，又如有了一艘坚固的船但缺少一个好的舵手。

创新的必要性：一是系统本身发展的需要；二是适应环境变化的需要。

创新职能的基本内容：一是目标创新；二是技术创新；三是制度创新；四是组织机构的创新；五是环境创新。

创新的过程：一是寻找机会；二是提出构想；三是迅速行动；四是坚持不懈。

创新素质：一是具有丰富的想象力；二是要有敢于冒险的胆量；三是具有合作和学习精神。

各项管理职能都有自己独有的表现形式。例如决策职能通过方案和计划的形式表现出来，组织职能通过组织结构设计和人员配备表现出来，领导职能通过领导者和被领导者的关系表现出来，控制职能通过对计划执行情况的信息反馈和纠正措施表现出来。创新职能与上述各种管理职能不同，它本身并没有某种特有的表现形式。它总是在其他管理职能的所有活动中来表现自身的存在与价值。事事皆可创新，创新无处不在。

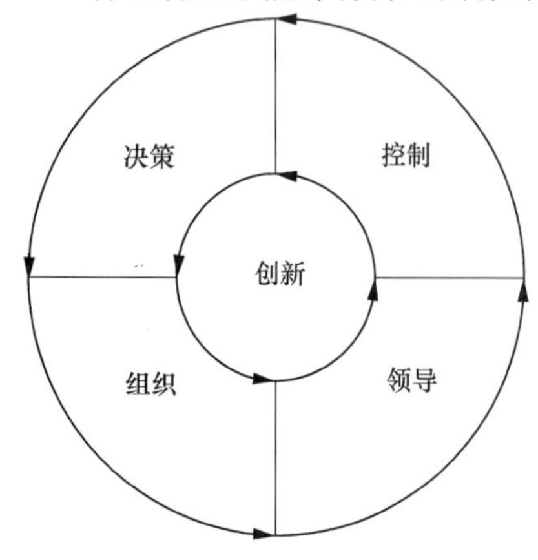

图1　各项管理职能的相互关系

各项管理职能的相互关系如图1所示。

每一项管理工作一般都是从决策开始经过组织、领导，到控制结束。各职能之间同时相互交叉渗透，控制的结果可能又导致新的决策，开始又一轮新的管理循环。如此循环不息,把工作不断推向前进。创新在这管理循环之中处于轴心的地位,成为推动管理循环的原动力。

了解了管理以后,我们看一下什么是机制。

二、机制

(一)机制的含义

一是原指机器的构造和工作原理,如计算机的机制;二是指有机体的构造、功能和相互关系,如动脉硬化的机制、肌肉收缩机制;三是指某些自然现象的物理、化学规律,如光合作用机制;四是泛指一个工作系统的组织或部分之间相互作用的过程和方式,如市场机制、竞争机制。

(二)制度、体制、机制

制度:制,是指根本性、全局性、战略性。度,是程度、限度。制度,一是指要求大家共同遵守的办事规程或行动准则;二是指在一定历史条件下形成的政治、经济、文化等方面的体系。

体制:体,是指身体、整体。制,用强力约束、限定、管束。体制是指国家机关、企业、事业单位的组织制度。体制是制度的表现形式,制度决定着体制。

机制:机,一是指事情变化的枢纽,如商机、生机、转机;二是指能迅速适应事物的变化,即指灵活性,如机智、机警。制,约束。机制,泛指一个工作系统的组织或部分之间相互作用的过程和方式。

制度、体制、机制三者的关系:体制依托机制的良性运行发挥功能,机制依托体制才能得以运行,机制是制度在体制中的有机化。制度是根本性的、不易改变的,总是从上而下的变革;体制的改革是渐进性的,比较缓慢,需要的是上下左右的推动力;机制是一个系统内部的运作,机制是灵活的,机制是随着一个组织的目标和一个组织的发展而不断更新的,是需要经常性的建设和调整的。

举例:首先看我们国家,制度是社会主义制度,决定了我国的体制是全国人民代表大会制度,是全国人民代表大会下组成的各级政府和机构。而各级政府机关、事业单位和企业组织是靠机制的运行来发挥各自的功能的,有薪酬机制、人事机制、激励机制、约束机制和发展机制才使得社会各项事业蒸蒸日上,从而实现全面建设小康社会的总体目标。其次再看我们单位,《水法》规定大中型水利工程要有水利工程管理单位,所以濮阳市引黄工程管理处的成立是有法律依据的,水利法规规定水利工程管理实行专管与群管相结合的管理制度,所以我们设立了各科、室、段进行专管,招录了护堤员进行群管,市、县、乡、村多级协管。体制形成后要有机制的运行才能发挥功能,我们有薪酬机制、人事机制、激励机制、约束机制和发展机制,保证了我处的良性运行,目标是向我市及各县区高效供水、有效供水、节约供水,发挥出单位的功能!

三、管理机制

(一)管理机制的含义

管理机制是社会组织中各组成部分或各个管理环节相互作用、合理制约,从而使系统整体健康发展的运行机理。亦即使管理的有形要素与无形要素,按照其内在规律,在运动中彼此相互联系、相互结合形成特定功能并达到既定目标的运动机理。

(1)机制按照一定的规律自动发生作用并导致一定的结果;

(2)机制不是最终结果,也不是起始原因,它是原因转化为结果,是期望转化为行为的中介;

(3)机制制约并决定着某一事物功能的发挥,没有相应的机制,事物的功能就不能存在或不能更好地发挥;

(4)机制是客观存在的,它反映的是事物本质的内在机能,它是系统各组成部分间的相互动态关系。

(二)管理机制的地位与作用

管理机制在管理系统中的地位与作用,可以从管理系统的目的性及系统功能原理中得到解释。管理系统的目的性决定了构成系统的一切方面都是为了实现系统的功能,而且管理系统中任何机制的存在必然最终作用于系统功能的实现,一个管理系统较为理想的状态是其管理机制都能为系统功能的实现做出贡献。当然,对一个实际系统而言,也可能存在一些机制对系统功能的实现起反作用,这使得管理系统研究中机制的分析与设计成为必要。

根据新的管理系统组织化理论与系统功能原理,在一定的系统环境与组成要素下,系统功能的决定因素是其组织化状态,系统组织划分为结构与运行两个层次。结构指系统内子系统的划分及功能的分配。对管理系统而言,主要指组织机构(含岗位)及职能分配。运行指在结构的基础上的组织机构与个人行为的具体内容、数量、方式、时间分布等。显然,结构与依托于一定结构上的运行最终决定了系统的实际功能。因而,管理机制不是独立于管理系统的结构与运行之外的概念,机制可以看做系统结构与运行表现出来的特征。对于系统的功能而言,机制事实上是系统对某种反应内容与反应方式的反应能力,无论是反应内容、反应方式还是反应能力都需要系统的结构与运行来支撑。从对系统有目的地设计的角度来看,如果我们把结构、运行作为某种"实体"看待,对机制的设计是为了实现系统的功能而对系统"实体"提出的要求,这些要求本身是对系统功能的支撑,同时其实现又需要"实体"的支撑,这种支撑最终是通过系统的结构与运行设计来实现的。因此,管理机制设计是为了实现管理系统的功能而对系统的结构与运行提出要求。

(三)管理机制的特征

根据上述分析,管理机制有以下几个主要特征。

(1)功能关联性。机制的存在必然对管理系统功能产生影响,因此机制的设计与选择必然以系统功能为依据。

(2)无形性。机制不像结构与运行那样是"实体"的或有形的,它的作用通过对系统功能的影响体现,但需要结构与运行进行支撑,因而是无形的。

(3)客观性。机制无论是否是有意识设计的结果,也无论是否对系统功能的实现起促进作用,其作为系统结构与运行所表现的特征是客观存在的。因此,使系统产生"好"的机制,同时避免"不好"的机制产生,是系统设计与机制设计的任务。

(4)系统性。一个系统中同时存在多种机制,这些机制共同构成机制体系。

(四)管理机制的类别

管理机制根据其对管理系统功能的作用可分为三类,即行为目标导向机制、内部协调机制及环境适应与发展机制。

1.行为目标导向机制

管理机制的一般原理阐明了管理机制在决定管理目标与管理行为之间关系中的作用,管理实质上是使管理对象在管理机制的约束下向管理者所预定的目标运动。而这种运动如果没有管理者的干预,管理对象一般是不会自发地实现,否则就没有必要对其进行管理。一般地说,管理对象必定存在着某种倾向,即某些自发的追求。如果管理者能够提供满足这些倾向的回报,并且有效地控制住这些回报,使之只有在被管理者向管理者所希望的方向或目标努力时或达到这些目标时,被管理者才能得到它们。换言之,管理者所制定的目标成为被管理者得到所追求的回报的条件,这时被管理者就会按管理者的意愿行事。

由于这种机制的建立以对被管理者行为引导为目的,因而可称为行为目标导向机制。根据对被管理者所施加的某种刺激的两个相反的方向,管理机制有两种截然不同但又互补的机制,即正向行为导向机制与反向行为导向机制。

正向行为导向机制:当一定的行为主体(系统中的机构、个人)的行为符合系统为其设定的目标时,就会受到某种鼓励,与目标越接近,所受到的鼓励越强。如各种激励机制。

反向行为导向机制:当行为主体的行为背离系统为其设定的目标时,就会受到某种惩罚,与目标越远,所受到的惩罚越强。如各种约束机制(含惩罚机制)。

此外,还有作为上述两种机制实施基础的信息反馈与评估机制(含监督机制)。

2.内部协调机制

整体性是系统的基本原理,产生理想的系统整体功能,是系统管理所追求的目标。协调机制的建立能够使系统通过一定的方式使具有不同职能的部门相互协调,共同为实现系统的整体功能做出贡献。根据系统的不同协调方式,协调机制有集中指挥机制、规范机制、自我协调机制三种。

集中指挥机制使系统的协调通过系统中上层领导的直接集中指挥达到;规范机制使系统的协调通过在系统中(含相关个人)建立相互协调的规范达到;自我协调机制使系统的协调通过系统中子系统(或相关个人)之间相互交往中自行达成某种协调的默契达到。

利塔沃曾提出类似的协调机制分类,将协调机制分为三种:指示型、自愿型和促进型。

3.环境适应与发展机制

根据环境的不同情况,系统需要不同的内部机制适应环境不同的要求,以便其在环境的变化中求得生存与发展。这些机制主要有适应机制、创新机制、稳定机制。

适应机制使系统具有对环境变化的适应性,系统越面临具有变化性的环境,要求其具有的适应性越强。稳定机制使系统无论面临环境如何巨大的变化,内部总是处于有序状态,而不致崩溃。创新机制是对系统不断接受环境的信息,并且在不断的学习中创新,这是一种较高层次的适应机制。

一个具有良好适应与发展机制的系统,应像一部能在行驶中更换轮胎的车,这就需要适应与创新的机制,同时也应使组织在“轮胎更换”中不致崩溃,这就需要稳定的机制。

(五)结论

从以上的讨论可以得出以下几点结论:

(1)从管理机制在管理系统中的地位与作用来看,机制是对功能完成的支持,同时机制的实现又需要相应的系统结构、运行支撑。

(2)对系统有益的机制需要有意识地进行专门设计。

(3)管理系统设计的逻辑过程包括功能与机制设计、初步组织化设计、详细组织化设计、系统确定、实施计划制定与实施等阶段。管理机制设计是管理系统设计中的重要内容与步骤。

(4)从管理系统组织化层次来看,机制的作用更多地要由运行进行支撑,从这一点说人们通常把机制称为"运行机制"不无道理。但从结构与运行的关系来看,运行是在结构的基础上起作用的,运行对机制的支撑作用从根本上来说还是取决于结构。

四、学习机制

进入21世纪,每一个组织都在寻求前沿的管理理论,特别是对于企事业单位,适应时代的管理方略是其生存发展的命脉。学习型组织作为当今世界最前沿的管理理论之一,近年来,愈来愈受到政府、社会、城市、企业、团体等各种组织的青睐。江泽民同志在2001年5月提出了"构筑终身教育体系,创建学习型社会"的主张,强调"教育是人力资源能力建设的基础,学习是提高人的能力的基本途径"。党的十六大报告中明确提出"形成全民学习、终身学习的学习型社会"。这是根据整个人类社会发展的趋势正确地提出的一个科学的、前瞻性的观念,这一观念把握住了整个时代发展的脉搏。学习型社会就是将整个社会的各个组织都建成学习型组织的社会,学习型组织是学习型社会的基础。

学习型组织是指个人、团队和组织共同学习,全体员工在组织共同愿景和一系列不同层次愿景的引导与激励下,不断学习新知识和新技能,并在学习的基础上持续创新,以实现组织的可持续发展和个人的全面发展。学习型组织是通过培养弥漫于整个组织的学习气氛,为充分发挥员工的创造性思维能力而建立起来的,一种有机的、有弹性的、扁平化的、符合人性的、能持续发展的组织。这种组织具有持续学习的能力,具有高于个人绩效总和的综合绩效。

愿景。愿,愿望,希望将来能达到某种目的的想法;景,景致,风景。愿景是指通过积极努力能够实现的清晰可见的愿望。愿景重过程,人生是过程,不是结果。共同愿景是组织中全体成员的个人愿景的整合,是能成为员工心中愿望的愿景。

我们每一个人都有自己的愿景,但我看我们的愿景不外就是政治的、经济的、文化的。我们过去是农业经济,近期是工业经济,现在已步入知识经济,知识经济是知识支撑的经济,在经济全球化的今天,经济之战就是文化之战。我们学习获得的是知识,知识支撑的是经济,政治是经济的集中体现,文化是政治的高级形式,而具有文化的经济才是经典的经济。所以,我们的愿景无论是政治的、经济的还是文化的,他们统统靠的是学习!只有学习才能建立起我们的美好愿景。

美伊战争,有人说是因为石油,但我看石油只是现象,如果伊拉克的石油能够按照美国的思维模式进行经营,那就不会有战争。经营理念不同,意识形态不同,文化不同,所以

有战争，战争背后是政治，政治背后是经济，经济背后是文化，文化背后是学习！

我们要清醒地看到：未来社会，一个人唯一持久的优势，就是他比他的竞争对手学习得更快；一个组织唯一持久的优势，就是他的团队比他的竞争对手学习得更快。未来社会是学习速度的竞争，只有学习的速度大于变化的速度，我们才不会落后于时代！

五、激励机制

员工激励是很多企业界人士和一些管理者经常探讨的课题。怎么样才能让员工有激情去为组织创造财富，怎么样激发他们的潜能和发挥他们的斗志？我们今天将就这些方面进行探讨。

激励所牵涉的理论比较多，关键是我们要找到它的本源。找到本源以后，联想到我现在要做的事情，才能够触类旁通，这是我的一点体会。激励的意义大家都很清楚，是为了挖掘人的潜能，激发人的创造力，还包括企业怎么吸引人才等。

（一）激励的理念

1.激励的概念

首先我们要了解激励的概念，激励一词用英文解释即 The psychological process that gives behavior purpose and direction，这里强调一个很重要的东西，是个心理过程。更多的是探讨心理问题，也就是说，它让人们感觉舒不舒服，它的激情能不能调动起来，能不能激励它的本源。

实际上我们用中文来说：激励就是创设满足员工各种需要的条件。激发员工的动机，使他产生实现组织目标的特定行为的过程。就是说他这种激发行为是有意安排的。这种安排的基础就是他的需要，他有这种需要你才去满足他，他才会产生一种动力，这种动力就是激励的结果。

2.激励的过程

激励的过程是比较简单的，即从他的需求产生紧张。我举一个很简单的例子：我的肚子现在很饿，那么现在产生最大的需求就是填饱肚子，要吃饭。可是今天我身上没有钱，钱包被别人给偷走了，那怎么办呢？这时候心里就产生了紧张，一方面肚子饿得难受，另一方面又怕丢面子。向别人去讨吧，又怕别人不给；去偷吧，又没有那个胆量，被人抓住怎么办？自己从来没有干过这种事，就产生这种紧张的矛盾心理。这种需求还没有得到满足，心里正在盘算有一个卖面包的摊位，不知不觉地朝着这个目标走过去，这个目标定好了以后就产生了行动，怎么样？干脆把面包偷过来，偷来之后就要付出行动，行动就是填饱肚子。然后心满意足，就有了满足感。这时候是什么动力去驱动他做这种冒风险的行为？就是他强烈的需求。

在这方面的研究有很多，我在读研究生的时候，老师给我们举了个例子，说澳洲近年养绵羊发现一种现象，就是羊毛的弹性度和它的色彩光泽度远远不如从前。科学家就在研究原因在哪里，同样还是原来那种品种的羊，同样给它一样的营养，为什么绵羊毛的质量比过去差了那么多？科学家作了很详细的研究，研究结果发现了一个很惊人的现象，就是没有狼。为了探讨这些问题，科学家们设想，是不是放一些狼在里面？通过实验证明很有效。为什么呢？就是狼在绵羊生存的环境里使绵羊产生了生存危机，绵羊为了生存，为逃脱狼的追捕，它就拼命地跑，所以产生了紧迫感。运动量增加了，它的食量也就相应地增加，体内细胞得到了运动，就产生一种胰酶。它的神经系统非常敏感，这样所产生的肉质和毛质全部改变了，达到了我们所需要的目标。这也是值得我们思考的。

小时候在农村，我家门前有一条小河，抱着好奇的心理看到渔夫带着一群鹭莺下小河去抓鱼，那么鹭莺怎样去抓鱼呢？刚开始这些鹭莺都不愿意下小河去抓鱼，这个时候渔夫准备好一根竹竿，在水面上拍打强迫这些鹭莺，你再不下水去抓鱼可能就要受到惩罚，就可能要挨揍。这时鹭莺马上就钻下水里，不一会儿它就衔着一条大鱼上来。浮出水面以后渔夫用竹竿把鹭莺挑到船上，鹭莺想把这条鱼吃下去，但是他怎么也吞不下去，为什么？因为渔夫为得到鱼而用绳子把鹭莺的脖子扎小了，鹭莺就无法把鱼吞下去。吞不下去它就把鱼吐进船舱里，想办法怎样把这条鱼吃下去，这时候渔夫就拿出一些很小的鱼放进鹭莺的嘴里让它吃掉，这鹭莺很开心，尾巴摆几摆，不用你下令哗啦又跳进水里去抓鱼，因为它有一个信号，渔夫在激励它。

我们试想一下，假如鹭莺是我们的员工，这个渔夫是我们的管理者或是我们的老板，管理者或老板怎么样去使员工不断地有动力去为他工作，实现组织目标？渔夫就抓住了一点，当这个鹭莺取得成果的时候，他马上就给它激励，就是准备好了这些小鱼，让它一吃很开心，马上就去工作。

那么，我们就要想渔夫激励鹭莺不断地去为他抓鱼，这种方法我们可以用在其他方面吗？这就要我们去思考。为研究这种现象我想邀请大家去观赏一下那些动物表演。驯养员驯养一只黑狗熊表演节目，训练它踩球、跳舞、吹喇叭等模仿人的生活动作，他的身上可能有一些袋子，装的是什么呢？可能是准备了黑狗熊很想吃的东西，通过训练督导它完成这些动作，就会给它吃一些东西。观察一下你就会惊奇地发现，在这个驯养员的身上准备了激励的东西给它，要去激励这些动物去表演节目就要准备这些动物最喜欢吃的东西。

这种现象在对人的管理中的激励能够用得上吗？这要呼唤我们去作研究作思考，去看待动物与人有什么区别和联系。

我们经常说人是高级动物，人只是高级些，高级在哪里？但是人还是有动物的成分在里面，我们看到了很多对动物的激励，这种东西对人会怎么样？所以，从这一点来看我们要探讨人的本源是什么，然后找出人和动物的共同点在哪里、区别在哪里。

3.激励的作用

(1)对人的激励是管理的关键。

(2)通过激励来挖掘人的潜能。

(3)通过激励来激发人的创造性。

(4)通过激励来吸引人才。

(二)个体行为激励理论

行为科学理论产生于20世纪20年代末30年代初的美国。在当时的美国，企业的规模逐步扩大，科学技术以前所未有的速度向前发展，新兴工业不断出现，使得生产过程更加复杂。在这种情况下，科学管理把工人看成是“活的机器”，用“胡萝卜加大棒”的管理方式管理工人，忽视人的因素的状况激起了工人们的反抗。与此同时，从1929年开始的经济危机，使资本主义国家工人阶级的觉悟日益提高。在这种背景下，西方的资产阶级感到单纯用科学管理理论与方法已不能有效地控制工人来达到提高劳动生产率和获取利润的目的，认识到社会化大生产的发展需要一种与之相适应的重视人的行为的新的管理理论。这样，以新的人的假设理论为依据的行为科学理论便应运而生。

行为科学理论的产生与发展分为两个阶段：第一阶段，称为早期行为科学理论，即通过著名的霍桑实验而创立的人际关系理论；第二阶段，行为科学理论建立并迅速发展，即以人际关系理论为基础而迅速发展起来的行为科学理论。它包括三部分内容：个体行为科学理论、团体行为科学理论和组织行为科学理论。

今天，我们主要介绍个体行为科学理论。这一理论主要包括三部分内容。

1. 需要理论

行为科学是研究人的行为规律的科学。它所揭示的有关人的行为的一般规律是：人的行为是由动机所支配的，而动机又是由需要所引发的，人的行为一般来说都是有目的的，都是在某种动机的驱使下为了某个目标而进行的。当目标实现后，人就进行满足需要的活动，然后又有新的需要产生，再引发新的动机，这样周而复始。需要是人的行为的原动力。需要产生压力，压力产生动力，动力产生积极性，积极性产生创造力。对需要理论进行研究是行为科学理论研究的起点。需要理论着重对人的各种需要进行研究，其中最有名的是马斯洛的需要层次理论，奥尔德弗的E、R、G理论，麦克利兰的成就需要理论。

1)需要层次理论

美国心理学家马斯洛(A. H. Maslow)在他的著作《人类动机论》(1946年出版)和《动机与人格》(1954年出版)中，提出了著名的需求层次论。他认为，如果仅就人类种种需要的生理、心理机制来看，它们可普遍地被归纳为生理、安全、感情和归属、尊敬以及自我实现五种基本类型；它们呈现为随着人类心理的发展以及低层次需要的相对满足而由低层次向高层次需求发展、进化的层次规律性。

各需求包括：

一是生理的需求。如衣、食、睡、住、水、行、性。

二是安全的需求。如保障自身安全、摆脱失业和丧失财产。

三是社交的需求。如情感、交往、归属要求。

四是被尊重的需求。如自尊(有实力、有成就、能胜任、有信心、独立和自由)，受人尊重(有威望、被赏识、受到重视和高度评价)。

五是自我实现的需求。其特征是自发性的、集中处理问题、自立的、有不断的新鲜感、幽默感、浓厚兴趣、不受束缚的想象力、反潮流精神、创造力、讲民主的性格。

这一需要层次理论有四点基本假设：

一是一种需要如果已经得到满足，就会被另一种需要代替，原来的需要将不再是激励因素。

二是大多数人的需要都是复杂的，因此在任何时刻都有许多需要在对人的行为产生影响。

三是在一般情况下，只有在较低层次的需要满足之后，才会产生较高层次的需要，激励人们去从事某种行为。

四是满足较高层次需要的途径会比满足较低层次需要的途径多。

这一需要层次理论强调的还有：

(1)在某一阶段上，人的多种需求并存，但只有一种需求取得主导地位。

(2)在不同时期，需求结构在动态变化，大致是逐步从低到高、从外部向内部满足。

(3)满足上行机制：尚未满足的较低层次需求总是主宰的，只有在满足它之后，紧邻的高一层次需求才被激活成为主宰。

(4)挫折下行机制：高一层次需求在未得到满足、受到挫折后，低一层次的需求重新成为主宰。

这一理论常被用来解释人们行为的动机，即人的低层次需要得到满足之后，就会追求高层次的需要。它的循环过程是：需要—动机—行为—目标(目标得到满足产生新的需要，以此循环往复，把人的需要不断推向更高层次，并由此推动社会向前发展)。

2)E、R、G 理论

E、R、G 理论是由美国行为科学家克莱顿· 奥尔德弗(Claytonp Alderfer)提出来的。他把马斯洛需要层次理论中的五个层次需要简化为三个层次，即生存需要(Exsistence)、关系需要(Relatedness)、成长需要(Grouth)。取这三种需要的英文第一个大写字母，称之为 E、R、G 理论。

(1)生存需要。生存需要相当于马斯洛提出的生理的和某些安全的需要。生存需要包括人的多种形式的生理和物质的欲望，如衣、食、住、行等。在组织环境中，人对工资、福利和工作的物质条件的需要也包括在内。

(2)关系需要。关系需要相当于马斯洛提出的地位和受人尊重的需要。关系需要主要指人不是孤立存在的，在社会环境中作为个体的人，总是要通过人际交往与他人交流思想感情，人的大部分感情只有与他人(或群体)发生关系才能获得满足。

(3)成长需要。成长需要相当于马斯洛提出的地位和受人尊重的需要及自我实现的需要。成长需要是个人成长发展和发挥个人创造力的欲望。个人成长的需要主要在所从事的工作中得到满足。人不能只停留在现实需要的满足上，只有不断地充实自己、发展自己，才能不断获得新的能力、经验和成绩。

奥尔德弗认为，人的需要并不一定像马斯洛所陈述的那样是建立在满足—上升的基础上的，也就是说，并不一定严格地按照由低级向高级呈阶梯式发展。人的生存、关系、成长三种需要既存在由低级向高级发展的状态，也存在一旦遇到挫折而下降的情况，如有的人在生存需要得到满足后，就可以直接产生成长需要；有的人在成长需要受到挫折后，就会下降到对人与人关系需要产生更大的欲望。

3)成就需要理论

成就需要理论是由美国行为科学家哈佛大学教授戴维·麦克利兰(David C. Meclelland)提出来的。他把人的需要分为三种：成就需要、权力需要、情谊需要。

(1)成就需要。成就需要是人的一种迫切欲望和要求自己在工作或事业上取得成功，做出让世人所瞩目的成就的欲望。麦克利兰在《促使取得成就的事物》一文中指出，世界上的人大致可分为两大类：一类愿意接受富有挑战性的和艰苦的工作，以便取得成就，这只是少数人；而另一类则对取得成就的愿望不是那样迫切、强烈，这是大多数人。他由此得出一个结论，即人的成就需要有高低之分。麦克利兰通过大量研究，发现有成就需要的

人具有如下特征：

一是事业心强。高成就需要的人在工作中敢于负责，敢于寻求解决问题的途径，一般都很自信。

二是喜欢挑战性的工作，有进取心，敢于冒一定的风险，但不是冒险家，且较实际。

三是把个人成就看得比金钱更重要。在工作中取得了成功或攻克了难关，从中得到的激发胜过金钱或物质鼓励。

四是把报酬仅当做衡量自己进步和成就大小的工具，因此当得到嘉奖、提职、晋升或赞许时，感到的是莫大的成就满足。

五是在从事某项挑战性的工作以前，制定一个经过努力能够达到的目标，并且需要有明确的、不间断的关于他们工作成就的反馈，使其知道自己的工作成就是否已得到组织和别人的承认。

麦克利兰认为，一个国家、一个组织事业成功与否，关键在于是否拥有具有高成就需要的人才。

麦克利兰认为，管理者应该是本身具有高成就需要的人。如果这方面欠缺，就应该加以培训。麦克利兰曾为一些发展中国家培养具有高成就需要的经理人员。方法是组织培训班，每期 7～10 天。其培训内容是：①宣讲高成就的人物形象及其特征，以一种获得成功的模式为榜样，如模仿杰出人物的做法等。②要求学员制定具体的两年规划。③进行基本概念教育，如讲解什么是生命价值、什么是逻辑等，以提高学员的自我认识水平。④让学员交流成功与失败、希望与恐惧的经验体会，形成团结互助的气氛。

(2)权力需要。权力需要是一种控制他人或感觉优越于他人的需要，是感觉自己处于负责地位的需要。麦克利兰认为，权力需要对人也是一种激励，它使人关心组织目标，帮助人们确定方向，同时在前进及实现目标的过程中，增强力量与竞争的信念。

麦克利兰认为，成功的管理者具备与权力相关的一些明显特点：一是他们认为在一个权威系统中，制度比个人更重要；二是喜欢工作及工作纪律，因为只有这些工作纪律才能使管理工作井井有条；三是他愿意为了组织的利益而牺牲个人的利益，并且这种牺牲要让众人都能看得到，是利他主义者；四是坚持公正高于一切，对任何人都能“一碗水端平”。

(3)情谊(从属)需要。麦克利兰在做一项试验时发现，要一个人去完成某项工作，并告诉他可以选择一位工作伙伴，或者选择一位亲密的朋友，或者选择一位他所不熟悉的该项业务的专家。那种“情谊需要高”的人往往选择自己亲密的朋友，由此他指出，情谊需要强的人一般宁愿做组织中的一个普通成员，而不愿做领导。而许多成功的管理者对情谊(从属)的要求不高，因为他们已在所从事的事业中获得了归属感。他认为，当一个人上升到组织等级链的顶部，他对于情谊的需求就趋于下降。

麦克利兰所提出的成就需要理论，对于管理者理解成就需要者的特征，以及任何提高下属的成就愿望都是非常有用的。

2.激励理论

由于人的需要、人的动机及满足需要、激发动机的方式多种多样，因此在此基础上形成的激励理论也就很多。由于时间关系，我们今天来学习三种激励理论：内容型激励的双因素理论、过程型激励的期望理论及公平理论。

1)激励—保健双因素理论

美国心理学家赫茨伯格(F. Herzberg),他在美国匹兹堡地区对200多名工程师和会计人员进行访问谈话,了解他们在什么条件下感到满意,什么条件下感到不满意。结果发现,使职工感到满意的都是属于工作本身或工作内容方面的,称之为激励因素;使职工感到不满意的都是属于工作环境或工作关系方面的,称之为保健因素或维持因素。于是,他在1959年与人合著出版的《工作激励因素》和1966年出版的《工作和人性》两本著作中,提出了激励因素和保健因素,简称双因素理论。他把这两种因素进行了归纳,具体内容如下:

10个保健因素包括公司的政策与行政管理;管理与监督;与上级主管之间的关系;与同级之间的关系;与下级之间的关系;薪金所得;工作的安全;工作环境或条件;个人的生活; 职务地位。

6个激励因素包括工作上的成就感;工作本身具有的挑战性;个人发展的可能性;职务上的责任感;得到提升;工作得到认可或得到赏识。

赫茨伯格认为,保健因素和激励因素都会影响人的行为动机,但其作用不同,效果也不一样。如果保健因素处理不当,满足不了人们对这些因素的需要,就会严重挫伤人们的积极性,使大家产生不满情绪以至于消极怠工。如果这类因素处理得当,使人们对这类因素的需要得到满足,就能消除人们的不满,但不能调动人们的积极性,这如同保健只能防病而不能治病一样。如果激励因素处理得当,会使人产生满足感,有助于充分、有效、持久地调动人们的积极性,有很大的激励作用;如果激励因素处理不当,那么人们就不会产生满足感。

赫茨伯格的激励因素和马斯洛的需要层次理论大致是吻合的。马斯洛需要层次理论中的低层次需要相当于赫茨伯格的保健因素,而马斯洛需要层次理论中的中高层次需要则相当于赫茨伯格的激励因素。

需要指出的是,马斯洛的需要层次理论是就需要和动机而言的,赫茨伯格的双因素理论是就满足需要的目标(诱因)而言的。双因素理论的重点是人们对待工作或劳动的态度,如保健因素是人们对外在因素的要求,激励因素是人们对内在因素即工作本身的要求。

赫茨伯格的双因素理论提出后,受到西方国家一些人的种种非议。有的人认为对工作感到满意并不等于生产率就会提高,对工作感到不满意并不等于生产率就会降低。由于赫茨伯格没有进一步论证满意感同生产率的关系,因此人们对双因素理论的可信性提出了怀疑。有的人还认为赫茨伯格调查的对象只是一些会计师、工程师等部分专业人员,不能代表其他类型的职工,因此对双因素理论的普遍性提出了怀疑。但是,从20世纪60年代以来,双因素理论越来越受到人们的注意。根据1973~1974年美国全国民意研究中心的调查,过半数的男工都认为工作首要条件只是提供成就感。其中把有意义的工作列为首位的人要比把缩短工作时间列为首位的人多7倍。这说明对工作本身的要求确实是一种激励因素,因此双因素理论的应用价值是应该肯定的。

2)期望理论

美国行为科学家维克托·弗鲁姆(Victor H. Vroom)在1964年出版的《工作与激励》一书中,提出了期望几率模式(此模式后经人发展补充成为当前行为科学家比较广泛接受的激励模式)。它是一种通过考察人们的努力行为与其所获得的最终奖酬之间的因果关系,来说明奖励过程并选择合适的行为,以达到最终的奖酬目标的理论。这种理论认为,当人们既有需要,又有达到目标的可能性时,其积极性才会高,因此激励力量取决于期望值和效价的乘积,用公式表示,即:

$$M = EV$$

其中,M 为激励力量;E 为期望值;V 为效价。

激励力量是指被激发起的工作动机和强度,即激发人的内在潜力,调动人的积极性的强度。

期望值是指人们根据个人的经验,对自己的行为能否导致所想得到的工作绩效和奖酬的主观概率,也就是说,主观上估计达到目标和得到奖酬的可能性。这种主观概率要受每个人的个性、情感、动机的影响,因而人们对这种可能性的估计就会不一样,可能有的人趋于保守,有的人趋向冒险。

效价是指人们对某一目标(奖酬)的重视程度与评价高低,也就是说,实现这一目标对满足个体需要的价值。

激励力量计算公式说明,调动人的积极性的激励力量等于期望值和效价的乘积。作为激励的某种目标如实现的可能性很大,而实现后对本人的效价又很高,那么其激励力量就大,人的积极性就高。若期望值和效价二者之中任何一项为零,其激励作用就不存在。若期望值和效价二者之中任何一项较低,其激励作用也低。

3)公平理论

美国行为科学家亚当斯(J. S. Adams)在 1965 年提出了公平理论。这一理论侧重于研究工资报酬等分配的合理性、公平性以及对人的激励作用。

公平理论认为,一个人的工作动机不仅受到自己的获得(工资、奖金、福利、赏识、认可等)和付出(受教育程度、努力程度、工作量、精力等)的绝对额的影响,而且受到获得与付出相对比较的影响。也就是说,人们不仅关心个人努力所获得的绝对报酬量,而且关心同别人比较报酬的相对报酬量。他要进行种种比较来确定自己所获得的报酬是否合理,比较的结果将直接影响今后的工作积极性。

该理论认为:

(1)如果某人感到自己获得的报酬与自己的投入的比值同他人获得的报酬与他人的投入的比值相等或大于他人,则这个人就会感到满意、公平。如果二者的比值小于他人,则会感到不公平。

(2)如果某人对自己的工资报酬作社会比较或历史比较的结果表明收支比率相等或相对较高,他便会感到自己受到了公平待遇,因而心情舒畅,积极努力地工作。如果认为收支比率不等或相对较低,他便会感到自己受到不公平的待遇,这种不公平感使他心理产生紧张和不安,影响他的行为动机,导致工作积极性下降。

公平理论提出的基本观点是客观存在的,但公平本身却是一个相当复杂的问题,这主要是因为:①它与个人的主观判断有关;②它与个人所持的公平标准有关;③它与绩效的评定有关;④它与评定人有关。

根据公平原理,提示管理者在激励过程中既要客观公正,又要注意对被激励者公平心理的疏导,引导职工树立正确的公平观。

3.人的本性理论

人具有什么样的本性以及怎样根据人的本性进行管理,这是行为科学个体行为理论研究中的一个重点问题。不少行为科学家对这一问题进行了研究,提出了种种假设。其中美国心理学和行为科学家埃德加·沙因(Edgar Schein)的人性假设理论;美国行为科学家道格拉斯·麦格雷戈(Douglas M. Me Gregor)提出的x理论和y理论较有代表性。

由于对人的本性认识不同,因而对人性的假设也就不一样。由于对人性的不同假设,因而会导致其管理方式的不同。有关人性的假设,埃德加·沙因通过分类排列提出了四种假设,即经济人假设、社会人假设、自我实现人假设和复杂人假设。

1)经济人假设

这是古典经济学和古典管理学关于人的特性的假设。经济人假设盛行于19世纪末20世纪初。这种假设从一种享乐主义哲学观点出发,认为人的行为是为了追求本身最大的经济利益,工作的动机是为了获取报酬。科学管理理论的创始人泰罗就是持“经济人”观点的典型代表。

沙因把经济人的假设归纳为以下四点:

(1)人是由经济诱因来引发工作动机的,其目的在于获得最大的经济利益。

(2)经济动机在组织的控制之下,因此人被动地在组织的操纵、激励和控制之下从事工作。

(3)人以一种合乎情理的、精打细算的方式行事。

(4)人的情感是非理性的,会干预人对经济利益的合理追求,组织必须设法控制个人的感情。

从上述的假设出发,管理者在对人的管理中必然要采取“命令与统一”、“权威与服从”的管理方式。管理者把人看做物件一样,忽视了人的自身特征和精神需要,只注意人的生理需要和安全需要的满足,把金钱作为主要的激励手段,把惩罚作为有效的管理方式,采取软硬兼施的管理方法。

2)社会人假设

这是人际关系理论的创始人梅奥等依据霍桑实验提出来的。它在20世纪30年代至50年代较为盛行。这种假设同经济人假设大不相同。社会人假设认为,满足人的社会需求往往比经济利益更能调动人的积极性,良好的人际关系是调动人的积极性的决定性因素,物质刺激只具有次要的作用。沙因把社会人假设行为归纳为以下四点:

(1)人基本上是由社会需求而引起工作动机的,人们最重视人与人之间的相互关系。

(2)现代工作的机械化程度愈高、分工愈细的结果,使工作本身变得单调、枯燥乏味,因此人们只能从社会关系上去寻求意义。

(3)工人对同事们的社会影响力,要比对管理者所给予的经济诱因及其控制更重视。

(4)工人的生产效率决定于上司能满足他们社会需求的程度。换句话说,工人的社会需求的满足与否,决定其生产率的高低。

从上述假设出发,管理者在对人的管理中必然采取启发与诱导、民主与参与的管理方式。采取这种管理方式能按照每个人的爱好,安排具有吸引力的工作,发挥其主动性和创造性；重视人的自身特征，相信职工能自觉地完成任务，而不把外部控制、操纵、说服、奖惩等作为促使人们去工作的唯一方法。

3)自我实现人假设

这种假设盛行于20世纪40年代末。马斯洛的人类需要层次理论中的最高层次的需要即是自我实现的需要。

这种人性假设的核心思想就是认为人都有一种想充分发挥自己的潜能、实现自己的理想的欲望。只有将自己的才能表现出来，才会感到最大的满足和欣慰。自我实现人假设的要点是：

(1)人的需要层次由低级到高级，其目的是为了达到自我实现的需要，寻求工作上的意义。

(2)人们力求在工作上有所成就，实现自治和独立，发展自己的能力和技术，以便富有弹性，能适应环境。

(3)人们能够自我激励和自我控制，外来的激励和控制会对人产生一种威胁，造成不良后果。

(4)个人的自我实现同组织目标的实现并不冲突而是一致的。在适当条件下，个人会自动地调整自己的目标，使之与组织目标相配合。

同经济人假设、社会人假设相比，自我实现人假设导出的管理方式有以下特点：

一是管理重点发生变化。经济人假设把管理的重点放在物质因素上，重视生产任务的完成，而忽视了人的因素和人际关系；社会人假设则把管理的重点放在人的因素上，重视人的作用和人际关系，而物质因素放在次要地位；自我实现人假设则把管理的重点从人的因素转移到工作环境上，主张创造一种适宜的工作环境，以利于人们的潜能得到充分发挥。

二是管理职能发生变化。经济人假设认为管理者就是生产的指挥者，他执行监督和控制的职能；社会人假设认为管理者在职工和上级之间起“联络”作用，成为人际关系的调节者；自我实现人假设认为管理者只是一个“采访者”，主要任务在于如何发挥人的才智创造适宜的条件，减少和消除职工自我实现过程中所遇到的障碍。

三是激励方式发生变化。经济人假设靠物质刺激来调动职工的积极性；社会人假设靠搞好人际关系来调动职工的积极性，这些都是从外部条件来满足人的需要，并且所满足的主要是生理的需要、安全的需要和归属的需要。自我实现人假设则主张从内部激励来调动人的积极性，满足人的自尊需要和自我实现的需要。

4)复杂人假设

复杂人假设是上世纪60年代末70年代初提出来的一种人性假设。沙因认为，经济人假设、社会人假设、自我实现人假设各自反映出当时的时代背景，并适合于某些场合和某些人。但是，人的个人工作动机是复杂的，不能简单地归结为一两种动机，也不能把所的人都归为同一类人。因此，他提出了复杂人假设。

(三)学习个体行为激励理论的启示

1.理解职工的需要，研究职工的需要

1)从思想上正确认识人的需要

过去由于受“左”的思想影响，在认识上常常把个人需要同个人主义相提并论。一谈个人需要就认为是极端个人主义，是自私的表现，因此要“狠斗私字一闪念”，以致当行为科学的需要理论传入我国时，仍有不少人认为这一理论强调个人需要是违背马克思主义的。其实，这种认识是不正确的，也是违背马克思主义原则的。马克思指出：“任何人如果不同时为了自己的某种需要和为了产生这种需要的器官而做事，他就什么也不能做……”在马克思看来，人的需要是个体行为的动力基础。在理论上不承认个人需要，或是用行政手段来遏制人的需要，也是违背马克思主义的。斯大林曾指出：“马克思主义的社会主义，不是要减缩个人需要，而是要竭力扩大和发展个人需要；不是要限制或拒绝满足这些需要，而是要满足有高度文明的劳动人民的一切需要。”社会主义生产的根本目的是满足人民日益增长的物质文化生活的需要，因此我们进行社会主义现代化建设，从事各项管理活动，必须首先从思想上正确认识个人需要，这是促进社会发展具有生机和活力的前提。

2)切实了解组织成员的真实需要

关心群众的生活需要和疾苦，这是我们党的优良传统。人的需要是多层次的，而且随着年龄、学历、生活背景和社会地位的不同，其需要层次的内容将更加丰富。因此，作为组织的管理者，要切实了解组织成员的需要，只有深入实际、深入群众，和他们打成一片，和他们息息相通，才能深入地了解群众的真实需要，因人、因时、因地，有针对性地满足组织成员的切身利益。据调查，现阶段我国从业人员的需要是多种多样的，其中最基本的有以下三种需要：

(1)物质生活的需要。即吃、穿、住、行、用等物质消费资料的需要，这是所有人员起码的生存需要，该需要得不到满足，其他需要无从谈起。满足人们的物质生活需要，应遵循毛泽东同志提出的“对被领导者给以物质福利，至少不损害其利益”的原则。

(2)精神生活的需要。即成员对幸福的物质生活、文化生活和理解、尊重、信任的追求，以及社会责任心、个人事业心的需要。对精神生活的需要，是人类区别于动物的主要特征。要调动组织成员的积极性，不仅要帮助成员实现物质生活的需要，而且更要帮助他们努力实现精神生活的需要。了解组织成员的精神生活方面的需要，既要从组织的实际出发，又要靠组织的各级领导细心体会，才能比较深入、系统地掌握这方面的需要。

(3)劳动和社会交往的需要。劳动是人们的一种本质需要，一个人若失去了劳动和工作的权利，那是最大的痛苦。管理者要满足组织成员的需要就要尊重组织成员的劳动权利，尽量创造条件把他们安排在合适的岗位上，使其各尽所能，充分发挥他们的聪明才智。在现代社会里，组织成员在劳动和工作中的社会交往需要越来越强烈，迫切要求有一个安定、团结、和谐的环境，希望建立平等、民主、互助、合作的同志式关系。实践证明，创造各种条件来帮助人们实现文明、健康的社会交往，是调动组织成员积极性的一个非常重要的环节。

3)有效协调好个人需要与组织目标需要的关系

作为组织的管理者，要高效率地带领其全体成员实现预定的组织目标，还应有效地协调好个人需要与组织目标需要的关系，使二者在工作过程中均衡地获得满足。

具体地讲有以下几个方面：

(1)对组织成员进行思想教育。在社会主义经济基础上所形成的道德观念、文化观念、思想观念是组织赖以教育成员、提高其觉悟的思想武器，使成员识大体、顾大局，增强

主人翁意识和责任感，把个人需要、组织需要和国家需要很好地结合起来。

(2)重视组织成员个人需要的满足。任何需要的满足都需要外界的目标和一定的物质条件，因此组织要采取一系列行之有效的措施和方法，创造良好的组织环境来满足个人的合理需要。

2.以环境吸引职工，以工作留住职工

首先，抓好保健因素是基础。保健因素是外在的、有形的、员工很容易感觉到的因素。如住房条件是否改善，工作环境是否舒适，组织的福利措施是否令人满意，同事间是否合作等。如果保健因素抓好了，调动了职工的积极性，实现组织的发展目标就有了良好的基础。作为管理者，很容易从职工的情绪、缺勤率、抱怨声中看出职工保健因素是否获得满足，管理者就要根据实际情况，抓紧改善职工的保健因素。

其次，用好激励因素是关键。激励因素是内在的，管理者应根据员工实际情况，用好激励因素。如给员工培训机会使其得到业务上的成长与发展；员工做出成绩及时给予表扬；对有技术、有能力的人安排应有的职位，让其负责较重要的工作等。由于激励因素的应用对员工动机的激发很大，能有效地调动其积极性，因此激励因素是组织保持长久发展的关键。

最后，还要处理好保健因素和激励因素的关系。管理者在应用双因素理论时要注意处理好二者的关系。保健因素的满足虽然只能消除不满，但在管理中使保健因素的要求得到满足又是必要的，例如我国退休职工的待遇。在实际生活、工作中，我们又不能把很多事情都当保健因素来处理，如在处理奖金问题上，如果不把奖金的发放与工作业绩挂起钩来，而是平均发放，则起不到激励作用。如果把奖金的发放与工作业绩挂起钩来，则奖金就会变成激励因素。由此可见，保健因素和激励因素是可以转化的，转化的条件主要取决于领导处理问题的方法。目前世界上的许多发达国家在发放奖金问题上，都致力于使保健因素向激励因素转化。我们在发放奖金上，也要按照责、权、利相结合的原则，使奖金向激励因素转化，成为有效调动员工积极性的重要因素。

3.确立组织目标，重视个体目标

1)目标的确定

目标是人们活动所追求的预期结果。恰当的目标会给人以期望，使人产生心理动机，激发人们努力工作的热情，因此目标的确定是个重要环节。在确定目标时要注意四个问题：

(1)目标必须与人们的物质需要和精神需要相联系，使他们能从组织的目标中看到自己的利益，这样效价就大。

(2)目标的设置必须先进合理。目标要定得切合实际，在经济上要先进合理。通常情况下，目标应具有挑战性，必须经过人们的积极努力才能达到，并且不可把目标定得过高，高不可攀容易造成人们心理上的挫折，失去实现目标的信心。在具体制定目标时，应充分考虑效价和期望值的问题。

(3)确定目标必须考虑组织目标与个人目标的一致性和差异性。在社会主义市场经济条件下，国家利益、集体利益和个人利益从根本上说是一致的。因此，组织目标和个人目标从总体上说是能够统一起来的。但是由于个体差异的存在，必然导致个人目标的差异，各自都有自己的具体目标，因而组织目标与个人目标也就不可能完全一致。这种一致性和差异性的存在，要求组织领导要善于尽可能地使个人目标与组织目标结合起来。组织目标要能够包含更多个人的共同需要，使个人能在组织目标中看到自己的切身利益，从而把实现组织目标看成是与自己休戚相关的事。

(4)确定的目标不是一成不变的。确定的目标在执行过程中主客观条件不断发生变化，因而它不可能一成不变。因此，要根据变化了的情况对目标进行适当调整，使其更加符合客观实际，更好地激励人们的积极进取精神。但要注意不能脱离实际频繁地调整目标，过于频繁，容易降低人们心目中的效价和期望值。

2)全面理解效价

由于人们的价值观、需要、动机不一样，以及每个人的文化水平、道德观念、理想的不同，导致同样的目标在不同人的心目中往往有不同的效价，因此要全面理解效价。也就是说，分析某个目标的价值，要从对社会的贡献和对个人的好处两方面认识。如果仅从"对自己有无好处"去看效价，那就容易走上追逐个人名利、私而忘公的歧途；如果组织领导仅从"对组织有无好处"去评价效价，则将会不利于组织目标的实现。

由于人们对同一目标的效价会有不同的评价，因此目标确定后，还要根据不同人的不同情况，采用不同的方法进行思想发动，讲清形势，加强教育，坚持物质鼓励与精神鼓励相结合并以精神鼓励为主的原则，使人们对目标重大意义的认识不局限于个人能挣多少钱上，而着重从实现目标的社会意义，即对国家的贡献上去提高目标的效价。

3)估计期望值

对期望值的估计要根据主观条件和现实的可能性做到恰如其分。如果管理者有目的、有计划、有步骤地给人一种期望，就能有效地调动人的积极性。当一个恰当的目标确定后，期望值的高低往往与个人的兴趣、能力、意志、气质、经验及个人因素有关。如果是因为人们的能力、经验和知识等影响了期望值，管理者就要采取诸如培训、进修等措施，提高人们的知识和能力，进而提高人们对达到目标的期望值。在实际工作中，现实与期望往往有三种情况：

(1)实际结果大于期望值。如分房、提薪、晋升等现实大于期望值，会使人们为此而兴奋，有助于提高人们的积极性。

(2)实际结果小于期望值。若期望值大于实际结果，则会令人失望，使人产生消极情绪，此时，则需说明客观条件，做好思想工作。但期望值不能大于结果太多，太大了会使人产生无所谓的思想，放弃努力。当肯定性的结果小于期望值时，则往往会使人产生挫折感，对调动人的积极性不利。

(3)实际结果与人们的期望值相吻合。这种情况下，一般都有助于提高人们的积极性。但是，如果没有进一步的激励，积极性只能维持在期望值的水平上。

4.树立公平观，让职工满意

(1)树立社会主义的公平观。

(2)不搞分配上的平均主义。

(3)缩小收入差距，防止两极分化(实行以按劳分配为主，坚持"效率优先、兼顾公平"的分配方式)。

5.研究人的本性,增强人本意识

科学发展观的核心是坚持以人为本,做到以人为本,就要研究人的本性,促进人的全面发展,从而促进我们事业的全面发展,由此互促而前行。

总之,应善于运用激励理论建设激励机制,激励机制建设是管理机制建设的重要组成,管理机制建设是抓管理、促效益的关键环节。

引黄处财务管理概况

范丽霞

今天很高兴我们能坐在一起，共同探讨、学习有关我处财务管理方面的一些制度和问题，我们在座的有在一起共事十几年的同事，也有刚到我处工作的二十几名新同事，有些人工作经验丰富，有些人知识功底深厚，甚至有一部分人多年从事财务工作，可以说是在财务工作中有一定的造诣，所以我在这里说的讲的有什么不足和不正确的，希望大家指正。下面我就引黄管理处能够涉及的财务管理知识向大家作一介绍。

一、财务管理概念

财务管理就是对单位财务活动以及单位同各方面财务关系的综合性管理工作。

财务管理包括两个方面的内容：一是财务活动；二是财务关系。我首先介绍一下财务活动，财务活动是单位筹集、投放、使用、收回、分配资金的一系列活动，就以我处为例，我分别介绍一下这一系列活动。我们单位刚一成立的时候，要向政府、财政部门报文件，写说明，要回一部分资金，或者接受社会个人的投资，这个申请资金的过程就是筹集。筹集到的资金经过单位研究，分析需要后投资到支付黄河水费工程建设或办公用具的购置上，这一过程是资金的投放。资金投放到这些项目后，如何使它发挥更大的效益，如何达到事半功倍的效果，必须做到有效使用，经过积极的筹集、合理的投放、有效的使用，这些资金发挥了效益、创造了收入，这一过程叫资金的收回。资金收回后要对它进行分配，一部分留作单位生产周转使用，一部分是以工资、福利的形式发放给职工，一部分作为税金上缴，其中留作单位生产周转使用的部分又开始新的一轮周转。上述互相联系又有一定区别的几个方面，构成了单位完整的财务活动，也是单位财务管理的基本内容。

财务关系共有七个方面。

(一)单位与投资者之间的财务关系

这主要是指单位的投资者向单位投入资金，体现在单位向其投资者支付投资报酬所形成的经济关系。单位的所有者要按照投资合同、协议、章程的要求履行出资义务以便及时形成单位的资本。单位利用资本进行营运，实现利润后，应该按照出资比例或合同、章程的规定，向其所有者支付投资报酬。如果同一单位有多个投资者，他们的出资比例不同，就决定了他们各自对单位所承担的责任不同，相应对单位享有的权利和利益也不相同。但他们通常要与单位发生以下财务关系：

(1)投资者可以对单位进行一定程度的控制或施加影响；

(2)投资者可以参与单位净利润的分配；

(3)投资者对企业的剩余资产享有索取权；

(4)投资者对企业承担一定的经济法律责任。

(二)企业与受资者之间的财务关系

这主要是企业以购买股票或直接投资的形式向其他企业投资所形成的经济关系。随着市场经济的不断深入发展,企业经营规模和经营范围的不断扩大,这种关系将会越来越广泛。企业向其他单位投资,应按约定履行出资义务,并依据其出资份额参与受资者的经营管理和利润分配。企业与受资者的财务关系是体现所有权性质的投资与受资的关系。

(三)企业与债权人之间的财务关系

这主要是指企业向他人借入资金,体现在按借款合同的规定按时支付利息和归还本金所形成的经济关系。企业除利用资本进行经营活动外,还要借入一定数量的资金,以便降低企业资金成本,扩大企业经营规模。企业的债权人主要有本企业发行的公司债券的持有人、贷款机构、商业信用提供者,以及其他出借资金给企业的单位和个人。企业利用债权人的资金,要按约定的利息率,及时向债权人支付利息;债务到期时,要合理调度资金,按时向债权人归还本金。企业同其债权人的财务关系在性质上属于债务与债权关系。

(四)企业与债务人之间的财务关系

这主要是指企业将其资金以购买债券、提供借款或商业信用等形式出借给其他单位所形成的经济关系。企业将资金借出后,有权要求其债务人按约定的条件支付利息和归还本金。企业同其债务人的关系体现的是债权与债务关系。

(五)企业与政府之间的财务关系

中央政府和地方政府作为社会管理者,担负着维持社会正常秩序、保卫国家安全、组织和管理社会活动等任务,行使政府行政职能。政府依据这一身份,无偿参与企业利润的分配。企业必须按照税法规定向中央和地方政府缴纳各种税款,包括所得税、流转税、资源税、财产税和行为税等。这种关系体现一种强制无偿的分配关系。

(六)企业内部各单位之间的财务关系

这主要是指企业内部各单位之间在生产经营各环节中相互提供产品或劳务所形成的经济关系。企业在实行厂内经济核算制和企业内部经营责任制的条件下,企业供、产、销各个部门以及各个生产单位之间相互提供的劳务和产品也要计价结算。这种在企业内部形成的资金结算关系,体现了企业内部各单位之间的利益关系。

(七)企业与职工之间的财务关系

这主要是指企业向职工支付劳动报酬过程中所形成的经济关系。职工是企业的劳动者,他们以自身提供的劳动作为参加企业分配的依据。企业根据劳动者的劳动情况,用其收入向职工支付工资、津贴和奖金,并按规定提取公益金等,体现着职工个人和集体在劳动成果上的分配关系。

刚才讲的就是财务管理的一个概念性内容,它是基于单位生产经营过程中客观存在的财务活动和单位生产经营过程进行的管理,是单位组织财务活动、处理与各方面财务关系的一项综合性管理工作。

二、财务管理的目标

财务管理目标是在特定的环境中,通过组织财务活动,处理财务关系所要达到的目的。

从根本上说,财务目标取决于单位生存目的或单位目标,取决于特定的社会经济模式。单位财务目标具有体制性特征,整个社会经济体制、经济模式和单位所采用的组织制度,在很大程度上决定单位财务目标的取向。根据现在单位财务管理理论和实践,最具有代表性的财务管理目标主要有以下几种观点。

(一)利润最大化

即假定在单位的投资预期收益确定的情况下,财务管理行为将朝着有利于单位利润最大化的方向发展。以追逐利润最大化作为财务管理的目标,其主要原因有三:一是人类从事生产经营活动的目的是为了创造更多的剩余产品,在商品经济条件下,剩余产品的多少可以用利润这个价值指标来衡量;二是在自由竞争的资本市场中,资本的使用权最终属于获利最多的单位;三是只有每个单位都最大限度地获得利润,整个社会的财富才可能实现最大化,从而带来社会的进步和发展。在社会主义市场经济条件下,单位作为自主经营的主体,所创利润是单位在一定期间全部收入和全部费用的差额,是按照收入与费用配比原则加以计算的。它不仅可以直接反映单位创造剩余产品的多少,而且也从一定程度上反映出单位经济效益的高低和对社会贡献的大小。同时,利润是单位补充资本、扩大经营规模的源泉。因此,以利润最大化为理财目标是有一定的道理的。

利润最大化目标在实践中存在以下难以解决的问题:①这里的利润是指单位一定时期实现的利润总额,它没有考虑资金时间价值;②没有反映创造的利润与投入的资本之间的关系,因而不利于不同资本规模的单位或同一单位不同期间之间的比较;③没有考虑风险因素,高额利润往往要承担过大的风险;④片面追求利润最大化,可能导致单位短期行为,如忽视产品开发、人才开发、生产安全、技术装备水平、生活福利设施和履行社会责任等。

(二)资本利润率最大化或每股利润最大化

资本利润率是利润额与资本额的比率。每股利润是利润额与普通股股数的比值。这时利润额是净利润。所有者作为单位的投资者,其投资目标是取得资本收益,具体表现为净利润与出资额或股份数(普通股)的对比关系。这个目标的优点是把单位实现的利润额同投入的资本或股本数进行对比,能够说明单位的盈利水平,可以在不同资本规模的单位或同一单位不同期间之间进行比较,揭示其盈利水平的差异。但该指标仍然没有考虑资金时间价值和风险因素,也不能避免单位的短期行为。

(三)单位价值最大化

投资者建立单位的重要目的,在于创造尽可能多的财富。这种财富首先表现为单位的价值。单位价值不是账面资产的总价值,而是单位全部财产的市场价值,它反映了单位潜在或预期获利能力。投资者在评价单位价值时,是以投资者预期投资时间为起点的,并将未来收入按预期投资时间的同一口径进行折现,未来收入的多少按可能实现的概率进行计算。可见,这种计算办法考虑了资金的时间价值和风险问题。单位所得的收益越多,实现收益的时间越近,应得的报酬越是确定,则单位的价值或股东财富越大,以单位价值最大化作为财务管理的目标,其优点主要表现在:①该目标考虑了资金的时间价值和投资的风险价值,有利于统筹安排长短期规划、合理选择投资方案、有效筹措资金、合理制定股利政策等;②该目标反映了对单位资产保值增值的要求,从某种意义上说,股东财富越多,单位市场价值就越大,追求股东财富最大化的结果可促使单位资产保值或增值;③该目标有利于克服管理上的片面性和短期行为;④该目标有利于社会资源合理配置。社会资金通常流向单位价值最大化或股东财富最大化的单位或行业,有利于实现社会效益最大化。

以单位价值最大化作为财务管理的目标也存在以下问题:①对于股票价格的变动揭示单位价值,但是股价是受多种因素影响的结果,特别在即期市场上的股价不一定能够直接揭示单位的获利能力,只有长期趋势才能做到这一点。②为了控股或稳定购销关系,现代单位不少采用环持股的方式,相互持股。法人股东对股票的市价的敏感程度远不及个股东,对股价最大化目标没有足够的兴趣。③对于非股票上市单位,只有单位进行专门的评估才能真正确定其价值。而在评估单位的资产时,由于受评估标准和评估方式的影响,这种估价不易做到客观和准确,这也导致单位价值确定的困难。

三、财务管理内容

财务管理的内容很广泛,我主要把和我单位有关的一些内容给大家介绍一下,就我单位目前的性质、规模和业务来说,财务管理内容有收支管理、流动资产管理、固定资产管理、成本—效益分析等几个方面。

(一)收支管理

我处是事业差额供应单位,财政按人员编制 6 000 元/(人·年)核发,这 6 000 元含工资、公用经费(也就是一人一年 6 000 元大包干),我们处现在年平均工资 16 200 元,财政拨给我们的资金仅占工资的 1/3,其余这 2/3 需要用水费弥补。现在水费收入是我处的主要经济来源,水费征收是依据河南省物价局、河南省水利厅豫价费字[1997]91 号文件,就是农业水费 0.04 元/m^3,其中返回县区 1.33 元/m^3。沉沙池占地赔偿是依据河南省人民政府豫政[1989]127 号文件规定,沉沙费以受益区内每年每亩征收 6kg 小麦,小麦单价参照当年小麦市场价,按近几年平均每公斤小麦折价 1.4 元,年均收入在 300 万元左右,我们近几年引水 2 亿多 m^3,各县上缴到我处的水费 540 万元左右,二项合计 840 万元,这样再加上财政差额补贴部分(70 万元左右),我单位全年收入约为 910 万元。大家刚一听到这个数字,感到很喜人,其实我单位支出项目也很多,主要支出项目是:①人员工资年均 199 万元(1 350×123×12);②公用部分年均 148 万元(机关、段办公、差旅、车辆燃修、养老、失业医疗、公用设施维修、住房补贴等);③黄河河务局水费 260 万元左右;④沉沙池占地区群众生活补助 180 万元左右;⑤水费返奖 60 万元左右;⑥水利工程维修 60 万元,合计 907 万元,收支大致相等。刚才提到的人员工资是不涨工资的情况下 199 万元/年,工资今年可能上涨,财政局会上公布从 2006 年 7 月 1 日执行。另外,现在的工程维修仅仅是勉强维持输送水需求的情况下要 60 万元,如果真正把水利工程整修到无险工标准,肯定要远远超过 60 万元。这样看来,我处的经济还是非常困难的。在这种情况下,我处采取增收节支、开源节流的财务管理办法,财务科配合处领导积极征取工程项目,扩大收入,同时在今年春季出台了《财务管理办法》,严格支出审批手续,在很大程度上增加了收入,节约了开支,缓和了我处经济困难的局面。

(二)个人所得税

在中国境内有住所或者无住所而在境内居住满一年的个人,从中国境内和境外取得的所得都应该缴纳个人所得税,或者在中国境内无住所又不居住(居住不满一年),从中国境内取得的所得,缴纳个人所得税,那么个人所得的哪些项目应该缴个人所得税呢?

1.个人所得税征收范围

下面各项个人所得,应纳个人所得税:

(1)工资、薪金所得:指个人在机关、团体、学校、企业、事业等单位从事工作的工资、薪金(不含科学、技术、文化成果奖)、年终薪金所得。

(2)个体工商户的生产、经营所得。

(3)对企事业单位的承包经营、承租经营所得。

(4)劳务报酬所得:除固定工资、薪金外,个人从事咨询、讲学、体育、技术服务等第二产业所得。

(5)稿酬所得(原来稿酬所得在劳务报酬所得里边,现在也可能这项收入高了,单独列出来了)。

(6)特许权使用费所得:是指转让和提供专利权、版权以及专有技术使用费等项所得。

(7)利息、股息、红利所得:指存款、货款及各种债券的利息和投资的股息、红利所得。教育储蓄不征收个人所得税。国家决定自2000年开始设立教育储蓄账户,为鼓励城乡居民以储蓄存款方式为其子女接受非义务教育积累资金,每人最高存款额不高于2万元。可分别在高中、大专和大学本科、硕士和博士研究生的三个阶段,一个学生一生可享受三次6万元。由于刚设立时有人钻空子,现在条件要求得很严格,学生户口簿、学校证明、代理人证明,再一个是学生是小学4年级以上含4年级)。教育储蓄到期时,储户必须持存折、身份证或户口簿(户籍证明)和学校提供的"证明"一次支取本金与利息。储户凭"证明"可以享受利率优惠,并免征利息税。储蓄机构应认真审核储户。

(8)财产租赁所得:出租房屋、机器设备、机动车船及其他财产所得。

(9)财产转让所得:转让房屋、机动车船及其他财产所得。

(10)偶然所得。

(11)经国务院财政部门确定征税的其他所得。

2.个人所得税的税率

税率有两种:一种是比例税率,就是按一定固定比率;另一种是超额累进税率(超过规定的限额增长几个百分点)。

(1)工资、薪金所得,适用超额累进税率,税率为5%~45%(一个月奖励工资应分到各月)。

(2)个体工商户的生产、经营所得和对企事业单位的承包经营、承租经营所得,适用5%~35%的超额累进税率。

(3)稿酬所得,适用比例税率,税率为20%,并按应纳税额减征30%。

(4)劳务报酬所得,适用比例税率,税率为20%。对劳务报酬所得一次收入较高的,可以实行加成征收,具体办法由国务院规定(国外是20%~30%)。

(5)特许权使用费所得,利息、股息、红利所得,财产租赁所得,财产转让所得,偶然所得和其他所得适用比例税率,税率为20%。

3. 应纳税所得额的计算

(1)工资、薪金所得,以每月收入额减除费用1 600元后的余额,为应纳税所得额。

(2)个体工商户的生产、经营所得,以每一纳税年度的收入总额减除成本、费用以及损失后的余额,为应纳税所得额。

(3)对企事业单位的承包经营、承租经营所得,以每一纳税年度的收入总额,减除必要费用后的余额,为纳税所得额。

(4)劳务报酬所得、稿酬所得、特许权使用费所得、财产租赁所得,每次收入不超过4 000元的,减除费用800元;4 000元以上的,减除20%的费用,其余额为应纳税所得额。

(5)财产转让所得,以转让财产的收入额减除财产原值及合理费用后的余额,为应纳税所得额。

(6)利息、股息、红利所得,偶然所得和其他所得,以每次收入额,不扣除任何费用,为应纳税所得额。

4. 纳税方法和纳税期限

纳税方法有两种:一种是源泉扣缴;一种是自行申报(没有支付单位,比如个体工商户的经营所得,税务部门有很多措施来控制)。

(三)政府采购

政府采购是政府把各行政事业单位需采购的物品指定其职能部门(市财政局)统一组织采购。招投标活动在遵守有关法律的同时,也必须纳入政府采购范围。现在政府采购也是财政、监察、纪检、审计的一项重要工作,若应该实行政府采购的没有进行政府采购,也视为违纪,现在已把它作为抑制腐败和治理商业贿赂的治本手段。前段时间各单位自查自纠的商业贿赂,截至10月20日结束。在这次检查中,市政府强调,未按时上报或隐瞒实情的,这次作为重点检查对象。并且政府采购范围非常广,小到办公用品(有限额),大到单位的建筑工程(新建、改建、装饰、拆除、修缮等)都有非常详细的规定。

下面我着重说一下政府采购程序:

各采购单位编制采购预算和实施计划,确定所采购物品名称、规格、型号、单价报主管部门以及政府采购部门批复后,对我处来说(有些单位纳入集中收付中心)将所需资金转入政府采购科指定银行账户,资金到账后,市财政局政府采购科汇总几个单位所需采购物品后,进行招投标或者协议供货。实行招投标采购,一般要一个月左右才能结束。招标文件开始发出之日起至投标人提交投标文件截止日,不得少于20天,中标结果还要进行最少3天的公告。协议供货相对要快一些,协议供货一年一个单位只让用三次且限于采购金额为3万元以下的办公自动化设备、空调、电器。通过上述程序采购到的物品,采购单位进行验货,检查质量,达标后在质量合格书上签字,市财政局政府采购科见到质量合格验收单后,把资金划入供应商账户。所以,现在财政局政府采购科在会上就讲,物品的质量过关与否和他们基本上没有关系,而采购单位直接决定政府采购项目的质量,所以说,实行政府采购要认真、积极、主动地参与政府采购过程,以确保质量。

(四)报销制度

下面我介绍一下和大家日常业务相关的处财务报销制度。

1. 日常办公用品购置

大件(成批)办公用品已纳入市政府采购办公室统一办理,小件日常办公用品,购置前由办公室提出计划,报主管副主任审批,审批权限为500元以下由主管副主任审批,超过500元由处主任审批,不审批不准购置。各科、室、段需要购置办公用品应统一上报处办公室集中处理。办公室对购置的办公用品要指定专人保管和发放,严格履行购置和发放手续。

2. 职工培训和进修费用的管理

属于单位工作需要委派的,学费、书本费、差旅费和住宿费按标准报销,不报销生活费用。不属于单位委派的各种进修及学习班涉及的有关费用一律自费。

3. 差旅费的管理

我处对各闸站统一配置电话,主要是为了工作方便和减少车辆运行费用及开支,原则上,能用电话解决的问题一律不派车,能合并解决的问题不分别去解决。机关对各闸站有业务往来时,为减少差旅费用支出,机关人员办事,无特殊、紧急情况,原则上乘公交车,不准乘坐出租、面的车,确需使用出租车,应事先请示主管主任,并返回后马上填报,严禁积累报销。机关人员在市内办理公务,闸站人员的差旅费报销,确因公需要乘车的,要乘公交车和长途车,严禁乘坐出租车。要一事一报,不得积累报销票据集中报销,报销时统一由各段长代办,本人不得专门来处报销单据,段上人员来处办理公务,事先要向主管副主任请示,否则不按公务处理,路费自负。

4. 个人借款的管理

个人不得借支占用公款,更不得挪用给其他单位,个人确因公务出差借款,需用财政局颁发的借据统一填写,并严格审批手续,凡借款1 000元以下的由主管财务的副主任审批,借款超过1 000元的由处主任审批,在公务结束或出差回机关3天内报销。

5. 闸站有关费用标准及管理

(1)电费:每个闸站月用电量35kWh,超出部分自负,电费标准按当地供电部门标准进行。报销办法,采取季报制,由各段长统一收取票据按程序到处机关签报。

(2)电话费:每个闸站月电话费不超60元(在电话费允许报销范围内,长话费、信息费自负),超出部分自负,不论超出与否,长话费、信息费自负。报销办法采取季报制,由各段长统一收取票据到处机关按程序签报。

(3)取暖费:每个闸站每年冬季取暖材料主要用煤,标准每个闸站15t煤,价格随当地价格,由段长统一安排并到处机关按程序签报。

(4)订报费:每个闸站每年订1份《濮阳日报》,由段长统一到处机关按程序签字报销。

6. 劳保用品的管理和发放

机关司机和段上工作人员享受劳保用品待遇,其标准按有关规定执行。劳保用品的发放由处办公室统一计划、统一购置,发物不发钱,每年年底进行。要严格手续,严格标准,在劳保店购置,不得随意提高标准。

7. 机关车辆燃料和维修费用的使用及管理

机关车辆燃油要实行司机用油签领油票制度,办公室指定专人负责,负责油票的购置和司机签领登记,做到每月结账向司机公布一次,购买油票要先请示后执行,购买油票前

办公室要将上次购买油票使用结果上报处主任。

修车管理办法:修车必须提前报告,经批准后方可进行。凡修车费用在500元以下的由办公室主任同司机签单,修车费用500～1 000元的由办公室主任、主管副主任负责签单,修车费用超过1 000元的由主管副主任和处主任审批签字后方可进行。修车要选择两个修车点,进行价格和服务质量比较,对材料价格要进行市场调查,以减少修车费用。修车结算由处财务科负责进行,每月财务科对修车点清点一次修车票据,对手续不完善的不予结算和报销。

四、固定资产、流动资产管理

一个单位的资产可以说是单位的家底,是单位规模的表现,资产一般分为流动资产、固定资产、无形资产、其他资产等。在我单位只涉及到流动资产和固定资产,我先说一下流动资产,对于我单位来说,流动资产一般有现金、各种存款、存货、往来债权(应收其他单位或个人款项)等。一般大多数人认为,流动资产越多,单位应付各种支出的能力也越大。比如说现金、存款,单位保险柜现金存放量越大,谁去报销,支付一些小的开支就越不耽误时间,银行存款更是如此,单位在银行的存款越多,支付能力越强,经济实力越雄厚。在我们行政事业单位这样的确好,因为行政事业单位一般不搞利润核算,只是财政给我们的钱,或者自己单位的一些收入,按财纪法纪合理开支了就行了。但从财务管理的角度,尤其对一些外企、大企业来说流动资产并非越多越好,大家都清楚这个道理,钱都存在银行,对一个企业的生产经营来说,影响了把钱投资到其他方面得到的收益等。刚才也说到了流动资产包括好几项,我只把和咱日常业务有关的、大家以后能用得到的说一下,重点说一下现金。财务管理制度上对现金的使用范围有非常严格的规定,尤其是近几年财政、监察、审计的力度越来越大以后,现金的开支更是一个焦点,只有以下范围的结算允许用现金(财务管理上现金指在生产过程中暂时停留在货币形态的资金,包括库存现金、银行存款、银行本票、银行汇票。会计核算上现金是指企业库存的现金,包括库存的人民币和外币。现在说的现金是会计核算上的现金即库存现金):①职工工资、津贴;②个人劳务报酬;③根据国家规定颁发给个人的科学技术、文化艺术、体育等各种资金;④各种劳保、福利费用以及国家规定的对个人的其他支出;⑤向个人收购农副产品和其他物资的价款;⑥出差人员必须随身携带的差旅费;⑦零星支出(转账起点1 000元);⑧中国人民银行确定需要支付现金的其他支出。从以上8条可以看出,现金的支付范围非常小,不属上述现金结算范围的款项一律通过银行转账结算。

固定资产是指使用期限较长、单位价值较高并且在使用过程中保持原有实物形态的资产。其特征如下:①固定资产的使用期限超过一年或长于一年的一个经营周期,且在使用过程中保持原来的物质形态不变。②固定资产是用于生产经营活动而不是为了出售。固定资产可以长期参加生产经营仍保持其原有的实物形态,但其价值将随着固定资产的使用而逐渐转移到生产的产品成本中,或构成了企业的费用。

固定资产折旧,即是对固定资产由于磨损和损耗而转移到产品成本或构成企业费用的那一部分价值的补偿。影响固定资产折旧的因素主要包括:①折旧的基数;②固定资产的净残值;③固定资产的使用年限;④折旧方法。现行的折旧方法有年限平均法、工作量法、年数总和法、双倍余额递减法等。年数总和法、双倍余额递减法是常用的加速折旧方法。固定资产刚一买到或刚建成时可能生产出的产品质量好、速度快,产生的效益大,以后在生产经营过程中逐渐老化、破损甚至随着业务技术更新被淘汰,这时的效益较低,这就是年数总和、双倍余额递减法产生的背景。我单位用的是年限平均法,即将固定资产的折旧均衡地分摊到各期的一种方法。对于我们单位来说固定资产一般有水工建筑物、设备、仪器、房屋及其他建筑物、经济林木等,我们单位在河南省水利厅组织的一个水利国有资产清产核资时,,确认的固定资产是 2 416 万元。目前,我单位的固定资产增加了一二百万,已达到 2 600 万元。

五、成本—效益分析

我单位的效益主要是引用黄河水对所涉及的县、区发挥的作用和产生的效益。1986 年、1991 年、1999 年先后投资 635 万元、2 860 万元、10 600 万元兴建了第一、第二、第三濮清南引黄补源工程,灌溉面积达 235 万亩,占总耕地的 63%。效益的主要表现可用统计数字来说明:①满足效益区的农业用水需求,促进了农民增收。引黄前,我市小麦平均亩产 250kg,引黄后亩均增产 200kg,每亩每年提高粮食产量折合价值额 280 元,效益区每年增产效益折合成人民币达 6.58 亿元(235 万亩×280 元)。同时,还杜绝了因超量开采地下水造成的机井井喷,减少了机井报废和机械磨损。每年减少机井报废 4 000 多眼,每眼按 2 万元计,减少农民投资 8 000 余万元。另外,减少了农民灌溉投资,用井灌浇地每亩每年需投资 112 元,用渠灌浇地投资每亩每年 26 元,井灌比渠灌每年多支出 86 元,涉及的效益区 235 万亩,在引黄工程未建成之前,基本用井灌,引黄工程建成后,有 60% 的土地直接用渠灌,每年节约投资 2 亿元左右,从而累计为农民增收节支约 10 亿元人民币。②缓解了补源所覆盖区域及地下水漏斗区地下水水位持续下降问题,生态效益显著。我市正常年份缺水 189 亿 m^3,干渠通水后,年均引水 2 亿 m^3,弥补了水资源不足。据补源区 16 个乡镇调查,引黄之前地下水埋深年均下降 0.25m,引黄之后地下水埋深下降趋势明显改善,其中南乐县的杨村、张果屯、千口等乡不仅没降还回升了 1.16~1.52m。我市八公桥、高堡等 47 个乡镇,有 80 万亩耕地处于苦水区,引黄后,农业连年增产。③7 个引黄沉沙池的先后兴建与还耕,不仅澄清了河水,沉淀了泥沙,而且将渠首村庄的 17 000 亩盐碱地、5 000 亩沼泽地、废坑塘淤垫成了高产田,为当地农民增加了收入(包括增加粮食、节约打井开支、缓解了漏斗区地下水水位下降、变废为宝)。

刚才给大家介绍了我处引黄的效益,再谈谈引黄的成本。我们现在执行的水价标准是 0.04 元/m^3,而我们的供水成本是 0.142 元/m^3(2004 年测算包括:①引黄渠首源水费;②固定资产折旧费;③沉沙池赔偿费;④水利工程维修、养护费;⑤人员工资、公用经费。现在水利工程供水价格管理办法规定,供水价格由供水生产成本、费用、利润和税金构成)。现在来看看河务部门的收费价格:发改价格[2005]582 号文件规定,河务局自 2005 年 7 月 1 日起调整黄河下游引黄渠首工程供工业和城市生活用水价格。2005 年 7 月 1 日~2006 年 6 月 30 日,4~6 月份 0.069 元/m^3,其他月份 0.062 2 元/m^3;2006 年 7 月 1 日以后,每年 4~6 月份 0.092 元/m^3,其他月份 0.085 元/m^3,供农业用水价格暂不作调整。

豫发改价管[2006]684 号批复了省人民胜利渠管理局调涨城市供水、工业用水、环境用水以及农业用水价格，其中农业供水实行一水一清结算办法，粮食生产用水价格为 0.07 元/m^3，其他农业用水价格为 0.10 元/m^3。现在水价上调是一种趋势，只是各个地区受政府、用水户意识、地区经济条件等多种因素影响，我处供水水价的问题有待进一步解决。

安全生产　群众关系

刘　冰

大家好！根据我处统一安排，由我和大家一起学习有关安全生产以及群众关系这方面的知识。

我讲的内容分两大块，第一块是安全生产；第二块是群众关系。昨天，赵总讲的法律知识大家反映很好，所以涉及水利方面的法律法规我就不再重复了。

一、安全生产

我首先讲第一方面：安全生产，我有针对性地讲一些《安全生产法》的法律法规，它在我们的日常工作中起着重要的指导作用。对于我们处的工作以及我们面对的工作岗位来说，安全生产分为闸门启闭安全、河道运行安全、堤防防护安全、桥梁安全。

（一）闸门启闭安全

人员安全。当接到指令提闸或关闸时无论是电动，还是人工手摇，都需要上闸室，这时应注意上下梯子安全，酒后不上闸室，因提闸放水灌溉科提前至少2～3天通知，所以自身安全至关重要。另外，一个运行安全就是不会游泳的靠水不要太近，特别是闸的上下游水力很大，一旦掉下去，即使会游也很危险，路国显同志在3号闸掉下去，他虽然是工兵连长出身，水性很好，但也吓出一身汗。这两方面希望大家牢记，这都是关系到自身安全，生命可贵。

大家现在已知道我们三条濮清南的干渠总长近200km，担负着三县两区的灌溉及补源任务，只有科学的调度才能保证农田的用水。所以，当管理处通知某闸几点起闸、起多少，那都是经过全盘考虑的，一定要服从，不然你想提、压多少或者接通知后忘了提，这都是事故的隐患，很容易出事，因为你不知道上游下来多少水。再一个就是当地群众为了一小块耕地的利益，私自打个招呼就提闸或者压闸，这对我们整个的调度和运行安全是不利的，但你要是不提闸、压闸，他们就会要地头蛇，不讲理，甚至动手，这该怎么办，稍后在处理群众关系中会讲到，这里暂且略过。通俗点也就是说闸室就是我们战斗的阵地，启闭机是我们手中的武器，执行命令守住阵地，拿好武器才能战斗，不然是要吃败仗的，按处的制度，你来之不易的工作就有可能丢掉，到那时谁也帮不了你。你只有树立高度责任心，才能使闸门的启闭安全有序，输水才能得以正常运行。

（二）河道运行安全

有同志会说，河道就过过水，我看不会有事，对我说也是，一般不会有事，但有一些特定的并每年都在发生的情况就危险了，如夏、秋两季，收获粮食后，群众没地方放麦秸、玉米秆，政府又不让烧掉，于是就一股脑儿扔进河里，有同志说了拉回家烧锅不行吗？但他们不拉怎么办？通过3年以来我的实地调查得出这样几个向河里倒秸秆的原因：①现在屋子大了,院子小了,没地方堆放。②家家都是小四轮,要么是三马车,喂牲口的少了,所以这些秸秆拉回去没用。③因地区落后,村里大部分没有沼气池,还都是烧煤,无法作为沼气原料利用,秸秆又没用了。④这两年政府提倡秸秆还田,粉碎秸秆后留在地里是很好的肥料,但由于秸秆打碎后太多,有 20 多 cm 厚,犁过的地种麦,出不来苗,因此秸秆又不用了。⑤政府近几年为了净化空气,保障交通安全,严令禁止焚烧秸秆,家里没地方放,地里不能用,又不能烧,你说放哪儿? 只有河里了。这些东西倒在河里,少了还好说,多了一旦堵在桥下或者弯道处,将会形成一处天然阻水坝,水位会上涨很快,接下来会是什么后果,同志们也都想到了。另外,还有就是冬天没放水前,河里存的水结了冰,放水把冰块冲起汇聚到桥下或弯道处,最危险的是倒虹吸入口,后果是不敢想的。1998 年春节刚过,大概正月十五,个别领导私自安排加大放水流量,各闸、站都没有接到通知,又值过小年放松警惕,因此就出事了,淹地赔偿几十万元,这次教训是深刻的。

(三)堤防安全

我们现在的堤防可以说是建处以来最好、最完整的堤防,这和段上同志的辛苦和水政科同志的努力是分不开的,但在今后的工作中还应注意以下问题:①乱拉依然存在,由于金堤以南缺土严重,个别村民趁着天黑取土,有时虽然护堤员报告水政科处理过几起类似案件,起到一定震慑作用。但还时有发生,个别段堤防给安全输水带来隐患。②口门多,水利人都知道有多少口门就意味着有多少险工,单说总干渠估计斗门就有百十个,靠路这边不要紧,靠另外一岸就危险了,所以在今后日常工作中应多注意、勤巡查,一旦发现从斗门边上有跑、漏水情况发生,先控制,然后立即报告,把事故处理在萌芽状况,这需要每位同志有很强的责任心,做到对自己负责、对段负责、对处负责。③乱挖排水口。这给堤防造成的损害是很严重的,特别是雨季,地里的水无处排,就挖堤排水,但挖时有人干,排完水就不管了,这就要求我们每次放水前要做到把自己的责任段徒步走一趟,也叫拉网式检查,把发现的问题报给段长,汇总后报处。我想这都将成为你们今后工作的重中之重,你们在日常工作中责任心上去了,就会给处减少许多不必要的麻烦,我们的管理才能上一个新台阶了。

(四)桥梁安全

简单提一下,下雨后注意,桥头冲刷严重的必须上报。

二、群众关系

下面讲第二个方面——群众关系。

我们单位的工作性质决定了服务对象就是各县区的农民朋友,供水的好坏直接牵涉到他们的切身利益,他们靠的就是那几亩地来支撑日常生活、孩子上学、翻盖房屋等。很多人主要的经济来源就是土地,有些地方有外出打工的条件要好些,但从根本上讲还是种地,这是从祖辈上传下来的,地就成为农民的命根子,讲这些主要是想说明土地对农民的重要。他们要地干啥,多打粮食。怎样才能多打粮,当然有多方面条件,比如种子、化肥等。但作为生产要素之一就是水,毛主席说过,“水利是农业的命脉”,没有好的浇水条件农业丰收就是空谈。河南省农科院的农业专家经过多年观察、试验得出一个结论,中原地区小麦自播种到收割最少应浇四遍水,即出苗水、返青水、拔节水、灌浆水,少了这最基本的四次水，粮食肯定减产，所以说水对粮食产量，也可以说收入，起着至关重要的作用。这些年随着全球气温变暖，降雨量的减少，有限的水资源更是雪上加霜，遇到用水高峰争水矛盾日渐显露，生产季节不等人啊！你要错过浇水时机就会遭受影响，所以农民就会出现无序的争水，私自挖口、私自压闸等现象时有发生，这时就会对我们的日常工作带来影响，出现调度失灵。怎么办？就要靠我们一线同志去做工作，就是我现在要讲的群众关系，处理好了农民既能用上水，我们的工作又不受影响；处理不好甚至会出现人身伤害。如何才能处理好与农民群众的关系呢？我根据多年基层工作经验，自己总结了一部分，不一定包括很全，给同志们讲讲，你在实际工作中遇到这些问题时，避免走弯路，但有些细节还有待完善，欢迎同志们将来跟我在这方面多切磋，使我在这方面的理论能不断提高。

（一）要把握工作中的原则

我们在坐的是从几百人当中脱颖而出的，都是佼佼者，自身的文化修养不必多说，但理论不同于实践，估计有基层工作经验的不多。我在这想从最基本的说起。与农民朋友打交道，首先你得把他当朋友看，将心比心。我们不要盛气凌人，不要认为我是国家职工，我就比你高，那不行，他们反感。其次又不要卑躬屈膝，他们都是地头蛇，惹不起，这样有失尊严。要怎样做，记住：不卑不亢，就事论事，你在一线工作，始终牢记你代表的不是你个人，而是一个单位、一个集体，处理问题要有度，得抱窝，既不打压，又不妥协；处理问题你得掌握主动，以己之长攻其之短。

（二）依靠当地政府

乡政府作为我国基层政府，人大赋予它的职责大家都知道，它是最基层，是直接服务农民的机构，它与农民交往既多又深。我们的工作一旦受到影响，在做工作无效的情况下，就是要依靠当地政府，要他们出面做工作，效果明显，因为群众不敢得罪他们，为啥？因为你有可能违背计划生育，随时都能拿你开刀（也就是罚款）。通过这个实例就是想说明只要乡政府实心协助，没有办不成的事。

（三）将心比心

现在是信息时代，农村基本上也达到了家家有电视，对外界的了解、对法律的了解比从前有了很大提高，又加上国家的普法教育，农民从思想上也成熟了很多，要不现在上访的人多了，这是题外话。你在工作中或工作外怎样做，我认为：①拉家常，问问收入，拿子女教育等话题与他们交流，他们觉得心里与你拉近许多。②要注意说话的言词，牵涉单位的人和事不要与他多说，以防知己知彼，处于被动，业余时间只谈交情、义气而不牵涉工作，只有在平时交往中将心比心，取得信任，才能在今后的工作中占有先机。③平时做事大方得体，不能处处显得你高高在上。比如简单一个例子，他拿烟让你，不会吸就算了，会吸的，不管烟好孬，一定接下来吸着，可不要从自己衣服里拿烟，大忌。他会认为你看不起他。

（四）随机应变

有时工作中会有一些突发事件会让你紧急处理，这时记着，事紧路不紧，路是思路，越是这时越需冷静，把事件发生的原由、过程以及可能的后果串一下，多想几个为什么，方方面面都要考虑，只有这样，才能在处理事情过程中沉着应对。

处理事情过程中如何随机应变，这里我想借案例教学方式来讲这个内容。好说不好做,这只能在今后工作当中自己多用心多总结。这个事发生在 2001 年,由于马颊河衬砌放水需从第三濮清南再到清丰顺河沟返回马颊河,市里要求非常紧,相对来说其他几个村都差不多,唯有顺河村因第三濮清南施工留下了小尾巴,处处受到阻挠,村里不支持,因原来施工的原因,处里其他同志不能出面做工作,而我当时在南指挥部,跟他们不熟,处领导指派我去做工作,下面讲过程:我带着礼物到村支书家拜访,因事先已通知,村里 6 个干部都已到齐,围坐一圈,我当时就有杨子荣上威虎山的感觉,村支书一见我,马上从太师椅上起身让座,我一看门口有一个小凳子,上面还有层土,不假思索地便坐了下去,并说坐这儿就行,之后开始拉家常、说工作,把我们的工程情况等全部如实告知,把这个工程早一天通水,下游清丰、南乐两县耕地就能适时浇水等话题也一并告知,最后,在无条件情况下,他们终于同意工程开工。事后才知道,进门后那一幕,如果是坐上太师椅或是别的地方,那么工作就免谈了,那一个带土的小凳子是他们有意考验我,事后想起也是出身汗,这就是说遇事心理素质要好,不要惊慌,要随机应变。

牢记党的宗旨　争做文明职工

张　莉

很高兴与大家一起学习和探讨牢记党的宗旨、争做文明职工这个课题。

今天我就党的基本知识，如何从思想、行动上入党，如何做一名合格的公职人员，怎样做一名文明职工，以及在工作中如何处理一些办公礼仪方面的问题向大家做一个简单的介绍。

第一部分　党的基本知识

一、基本知识

(一)党的性质、宗旨

中国共产党是中国工人阶级的先锋队，同时是中国人民和中华民族的先锋队，是中国特色社会主义事业的领导核心，代表中国先进生产力的发展要求，代表中国先进文化的前进方向，代表中国最广大人民的根本利益。党的宗旨是全心全意为人民服务，这是由党的性质决定的。中国共产党以马克思列宁主义、毛泽东思想、邓小平理论和“三个代表”重要思想作为自己的行动指南。

(二)党的目标任务、路线

我们党的最终目标是实现共产主义的社会制度。中国共产党在社会主义初级阶段的基本路线是：领导和团结各族人民，以经济建设为中心，坚持四项基本原则，坚持改革开放，自力更生，艰苦创业，为把我国建设成为富强、民主、文明的社会主义现代化国家而奋斗。

(三)党员

党是由党员组成的，党员是党的肌体的细胞，党要保持自己的肌体长盛不衰、生机勃勃，就必须有更多更好的党员。共产党员的条件：第一，必须年满18周岁；第二，必须承认党的纲领和章程；第三，必须愿意参加党的一个组织并在其中积极工作；第四，必须执行党的决议；第五，必须愿意按期交纳党费。具备以上五条，才能申请加入中国共产党。

中国共产党党员必须全心全意为人民服务，不惜牺牲个人的一切，为实现共产主义奋斗终身。

(四)党的组织

我们党的组织机构是党的各级组织、领导机关、工作机关的统称，由中央组织、地方组织、基层组织三部分组成。

党的基层组织：党的基层组织是党的基础，是党的领导机关联系广大党员与群众的桥梁，是党在社会基层组织中的战斗堡垒。它主要包括在社会基层单位中设立的党的基层委员会、党的总支部和党支部。党的基层组织，根据工作需要和党员人数，经上级党组织批准，分别建立党的基层委员会、总支部委员会、支部委员会。党员人数在100人以上的基层单位可建立党的基层委员会；党员人数在100名以下、50名以上的基层单位可建立党的总支部委员会；党员人数在50名以下、3名以上的基层单位可建立党的支部委员会。党的基层委员会每届任期三年或四年，总支部委员会、支部委员会每届任期两年或三年。

党的组织原则、组织机构和组织纪律用党内规章制度的形式固定下来，即党的组织制度。党的组织制度的核心是民主集中制，即在高度民主的基础上实行高度的集中。

（五）党的纪律

中国共产党从成立那天起，就十分重视党的纪律建设，而且随着形势任务和环境条件的变化，党的纪律的内容不断丰富，要求也更加严格。严明的纪律，是我们党的优良传统，也是我们党区别于其他政党的显著标志之一。

对于违犯党纪的党员，在批评教育的同时，还必须视其错误的性质和情节，给以相应的纪律处分。党章规定：纪律处分包括警告、严重警告、撤销党内职务、留党察看、开除党籍五种。

二、从思想上入党、行动上入党

我们党有一个基本原则，加入共产党，必须由本人自愿申请。有入党愿望而又符合申请入党条件的同志，都应当积极大胆地向党组织提出入党申请。

（一）端正入党动机

入党动机，就是要求入党的内在原因和真实目的。人们的行动是受思想支配的，要求入党的人，总是有一定的原因和预期达到的目的。

争取入党必须树立正确的入党动机。那么，什么是正确的入党动机呢？概括地说，就是为党为人民多做贡献，为共产主义事业奋斗终身。每个争取入党的同志，都应具有这种坚定的决心和信念，并且要扎扎实实地为此而艰苦奋斗。

（二）加强党性修养

加强党性修养包括加强革命理论的修养，无产阶级思想、共产主义道德的修养，组织纪律性的修养，优良作风的修养，科学技术和文化知识的修养等。

加强党性修养的途径：一是要认真学习；二是要勇于实践；三是要“自省”，即自我批评和自我反省，加强党性修养主要靠自觉；四是争取帮助；五是要经常进行磨炼。

（三）以实际行动争取入党

一个人提出入党申请，说明他在人生的征途上树立起了一个崭新的目标。从这一天起，他就应以积极主动的态度，脚踏实地的工作，创造条件，去实现这个目标。入党积极分子要像党员那样发挥先锋模范作用，应努力做到以下几个方面：

一是坚持共产主义的最高理想，全力以赴为实现社会主义现代化宏伟目标英勇奋斗。

二是坚持改革开放，尊重科学，务实创新，开拓进取。要带头解放思想，树立勇于探索、锐意进取、务实创新、开拓前进的新观念；坚定地站在改革开放的前列，积极投身改革，坚持、推动、支持改革。

三是坚持党和人民的利益高于一切的原则，为了国家富裕、人民幸福甘愿牺牲个人利益。要努力做到吃苦在前，享受在后，先公后私，先人后己，全心全意为人民服务。

四是刻苦学习，努力精通本职业务，积极创造一流工作成绩。

五是带头遵纪守法，敢于同不良倾向和不正之风作斗争。

入党积极分子应该积极靠拢党的组织，经常向党组织汇报自己的工作、学习、思想等情况。

生活的道路本来就不是笔直的，也不是平坦的，政治上的进步也往往不是一帆风顺的。通过曲折、坎坷则更能磨炼自己的革命意志，所以申请入党的同志，无论遇到什么情况，无论考验多长时间，都不能焦躁、泄气乃至动摇，而应当坚定不移地追求党，并以实际行动努力创造条件实现自己的愿望。

三、申请入党的组织发展程序

(一)申请入党

1.申请入党的条件

年满十八岁的中国工人、农民、军人、知识分子和其他社会阶层的先进分子，承认党的纲领和章程，愿意参加党的一个组织并在其中积极工作、执行党的决议和按期交纳党费的，可以申请加入中国共产党。

2.怎样写入党申请书

一是表示自愿。因为入党是个人政治生活中的一件十分严肃的事，是完全出于自觉自愿的。

二是表示郑重。自己书写入党申请书，要经过郑重的考虑，要向党介绍自己的情况，表明自己的心迹，使党组织了解自己的信念要求，便于党组织对自己进行考察、教育和培养。

1)入党申请书的内容

入党申请书的内容，一般应包括以下三个方面：

一是本人对党的认识和入党动机。主要回答为什么要求入党。

二是本人的基本情况。包括年龄、文化程度、个人学历和工作经历、政治历史情况、家庭主要成员和主要社会关系的情况等。

三是本人的优缺点。包括政治觉悟、思想意识、工作情况和作风表现等。并提出本人今后的努力方向。

2)入党申请书的基本书写格式

入党申请书的基本书写格式如下：

一是标题，可写“入党申请书”或“入党申请”。

二是称谓，即申请人对党组织的称呼。如“党支部”、“党委”等，应顶格写在第一行，后面加冒号，表示下面有话要说。

三是正文，主要包括对党的认识、入党动机和对待入党的态度。写这一部分时应表明自己的入党愿望；个人在政治、思想、工作、作风等方面的主要表现情况；今后努力方向以及如何以实际行动争取早日加入党组织。

上述内容是入党申请书正文的主要部分。另外,为了能尽快地得到党组织对自己的全面了解,申请人可将个人履历、家庭主要成员、主要社会关系的情况以及政治历史问题或受过的奖励、处分等需要向组织上说明的事情,单独写个材料,交给党组织。

四是署名和日期,正文写完后要署上申请人的姓名,在姓名下面写上年、月、日,以示郑重。

(二)培养考察入党积极分子

确定入党积极分子的一般做法是:由党小组提名,支部委员会讨论通过。一般情况下,递交入党申请书后半年左右时间,支部应当通知递交入党申请书的人是否已被列为争取入党的积极分子,作为培养目标来培养。

入党积极分子分为三类,即一般教育对象、重点培养对象和计划发展对象。

(1)培养。对每一个入党积极分子,党组织都要确定一至两名正式党员作为培养人,党组织主要负责人应亲自担任培养联系人,经常同积极分子接触谈心,随时帮助他们进步。

(2)教育。对入党积极分子,党组织必须做好教育提高工作。

(3)考察。党组织对入党积极分子定期进行考察。

考察的方法如下:

一是在日常的生活、工作中考察。可以直接找他们谈话,了解他们的思想,也可向积极分子周围的群众了解他们的一贯表现和在关键时刻的表现。

二是吸收入党积极分子参加党组织的一些活动及接受党课教育,从中了解他们的思想进步情况。

三是有意识地给入党积极分子交任务、压担子、提要求,或组织他们活动,观察他们的表现。

(4)政审。入党积极分子一旦被确定为发展对象后,都要进行严格的政治审查,这是发展党员必须履行的手续之一,是保证新党员质量的重要一环。

(5)集中培训。应对入党积极分子进行短期集中培训。1989 年 4 月,中共中央组织部在《关于逐步建立积极分子入党前短期培训制度的通知》中规定,对准备发展入党的积极分子,没经过培训的,不能发展入党。

通过组织的培养、教育、考察、政审、集中培训以后准备入党手续就都具备了,最后填写《入党志愿书》经支部大会通过,上级批准,成为光荣的中共预备党员,一年后转正。

(三)严格履行入党手续

根据党章第五、六、七条的规定,入党手续包括:

(1)要求入党的人自愿提出申请,说明自己对党的认识,为什么要入党,本人的现实表现及怎样以实际行动争取入党。

(2)有两名正式党员作申请人的入党介绍人,一方面向申请人解释党的纲领和章程、党员的权利和义务,帮助申请人端正入党动机,树立为共产主义事业奋斗终身的决心;另一方面认真了解申请人的历史及现实表现,向党组织作出负责的报告。

(3)填写《入党志愿书》,严肃认真、忠诚老实地向党组织申明自己对党的认识、入党动机和入党后准备如何做一名合格的共产党员,报告自己的历史、家庭和主要社会关系的情况。

(4)支部委员会对申请人的《入党志愿书》和入党介绍人的报告及其他有关材料进行严格审查,并征求党内外有关群众的意见,认为合格后,提交支部大会讨论。

(5)支部大会讨论通过。全体党员根据党章规定的党员条件和申请人的表现,经过讨论表决,形成支部大会决议。符合党员条件的,作出接收他为预备党员的决定,并报上级党委审批。对不符合党员条件的,要指出他的缺点,做好思想政治工作,帮助他继续努力,争取早日达到党员条件。

(6)上级党组织派人谈话和审查批准。审批前,要派专人同申请人谈话,进一步了解其思想觉悟程度;审批时,要召开委员会集体讨论,表决通过。

(7)预备党员预备期满后,由本人提出转正申请,党小组提出意见,党支部在征求党内外群众意见后,召开支部大会讨论通过,经上级党委批准,方可成为正式党员。

第二部分　基本办公礼仪

下面我们学习基本办公礼仪,结合我单位的工作实际,我重点讲一下工作礼仪、电话礼仪、会见握手礼仪。

一、工作礼仪

具体而言,服饰美、语言美、交际美、行为美等四点,是我们应遵守的工作礼仪的基本内容。

(一)服饰美

服饰美,便是工作礼仪对我们服饰要求的具体规范。进而言之,对我们的服饰美,又有下述三点要求。

(1)服饰整洁。具体要求如下:①忌脏;②忌破;③忌皱;④忌乱。

(2)服饰美观。具体要求如下:①色彩少;②质地佳;③款式雅;④做工精 ;⑤搭配准。

(3)服饰雅致。具体要求如下:①忌炫耀;②忌裸露;③忌透视;④忌短小;⑤忌紧身。

(二)语言美

语言,是我们工作时使用的基本工具之一。要想做好自己的本职工作,就必须做到语言美。

1.语言礼貌

(1)问候语。它的代表性用语是“你好”。不论是接待来宾、路遇他人,还是接听电话时,我们均应主动问候他人,否则便会显得傲慢无礼、目中无人。

(2)请托语。它的代表性用语是“请”。寻求他人帮助、托付他人代劳,或者恳求他人协助时,应使用这一专用语。如果缺少了它,便会给人以高高在上的命令之感,使人难以接受。

(3)感谢语。它的代表性用语是“谢谢”。使用感谢语,意在向交往对象表达本人有感激之意。获得帮助、得到支持、赢得理解、表现善意,或者婉拒他人时,应使用感谢语向交往对象主动致谢。

(4)道歉语。它的代表性用语是“抱歉”或“对不起”。在工作中,由于某种原因给他人带来不方便,或妨碍、打扰对方,以及未能充分满足对方的需求时,一般均应及时运用此语向交往对象表示自己由衷的歉意,以求得到对方的谅解。

(5)道别语。它的代表性用语是“再见”。与他人告别时,应主动运用此语。道别既是一种交际惯例,同时也是表示对交往对象尊重与惜别之意的一种常规性用语。

2.语言文明

(1)讲普通话。我们在办公时都要主动使用普通话,并且尽量不讲方言、土语。

(2)用词文雅。在日常性交谈中,我们要努力做到用词文雅。用词文雅,并非要求在交谈时咬文嚼字、脱离群众,而是重点要求其自觉回避使用不雅之词。即不允许在日常性交谈中动辄讲脏话、讲粗话、讲黑话、讲怪话。

(3)检点语气。语气,即人们讲话时的口气。它直接表现讲话者的心态,是语言的有机组织部分。与外人交谈时,特别是在直接面对人民群众之际,务必检点自己的语气,以显得热情、和蔼、友善、耐心、平等。在任何情况下,都绝不允许语气急躁、生硬、狂妄、嘲讽、轻慢。

(三)交际美

1.内部交际

1)与上级的交往

在实际工作中,不能不处理好自己与上级的关系。必须谨记:尊重上级是一种天职。要做好这一点,基本要诀有三:一是要服从上级的领导,恪守本分;二是要维护上级的威信,体谅上级;三是要对上级表示尊重,支持上级。

2)与下级的交往

与下级进行交往时,切不可居高临下,虚张声势。必须谨记:尊重下级是一种美德。处理好与下级之间的关系,至少需要我们注意以下三个方面的问题:一是要善于礼贤下士,尊重下级人格;二是要善于体谅下级,重视下级的意见;三是要善于关心下级,支持下级的工作。

3)与平级的交往

处理好与平级同事的人际关系,亦不容有丝毫的疏忽。必须谨记:尊重同事是一种教养。与平级同事打交道时,我们对以下三点应当予以充分重视:一是要相互团结,不允许制造分裂;二是要相互配合,不允许彼此拆台;三是要相互勉励,不允许讽刺挖苦。

2.外部交际

1)与群众的交往

同人民群众直接打交道时,既要不忘自己的身份,又不能过分强调自己的身份;既要具备强烈的“以民为本、为人民群众服务”的意识,又不能时时以施舍者的身份自居。必须谨记:尊重群众是一种常识。为人民群众服务时,以下四点特别需要引起我们的重视:一是要待人热诚,不允许对群众冷言冷语;二是要主动服务,不允许对群众漠不关心;三是要不厌其烦,不允许对群众缺乏耐心;四是要一视同仁,不允许对群众亲疏有别。

2)与社会的交往

许多时候,我们都离不开与其他社会各界人士的交往。必须谨记:尊重所有人是一种风度。与其他社会各界人士打交道时,须优先做好下列五点:一是要掌握分寸,防止表现失当;二是要公私有别,防止假公济私;三是要远离财色,防止腐败变质;四是要正视权力,防止权钱交易;五是要广交朋友,防止拉帮结派。

(四)行为美

1.忠于职守

(1)具有岗位意识。所谓具有岗位意识,主要是要求我们既热爱本职工作,又严守工作岗位。在工作岗位上不可一心二用、动辄脱岗,要干一行、爱一行,全心全意地做好本职工作。

(2)具有责任意识。所谓责任意识,是岗位意识的自然引申,它指的是在实际工作中应具有高度的责任心,遇事不但要区分职责,更要主动负责、尽职尽责,不允许得过且过、敷衍了事,缺乏基本的工作责任心。

(3)具有时间意识。具有时间意识,则是岗位意识与责任意识的最为直接的体现。其具体要求如下:我们在实际工作中要做到身到、心到,自觉遵守法定的作息时间,每天准时上下班,不准迟到早退,不得旷工、怠工、磨洋工。

2.钻研业务

(1)精通专业技术。要做好本职工作,就要求我们首先精通自己应掌握的专业技术,争当专业尖子或技术能手。

(2)掌握现代知识。随着时代的发展,在精通专业技术的同时,还有必要开阔视野,努力学习现代科学技术的基本知识,并特别注意外语与电子计算机知识的学习。

(3)重视知识更新。古人云,“学无止境”。现代科学技术的一大特征,便是知识更新加速。因此,在钻研业务的同时,我们还须注意知识更新,坚持与时俱进,努力学习新知识、新技术。

二、电话礼仪

现代社会是一个信息社会,电话是当前社会生活中最普及的信息传递工具之一, 我们使用电话并不仅仅是一个信息传递的过程,它还在很大程度上体现着通话者个人修养和工作态度,进而折射出本单位、本部门的整体形象。

从具体操作上来说,我们培养和维护良好的电话礼仪形象应当从通话的准备、态度、用语、时间等几个方面予以准确把握。

(一)通话的准备

通话前要做好充分的准备,使观点得以准确阐明,信息得以及时传递,分歧得以有效消除。

(二)通话用语

1.用语礼貌

通话开始时的问候和通话结束时的道别,是必不可缺的礼貌用语。

2.用语规范

(1)问候语。例如,发话人可以这样自报家门:“您好,我是市引黄工程管理处××。”

(2)自我介绍。为了使发话人及时了解其所拨号码是否正确,或本人是否为发话人所

找之人，受话人同样应当主动自报家门："您好！市引黄工程管理处办公室或工程科。"如果是单位共用的电话，则只需报上本单位名称即可。

3. 用语温婉

为确保信息的准确传递，通话人在通话过程中应当力求发音清晰、咬字准确、音量适中、语速平缓。如果自己说话带有地方口音，或察觉到对方听起来较困难，就应有意识的调整语速和音量。

4. 用语文雅

在通话过程中，为了不影响他人的正常工作，通话双方都应对自己说话的音量和方式加以控制。不可大声嚷嚷、高声谈笑，或者一惊一乍、时高时低，从而打断他人的工作思路，也不可窃窃私语、鬼鬼祟祟，无端吸引他人注意。另外还要注意：话筒要轻拿轻放，不宜用力摔挂。

三、握手礼仪

（一）握手的方式

作为一种常规礼仪，握手的具体方式颇有讲究。具体操作中的要点有四个。

(1)神态。与他人握手时，应当神态专注、认真、友好。在正常情况下，握手时应目视对方双眼、面含笑容，并且同时问候对方。

(2)手位。与人握手时，一般均应起身站立，迎向对方，在距离 1 米左右伸出右手，握住对方的右手手掌，稍许上下晃动一两下，并且令手垂直于地面。

(3)力度。握手的时候，用力既不可过轻，也不可过重。若用力过轻，有怠慢对方之嫌；若用力过重，则会使对方难以接受而生反感。

(4)时间。一般来讲，在普通场合与别人握手所用的时间以 3 秒左右为宜，过久或过短均为不妥。

（二）伸手的顺序

1. 基本规则

一般情况下，握手讲究的是"尊者居前"，即通常应由握手双方之中的身份较高者首先伸出手来，反之则是失礼的。

2. 具体方法

第一，女士同男士握手时，应由女士首先伸手。

第二，长辈同晚辈握手时，应由长辈首先伸手。

第三，上司同下级握手时，应由上司首先伸手。

第四，宾主之间的握手则较为特殊。正确的做法是：客人抵达时应由主人首先伸手，以示欢迎之意；客人告辞时，则应由客人首先伸手，以示主人可就此留步。

在正规场合，当一个人有必要与多人一一握手时，既可以由"尊"而"卑"地依次进行，也可以由近而远地逐个进行。

（三）相握的禁忌

在正式场合与他人握手时，主要有下述五条具体的禁忌应当避免：

(1)用左手与人握手。

(2)戴手套与人握手。

(3)戴墨镜与人握手。

(4)用双手与人握手。

(5)用脏手与人握手。

献身水利事业 铸造人生辉煌

张进才 赵卫东

今天在这里,我愿用我的人生经历,同大家一起畅谈献身水利事业、铸造人生辉煌的斑斓乐章。

第一部分 成长篇

可以说,我是一名水利战线上的老兵。在水利战线上已经工作了36年。我亲身经历了濮阳水利事业的发展壮大。多年来,凭着这份献身水利事业的决心和信念,我克服了前进道路上的一个又一个困难,为自己的人生增添了华彩,实现了自己的人生价值。可以用这样一句话来总结:我是水利人,一生为水利。

一、青春岁月

我们50多岁的这一代人,生在新社会,长在红旗下。当时农村正是互助组时期,几家组成一个村民小组,各家都有一头牲口,各种各的地,生活还算丰衣足食,到了1958年开始搞大跃进,"总路线,大跃进,人民公社",三面红旗在全国掀起了高潮,当时的口号是"大干苦干拼命干,昼夜不息连轴转",整天瞎咋呼,欺骗人,又不务实,紧接着又把青壮年劳力抽调到太行山区大炼钢铁,刮起了"左"倾浮夸风。本来1958年应该是丰收年,却因没有劳力收割,很多粮食都毁在了田地里。1958年下半年到1962年初,是国家"三年自然灾害时期",广大人民的生活状况不断下降,饥荒严重,食品紧缺,加上苏联要债、撤专家等,造成了国家财政状况的极度恶化,使国民经济遭到严重破坏。

1962年后,国家在农业上实行了"三自一包",使中国农业得到了较快发展。在粮食方面实行了自种自吃,有了"自留地、自留山、自留湖",大块的田地实行一包,承包给村民。虽然农民生活并不富裕,可农业是向好的方向发展了。到了1966年"文化大革命"时期,本来渐渐好转的生活又不复存在了。农民不种田,工人不上班,学生不上课,全国上下乱哄哄,砸烂公检法,处于无政府状态,中国经济再次陷入停滞不前的局面。我当时在村里的学校里只上了不到两年的联中,学的知识很有限。1969年到1970年我在村里务农,协助村里大小队干部做了一些工作。

二、成长的摇篮

1971年3月,我正式来到濮阳县水利局参加工作,被分配到局属机械修配厂,主要工作是进行打井和建桥设备的维修。那时全国都在兴办五小"工业",即"小钢铁,小水泥,小煤窑,小化肥,小作坊",农田水利建设也抓得很紧。为了搞好农业生产,安阳地区狠抓打井配套,过去打一口井得用几十个人,忙几十天时间,当时的打井工具用的是木器,非常落后,经过连续改造,到1968年才改造成了铁器。而且当时抽水没有水泵,用的是机动水车,后来用水泵替代了水车,并且还试制了深井泵和自吸泵,两三天就打一口井,当然这些进步也是在不断的改革创新中发展而来的。当时的建桥技术落后,根本没有吊车,而是用吊链和千斤顶,再不然就垫土现浇,钻井打桩,技术非常落后,所以在那个年代建桥打井是一家。那时打井工具维修任务非常繁重,我们基本上天天加班到深夜,人们不少是跑几十里地来维修打井工具,一等就是两三天,忙得不得了。

那时除了学习、工作以外,基本上没有节假日,忙的时候半年不回家是常有的事情。当时是政治挂帅,个人不能有丝毫的私心杂念,要一心一意扑在工作和政治学习上,过年过节虽然有几天假期,可谁也没有休息过,家里有事再大也是小事,公家的事再小也是大事,就连我结婚7天假期也只过了4天,就匆匆忙忙上班了。那时候上班的人都是这样,从不计较个人得失,把心全部用到工作、学习上,争取按时或者提前完成下达的工作任务,没有人叫苦叫累要报酬。每天加班到夜里12点以后按规定每人补助两毛钱、吃一顿加班饭,加班饭也就是一碗面条而已。

1971年到1973年是濮阳打井配套的重要时期。当时工作量相当大,活多,几十个人还十分紧张。这个周期性的工作结束后,工作量小了,富余的人员就转移到了其他生产岗位上。当时,很多同志调到了县化肥厂和电厂,剩下的同志能够维持正常的维修工作就行了。我也就是在那一段时间学会了电工、钳工、车工,这对我以后的工作相当有用。后来我又当过保管、司务长,最后又接任了厂里的会计工作。说实在的,当会计时遇到的困难最大,因为我从来没有干过这项工作。企业会计是最难干的工作,因为是独立核算,不像行政、事业单位那样有出有进掌握平衡就行。企业会计很不好当,原因是工作量大,成本核算程序复杂,月报表、年报表的编制都是非常细致复杂的工作。通过做会计工作,我增长了知识,懂得了很多自己以前不懂的人生道理,并且锻炼了意志,为今后干好其他工作奠定了扎实的思想基础。那就是不管到哪里,从事什么样的工作,都要一丝不苟尽心尽责,保证让群众满意,让领导放心。

三、感谢党给我锻炼的机会

1983年打井的工作少了,领导把我安排到了渠村预制厂当会计。在预制厂的两年时间里,我学会了不少有关水利预制配件方面的知识,再加上把在修配厂学到的技术用到预制厂,参加了多项技术革新工作,取得了很好的效果。我们研制成功了石料粉碎机,把建大闸剩下的石料粉碎成石子,再加工成预制板硬化河道,完成了南小堤灌区上段河道的衬砌任务。这是河南省都少有的实用技术!

真正使我的文化理论知识水平得到提高的是从1985年到1987年在濮阳县党校3年的全脱产学习。那是濮阳县组织的专门培训干部的学习班。在那3年时间里,我学习了很多科学文化知识,有语文、数学、史地、哲学、政治经济学、领导方法、人口理论等学科。通过系统的理论学习,我的视野开阔了,增长了见识,懂得了人生。特别值得一提的是,组织上派我们到新乡七里营参观学习,使我增长了对社会主义事业发展方向的认识,也坚定了自己走什么样人生道路的信念。

自1971年参加工作后，一直到1987年8月份这一段时期，是我从事水利工作的一个很重要的阶段。在这期间，我所经历的贫困生活、复杂的社会政治背景、艰苦的工作环境，在很大程度上塑造了我能吃苦耐劳、艰苦奋斗的工作作风和人生理念，为我世界观的形成奠定了坚实的基础，使我懂得了很多过去不知道的道理，丰富了阅历，学会了怎样做人，领会了如何干一行爱一行的道理，为以后更好地干好工作、做好人起到了决定性作用。

四、愿把我的一切贡献给濮阳的引黄事业

1987年是濮阳建市的第四个年头，此时濮阳的水利事业方兴未艾。这一年初，濮阳市的引黄水利工作被市水利局濮清南抗旱补源工程管理处(也就是我们引黄工程管理处的前身)全面接管。同年9月份，我从濮阳县水利局调入了濮清南管理处就任南关段会计，主要负责本段的财务管理。当时我的主要工作是当好会计，做好记录，月底出报表，每月向正式人员和护堤员发放工资，另外还协助段长进行总干渠南关段各闸站的管理维护以及河道的管护工作，经常性检查放水和河道的管理情况。相对于县水利局的工作，尽管轻松了很多，但是在具体工作中我不敢有丝毫的放松。每一项工作我都是细致努力地干好，这得益于我多年来形成的一丝不苟的工作态度。

1990年，会计工作移交给了段里别的同志，我被管理处派到了濮阳县渠村乡南湖村搞社教，驻队半年。在村子里，我们协助村里组建了党支部和村委会，给党员上党课，组织党员学习党章及党的方针、政策，帮助南湖村做了大量力所能及的工作，受到了南湖村广大群众的积极拥护和市县工作队的表彰。

驻队回来后，我先后被管理处任命为南关段副段长、段长，负责管理闸站及堤防的日常工作。综观在管理处将近20年的工作，我深刻认识到了引黄工作的重要性。管理处也经历了从小到大的变迁，管理人员也从少到多，分工也越来越细，管理条件也逐步向好的方向发展，这一切都是管理处几届领导班子努力的结果，也是全体职工共同努力的结果。

现在已是50多岁的我，仍然奋战在引黄工作的第一线。我愿把我的一切贡献给濮阳的引黄事业。

第二部分　经验篇

作为一名水利工作者，我的岗位一直处于一线。这就要求我必须保持一个冷静的头脑和清醒的认识，要知道如何去干工作，如何干好工作。我们的任务是为人民服务的，准确地说是为三县两区广大农民服务的，所以我们在一线工作的水利人的肩上就有了一副重托，那就是如何通过自己辛勤的努力工作，把党和国家对农民的关怀体现出来。这就要求我们每个人都要齐心协力，一丝不苟，为了一个共同的目标而努力奋斗，也就是要坚决干好我们的引黄事业，管理好闸站和堤防，搞好引黄输水工作。我们的工作做好了，群众就满意了，群众满意了，领导也就放心了。我们的工作虽然平凡，但也是神圣的。要干好这份工作，就首先要求自己发自内心地去热爱这份工作；要干好这份工作，就要有舍小家顾大家的精神，就要顾全大局，以事业为重，以岗位为家；要干好这份工作，就要求我们不但要有一份执著的工作热情，还要具备做好本职工作的经验和技能，这需要我们在工作中

不断地去学习、去探索、去积累。

一、铁面无私，严把工程质量关

我参加过沉沙池工程、马颊河清淤以及第一、二、三濮清南工程等项目建设。我深知，水利工程投入巨大，工程质量要求很高，在施工过程中必须严格把关，绝不能出现半点偷工减料现象，否则一旦在使用过程中因工程质量问题出现重大责任事故，给人民的生命财产造成严重损失，工程监理人员将承担很大的责任，因此我备感自己工作责任的重大。在工作中我一贯坚持按施工规范进行管理，为杜绝偷工减料现象，我长期与商业贿赂行为做着艰苦卓绝的斗争，多次完成了急、难、险、重的工作任务。

2003年，在第三濮清南干渠护坡施工中，我发现工程队偷工减料，严重违反施工规程，及时要求返工。工头一边与我耳语，一边塞给我不少的好处费。我当场就把东西原封不动地还给了他，并义正言辞地说："你要清楚这样做的后果，你这是在犯罪！"工头恼羞成怒，恶狠狠地威胁说："你别不识好歹，小心我找人收拾你。"我大笑着说："我不是被你吓大的，你不返工可以，我马上上报指挥部，取消你们工程队的施工资格。"在我的坚持下，工程得到了返工，保证了质量。俗话说：失之毫厘，缪以千里。正如我的那句口头禅所说：工程是百年大计，要"铜帮铁底"。我正是这样身体力行的。

2006年冬季工程，我负责濮清南总干渠衬砌第九、十标段的工程建设任务。我不抽施工队的一支烟，不喝施工队的一口酒，不吃施工队的一顿饭。施工队没有机会偷工减料、违规作业，我也从来不给他们机会。正是我重质量、高标准、严要求，使该段工程被评为优质工程，受到了工程指挥部的表扬。我不分昼夜，坚守工地，鞠躬尽瘁，殚精竭虑，为引黄工程建设赢得了荣誉。

二、做好基层管理工作

根据长期从事基层工作的经验，我总结出一套切实可行的"四制"管理法，并在全段各闸站推广。一是检查制，堤防日日巡查，设备设施定期保养；二是责任制，各闸站工作人员责任明确，落实到人；三是汇报制，发现问题及时上报、处理及时；四是建档制，建立工程档案，建立工作日志，形成交接班制度。

我对各闸站工作情况的日检一直坚持了20年！这就是20年如一日！我结合实际，建立了一整套合理的规章制度，实行目标管理和量化管理，进行量化考核，强化了水管单位对水资源管理的职能，确保了基层水利管理工作的持续健康发展。

由于现在我管理的渠首段（以前我管理的是南关段）所管辖的位置举足轻重，总干渠属于地上河，两岸单从引黄闸到庆祖桥15km长的河段两岸就建有114座斗门，管理难度非常大。这就要求我们全段职工必须具备很强的工作责任心，把自己责任区的工作真正做到位，并确保工程的管理水平不断提高。对于在渠堤上擅自取土、乱扒口浇地、往总干渠里倾倒垃圾和堆放秸秆等现象，及时发现立即制止，必须有效保证总干渠输水的安全，按管理处的计划搞好水的调配工作。建立岗位责任制，探索好的工作机制，不断适应市场经济条件下的水利工程管理新模式，是我面临的新挑战。

三、做好工程管理工作

管理好工程、养护好渠堤的目的就是要充分利用它们，让它们始终处于最佳的工作状态，把我们的引黄输水工作做到位，给管理处创造更多的经济效益。老南关段管理着从渠首一直到华龙区的重要堤防，另外，渠首沉沙池的管理也是南关段的一项重要工作，因此战线长，工作面广，任务艰巨，责任重大。在每年的用水期，总干渠堤上乱扒口现象相当严重。造成这种现象的原因是部分村民为了一己之私利，不惜破坏总干渠渠堤，他们不经合法途径，乱扒乱建斗门，给我们的工程管理造成巨大隐患，严重危害我们的工程和堤防的安全，因此每年的放水期间，我与全段其他同志就进入了高度戒备状态，密切关注水情和堤防情况，对隐患和险工地段进行重点防护。同时，耐心做好总干渠两岸群众的思想工作，严格执行管理处放水计划，疏导和调解群众争水抢水的纠纷，杜绝在渠堤上乱扒乱堵现象的发生，使放水计划顺利实施。

渠首段是管理处各管理段中最重要的一个段，也是管理难度最大的一个段，我已经50多岁了，处领导把这副重担交给我，足以说明领导的信任和组织的重托。我为了彻底搞清楚所辖工程的渠道、渠堤、水闸、桥梁、斗门、涵洞等项目的具体情况，2006年4月中旬我亲自带领闸管人员，从引黄闸开始测起，步行35km，对总干渠进行了历时9天的详细勘测，期间自带水壶，自带干粮，走一站住一站，讨论一站汇总一站，制定出一站一策、一站一案，最后绘制成图，标注成册，形成了翔实的工程报告。

为了确保水利设施的正常运转，确保输水工作的正常进行，我们十分重视每年的机电设施维护保养工作。这既是对职工进行现场业务管理知识的培训，也有效地保证了机电设施的良性运转，所以在每年保养闸站的时候，我们都会组织全体职工参加，亲自打开闸上所有的机电设备，细致换油，逐件保养，拧紧每一个螺丝钉，并做好设备的防锈工作，使机电设备在现有条件下能够发挥最佳工作效能，使设备的完好率始终保持在95%以上。

在我们的日常工作中，有时会发生一些意想不到的事情，比如淹地。但是淹地是由许多这样或那样的原因造成的，要根据具体情况区别对待，只要不是总干渠河堤决口，其他任何原因造成的淹地，单位是不予赔偿的，在这一点上我们必须坚持原则。

20年来，正是我的及时查险和长年奔波，及时防止和处理了工程险工与治水事件600多起，挽回直接经济损失1 200多万元，为我市引黄总干渠的安全畅通，确保年引水3.6亿m^3，做了最基础的工作。正是工程管理的良性运行，使引黄处年净增效益100多万元，20年共创直接效益2 000多万元。由于引黄事业的健康发展，我市三县两区农业连年丰收，工业及城市供水得到保障，为濮阳三县两区引黄20年创效益100多亿元的引黄经济事业做出了不可磨灭的贡献。

四、做好群众工作

多年的经验表明，认真搞好群众工作是能否做好本职工作的前提，可以说有些工作没有老百姓的支持将寸步难行。我们在工作中只有加大宣传力度，教育群众认识水利管理工作的重要性，要以通俗的道理感化人，以实际行动影响人，从而得到群众的理解和支持，才能把基层工作做到位。

要把引黄事业的一线工作干好,并不是一件容易的事情。很多群众并不理解我们,强行压闸放水的情况时有发生,管理人员也会受到不名真相群众的攻击。2 号枢纽段海通乡肖家村,就曾多次强行压闸控水。段上站上工作人员毕竟人单势孤,又处于野外,经常遭到群众的围攻,有时还有人大喊:再不压闸就把你捆起来,扔到河里去!场面是一触即发,问题如何妥善解决,既能照顾当地群众利益,又能保证供水畅通,确实需要动动脑筋。群众骂,不能还口,群众动手,要尽量避让,始终赔着笑脸,苦心劝解,直到群众散去,苦只有自己知道,委屈只能自己默默忍受。同我一起工作 30 多年的老同乡、老工友朱世海为浇本村的田地半夜强行压闸,我坚决秉公办事,进行通报处分,后经过耐心地沟通,朱世海同志也被我的凛然正气所感动,近两年来,2 号枢纽没有出现过私自控闸现象,总干渠海通段畅通无阻。

五、关于总干渠水资源问题

从水利工作者的角度来讲,建设也好、管理也罢,最根本的还是水资源。如何把水调配好、输送好,使三县二区的老百姓满意,是我们引黄处全体干部职工的职责,但在具体的工作中,仍然有许多问题值得我们去探讨。

在雨水偏多的年份,会出现水多为患的情况。比如,1963 年以前,由于金堤河没有清淤,一遇大涝之年,濮阳老城金堤以南一直到八里庄,就是一片汪洋,最深处达 1.7m。每年雨季上下游县区都不需要水,我们的工作重心由引水变成排涝,如何保证排涝工作的顺利完成,如何保证我们的堤防及其他水利工程设施安全度汛,有大量的工作需要我们去做。

在雨水偏少的大旱之年,会出现水资源严重不足的情况。有几年黄河断流,我们引黄处连一滴水也没有引过来,只能眼看着稻田里的禾苗旱死。我们的工作是抗旱补源,如果水源短缺,我们就是“巧妇难为无米之炊”,无法把救命水输送到老百姓的田间地头。尽管原因不是我们造成的,但如何在大旱之年把有限的水资源调配好、输送好,尽可能减少输水损失,提高水资源的利用率,值得我们去认真研究。

水污染是我们在管理工作中遇到的一个老大难问题。目前,我们从黄河引过来的水,已经不同程度地遭到了污染,再加上一些单位与个人环保意识、法律意识十分淡薄,只顾自己的个人私利,从不考虑其行为对环境、对他人造成的巨大危害,在我们的总干渠上,排污口随处可见,往干渠里倾倒垃圾的现象相当严重。可想而知,总干渠下游的老百姓用水的水质状况是多么令人担忧啊!虽然平时我们做了大量的工作,但是收效甚微,根本无法从源头上去杜绝水污染这个问题。另外,我们的管理措施不得力,执法力度不够,环保宣传不到位,闸管人员的责任心不强。干渠水污染问题的根治需要环保部门以及政府的大力支持,又要靠我们引黄处深入细致的工作。

六、总干渠几次开口淹地情况

引黄处自成立以来,总干渠发生了四次开口事故。我在这里先对这四次开口的情况做一下简单介绍。

第一次是在 1992 年,农历正月十五晚上 12 点钟,位置在三号枢纽和四号枢纽交界处，张贾村桥上游右岸，因放水太大造成总干渠险工段开口，这次开口赔偿了子岸乡150万元。事故的原因主要是行政干预。因当时的上级领导认为放的水太少，他在不了解河道承载能力，又不通知主管部门的情况下，命令引黄闸管理人员加大了流量，造成开口淹地现象。领导抛开业务部门，自作主张，胡乱指挥，很值得注意。

第二次是1997年的农历正月十五凌晨1点多钟，位置是渠村乡安丘村。这年的冬天特别寒冷，气温降到了－21℃，达到濮阳历史最低，春节已经过了，进入正月，仍然天寒地冻，滴水成冰。为了缓解供水压力，管理处决定在正月十五前小流量给清丰、南乐送水。我时任南关段段长，我知道此时放水要警惕河道结冰，就提前安排各闸站工作人员和护堤员昼夜巡视河道，并亲自沿河查看水面结冰情况。

正月十五夜里，安丘村北的总干渠出现大面积壅冰现象。冰块聚集，很快形成了一堵大型冰坝，堵塞河道，水流受阻，水面不断上涨。我接到险情报告后，赶紧通知引黄闸落闸，停止放水，并及时向领导汇报了情况，可是紧急关头又出意外，引黄闸闸孔进入大冰块，闸板落不下去，闸关不住，黄河水还在不断流入总干渠，总干渠里的水位一直在上升，随时都有开口的危险。

在凌晨1点多钟，总干渠左岸正对安丘村靠北的地方，冲开了一个3m多宽的口子，大水直接灌进安丘村，群众的生命财产安全受到严重威胁。村民们在村干部的带领下纷纷拿着抢险物资涌到大堤上，人们都惊惶失措，现场乱成了一团。此时我反而冷静下来，我知道问题的关键在引黄闸，引黄闸无论如何必须关上，只有总干渠里的水位不再上涨，大堤缺口才能堵住。怎么办？我果断地命令，分兵两路，一路人由村支书和我们的工作人员带领全力关闸，另一路人由我和村长带领堵口。关闸人员人工强行砸开引黄闸孔里的冰块，十几个人奋战了一个多小时，才使闸板下落关闭，黄河水不再进入总干渠，让我们这边堵口成功成为可能。我们从缺口两边打桩、填沙袋，慢慢向缺口中心靠拢，越到中心，水流越急，人们把沙袋扔进去马上就被冲得不见了踪影，缺口还有两米来宽时，关闸的人们返回来了，引黄闸是关上了，水位不再上涨，可是若总干渠里的水都灌进安丘村，那损失仍不可想象，缺口必须堵住，让水顺着总干渠往下游泄走。可要想把缺口堵住，必须有人下水，打桩转运沙袋木料。此时西北风刮得很猛，吹在人们脸上像刀割一样，寒风中人们穿着棉衣还冻得发抖。村民们都眼睁睁地看着我们，谁也不愿下去。怎么办？时间一分一秒地过去了，不能再等了，我从村里借了一条水裤，不假思索地跳进了刺骨的水里，大喊："大家都行动起来，抓紧堵口！"人们都振奋起来，我在水里，他们在岸上，大家相互配合，打桩，填沙袋，下门板，堵口进度明显加快。在我的感召下，后面又有两个人下水和我并肩战斗，经过三个多小时的奋战，缺口终于堵上了。我心里一块石头终于落了地，此时我才发现自己浑身上下都是泥水，衣服都已湿透了，全身冻得已经失去了知觉，我站在那里全身僵直已经不能动弹。人们把我从泥水里架出来，赶紧送到一位老乡家里，村民们看着我浑身抖成了一团，脸色铁青，一句话也说不出来，都被我奋不顾身的精神感动了，他们纷纷拿出棉衣让我换上，拿来棉被给我盖上，提来火炉让我取暖……至此两腿就落下了病，静脉曲张至今未愈。

第三次是2001年3月深夜，第三濮清南上游总干渠左岸岳辛庄村砖瓦厂东边，开了一个5m多宽的口子，这次开口是因为新河堤碾压不实、中间有空洞造成的，当时在夜间无人值班,因此造成的后果相当严重。

第四次是在新刁乡,那是在夏天,在一个多小时之内下了400多mm的暴雨,造成第三濮清南河水倒流至庆祖镇。这次淹地不用赔偿,因为是自然灾害造成的事故,又是白天。当时,虽然接到通知马上提倒虹吸退水闸,可已经来不及了。

针对以上几次开口事故,我认为在今后的工作中必须注意以下几点:

一是在温度较低有冰凌时,绝对不能提闸放水。

二是如果放水加大流量,必须有人上堤值班巡逻,一旦发现险情及时汇报,并及时采取措施,绝不能留下隐患。

三是必须保证通讯设备畅通及备足编织袋等抢险物资。

四是坚持轮流值班制度,基层一线不能像在机关办公室一样,按点上下班。基层一线的工作人员不管放不放水,都得轮流值班,包括夜班,绝对不允许出现空岗的情况,一定要保证输水安全。在值班时要做到多检查、勤维修,发现险工,及时汇报,及时处理,一定要把事故消灭在萌芽状态。

七、技术革新

管理处的各个枢纽闸站一般都坐落在野外,大部分远离村庄。以前电力紧张,接电十分困难,即使有些闸站安装上电线也时常发生被盗现象,所以大部分闸站的启闭机还是使用原始的手动启闭作业,既费时又费力费钱,在汛期需要马上开关闸门时,往往因为闸门开关不及时,造成很多不必要的损失。

由于我长期在一线工作,具有丰富的实践经验,加之我以前在机械修理厂工作过,管理处领导就委托我着手解决这个问题。经过多次反复试验,我们把启闭机的传动机构改造成机械传动和手动两用形式,采用便携式(两个人就可以很方便地抬到二楼启闭机室)汽油发动机(或者柴油发动机)用于提闸,克服了人工摇闸既费时又费力费工的现象,取得了很好的效果,为引黄输水特别是防汛期间及时提闸落闸提供了有力保证。现在这项技术普遍用于管理处的各闸站,既便于管理,又减轻了一线管理人员的劳动强度,深受他们的欢迎,此项技术花钱不多,办事不小,解决了长期困扰基层管理人员劳动强度大的问题。我因此荣获市水利局颁发的“技术革新成果奖”。

第三部分　畅想篇

水利工程管理的主要工作一般都在基层,可是不少基层水管单位长期处于重建轻管的状态,他们总是抱着坏了有人修、塌了有人建的思想,让一些水利设施,从只是存在一些小问题到出现大问题,甚至因为一个部件而损坏了一台机器,一些水利设施因得不到及时的维护保养,最终处于瘫痪状态。造成这些问题的原因是多方面的:一是基层管理人员不注重维护;二是水利设施管理规章制度不健全;三是水利工程保护意识不强;四是水利设施配套不完善等。目前,水利系统的体制改革正在有条不紊地向前进行,提高基层管理单位的工作效率,加强基层单位的服务质量势在必行。由于各基层责任段出现的问题不同,所以要结合实际,建立健全一整套合理化、正规化的规章制度,制订切实可行的责任目标,

全面落实我处治水方针，牢固树立水资源可持续利用观念，全面强化政府对水资源管理的职能，促进水利事业持续健康全面发展。

一、依靠群众，加强管理

水利工程的维护管理，仅靠水利部门是远远不够的。要做好水利工程管理工作，必须依靠群众，利用群众的力量，让群众自觉地保护水利工程设施，自觉维护水利工程的正常运行。所以，各级水管部门要加大《水法》及水利工程保护的宣传力度，让群众真正认识到水利工程是服务于人民、造福于百姓的工程设施，让群众自发地去组织看管养护。

在具体工作中，我们必须学会把问题解决在萌芽状态，绝对不能等问题出现了再去处理。另外，在处理群众问题时，利用当地熟人去协调一些事情是十分有效的，如果能够利用好当地人管当地人，我们可以减轻很多负担，顺利办好很多事情。这些人和我们管理处都有一定的关系，比如护堤员，在村里说话比较有影响力的人能利用的也要利用。三号枢纽的刘排忠，虽然不是护堤员，可是利用好本人，能挡八面来风，不管是提落闸以及当地的其他事情，他都能处理好，如果可以的话，这个人最好招聘为临时工。在处理群众问题时，要具体情况具体对待，按客观规律办事，要相信大多数、拥护大多数、支持大多数人的意见，决不能凭主观和强迫来压制、打击群众的积极性，在群众面前说话一定要有说服力，遇到群众不理解的情况时，要有耐心，讲道理。只有得到大多数群众的理解，解除群众的后顾之忧，让群众满意，才能把我们的工作做到位，让领导放心。

二、适度放权，落实责任

目前大部分水利工程维护权都集中在上级水管部门，基层单位没有工程维护权，更没有工程维护资金。一些水利设施老化、毁坏，要报批上一级水管部门，统一安排建设、维修，形成了小问题哄着走、大问题拖着走，直到完全瘫痪，出现重新建设的被动局面，同时造成有限的工程维护资金的巨大浪费。所以，水利工程的正常维护权要下放到基层，给基层一部分维护资金，并且一定要分工明确，责任到人。对水利设施做到经常性维护保养，对损毁工程做到早发现、早维修，保证水利工程设施正常运行，保证我们的引黄输水工作顺利完成。

我们引黄处现阶段的管理工作，要开创引黄工程管理工作的新局面，须充分发挥管理段的直管职能，须有效调动科室的监管职能；应对管理段实行劳动力定员岗位制、计划落实效率制、工程管护责任制、供水管理目标制、财务支出包干制；应由办公室负责计划落实效率制、工程科负责工程管护责任制、灌溉科负责供水管理目标制的监管，财务科负责财务支出包干制的监管；建立起主管领导负责协调各科室段，正职领导负总责的管理机制。劳动力定员岗位制解决人事分离的问题，达到人人有事做、事事有人干的目的；计划落实效率制解决执行不力的问题，达到降低管理成本、提高工作效率的目的；工程管护责任制解决干好干坏一个样的问题，达到奖惩分明、调动工作积极性的目的；供水管理目标制解决分水跑水漏水问题，达到统一调水、计划供水、节约用水的目的；财务支出包干制解决基层管护人员没有自主权的问题，达到基层管护人员想干事、能干事、干成事、不出事的目的。这样一个崭新的工作局面将如旭日东升！

三、加大水政执法力度，减少水事案件

由于水政执法组织人少事多，而水事案件一般都在基层，战线长，任务重，处理难度比较大，基层组织又没有执法权，因此许多水事纠纷、水事案件发生时，得不到有效的制止，不能保留一定的证据。一些水利工程遭到破坏后，根本找不到破坏嫌疑人，从而助长了破坏分子下一步继续违法，造成恶性循环。所以，对于我局、我处水政部门，加大执法力度、广泛宣传水法的工作任重而道远。在处理水事纠纷及水事案件时，要力度大，手腕强硬，发现一起，处理一起，对破坏分子要严惩，绝不姑息手软，真正让破坏分子认识到违法必究，真正让这些人认识到破坏水利设施是一种严重的违法犯罪行为。

今年春灌期间，我连续徒步10多天沿渠巡查。期间，在南湖村总干渠段发现一起破堤拉土事件，我马上组织闸管人员将车具扣留，并对侵权人进行询问笔录，讲明违法事实和违法行为，协同渠村乡派出所和南湖村委会，追究了其违法责任，终将渠堤恢复原状，并赔偿了损失，做到了惩一儆百，维护了水利工程管理的法治性。

四、调配人力资源，激发创业责任

处在基层一线的管理人员岗位一般是长年不变的。一是便于熟悉岗位职责；二是便于沟通地方关系；三是便于管理。但这种管理模式也存在着一些弊端：一是降低了职工的责任意识，干好干坏一个样，从而造成麻痹思想；二是由于长期工作在一个岗位上工作，产生懈怠心理，没有了向上的动力，马马虎虎，敷衍了事，致使深层的问题不能及时发现处理，造成不必要的损失；三是部分基层管理人员脱岗严重，部分闸站长期由临时工看管，正式职工长期不到岗，更别说正常的管理工作。

以上问题的解决，主要在于合理利用人力资源，采用干部职工轮岗制度，增强干部职工的责任心，调动干部职工的工作积极性。勤必奖，懒必罚，谁的岗位上出现问题，就应该追查谁的责任，并追究主管领导的连带责任。对在基层表现突出的管理人员，管理处应该给予精神或物质上的奖励，适当调动岗位也是一种可行的方式；反之对一些长期脱岗、责任心不强、管理意识淡薄的员工，也应该调整工作岗位。无论干部、职工都应该恪尽职守，尽职尽责。

五、强化职业培训

对从事专业的技术干部、管理人员和技术工人分批分期进行培训。培训的目的不仅仅是让每一个干部职工在思想上得到进步，更应该让他们在业务知识上得到及时更新，在专业技能上不断得到提高。使每个人都能够胜任自己的工作；使每个人都养成终身学习的习惯，把引黄处打造成一支学习型的团队；使每个人真正体会到在工作中不断学习的快乐。让我们把工作上的压力转变成学习的动力，为濮阳水利事业的发展添砖加瓦。

结束语

30多年来，我从民兵排长到一名会计，再到渠首段段长，我最大的追求就是把事业干

好，让领导放心，让群众满意。作为一名水利工作者，我的岗位长期处于第一线，我的足迹踏遍了引黄渠的每一寸土地。哪一条渠道存在什么问题，哪一座枢纽怎样运行，每一个闸站的运行状况，每一项工程的建设历程，各个斗涵的位置、现状，我都了然于心。我始终认为，引黄工程的畅通和安全是自己的职责与使命。我凭借着"我是水利人，一生为水利"的信念，谱写着人生的华彩。我先后获得了先进工作者、优秀共产党员、技术革新成果奖及各级组织的表彰20多项。

在水利工作这个岗位上我度过了人生的重要阶段。多年以来，虽然我付出了一定的努力，为濮阳的水利事业做出了一些贡献，但是离组织对我的要求还差的很远。水利工作是一份造福人类的事业，我们的引黄事业前景广阔。身为水利战线上的一名老职工，我由衷地说：我是水利人，我为自己从事的职业而自豪！今天在这里有许多老同志，也有许多新同志。我要说的是，不论你是老同志还是新同志，既然大家走到一起来了，就要努力地干好我们的工作，把我们的引黄事业发扬光大，因为这是我们的责任，是党和人民赋予我们的使命。在工作中，老职工要发挥经验优势，新职工要发挥文化优势，相互学习，共同进步！我们的目标只有一个——发展我们的引黄事业！

收获在成长路上

李继方

第一部分　自我认识

一、了解自己

我们都是凡人诞生,一点选择权也没有,都是被动的,我们是稀里糊涂地降生到这个世界上的,但是我们不能稀里糊涂地完成这一生。人生来到世上第一声就是哭声,这就是说明人一出生,就告诉你,这是痛苦的一生,要想幸福,就必须去努力,去拼搏争取。求生存、求发展,去挣扎、去奋斗,只有这样才能完成一生,不能虚度一生。

人生已成定局,不干不行,为什么这样说呢?因为人的一生是消费的一生,所谓消费,即吃的、穿的、用的,这些用品都是由劳动生产出来的,不是天上掉下的,你的家人养不了你一生,世上再大的富豪也养不了后代的一生。对于一个人来说,怎样挣扎、怎样干,这是个人生问题。

二、定位自己

要想干就必须找准人生的定位,定位决定人生的成败。我们怎样对自己定位呢?就是要发现自己想做什么、喜欢做什么、适合做什么、能做什么,找到自己的价值,以便在社会中占有一席之地。我们每个人都应该对自己有一个正确的估价,既不能好高骛远、志大才疏,也不能妄自菲薄、自轻自贱。真正认识到自己的真实价值所在,找好人生的"角色定位",以最大限度地发挥个人专长,这样既对个人成长有利,也对社会发展有益。

同志们!现在我们正处于高科技知识年代,在科学知识年代一个准确的人生定位,能让你少走许多弯路,能节省你的时间和精力,让你的能力得到最好的发挥,而一个错误的人生定位,可能让你一辈子一事无成。

以上我说的观点就是:咱们既然来到引黄处工作,就是要想在引黄处具体干点什么,要现实一点。那些想成为科学家、思想家、军事家等的理想,对咱们来说都是当学生时代想的事情。到了引黄处不是走进了保险公司,更不能无所作为,它是一个社会服务团体,在这里你可以展现你的才华,引黄处已经给你提供了发展的平台,那就看你怎样去定位自己的人生。

说到这里,我来给大家谈一下我过去的亲身经历:我还是学生的时候,也就是像朝阳沟戏剧里的银环一样,觉得高中生当农民有点屈才,当时是心比天高,但是命比纸薄啊!社会对你就是这样的刻薄,你想干啥就是不让你干啥,上学正来兴趣的时候,高招政策有了变化，改为社会推荐，不论学业，论交白卷，两手老茧上大学，就是上了大学，那是啥大学，半耕半读，社会大学。后来紧跟来了文化大革命，学生革老师的命，你把老师的命都革了谁来教你啊！你学什么啊！没办法，稀里糊涂度过了青春学习的机会，后来走向了社会，参加了水利建设队伍。在水利站工作时，国家恢复了高考，当时有人选择复习参加高考，也有放弃高考参加工作的，我根据个人情况，选择了干水利这一行，一直干到今天，当时根据社会时代背景，我就是这样给自己定位的。

三、发展自己

有了定位，我们就要确定奋斗目标，为实现自己目标发展自己，不能停留在原位。转到了引黄处参加工作，分了工作岗位，我也出演了自己的角色，每个月又有了固定的工资与福利待遇，就这样一天天、一月月、一年年地过着，这就是人生的目标吗？不！我认为参加了工作只是走向社会的开始，人生的第一步。一个人要有自己的人生目标、社会理想，当一天和尚撞一天钟的想法要不得，那样就会被社会淘汰掉、改革掉。虽说我们没有做大学问的成就，但我们现在是一名水利职工，我们要在发展水利事业上找到自己的发展目标与方向。俗话说，七十二行，行行出状元，比如解放军雷锋、石油工人王进喜、医生白求恩、清洁工时传祥。

我当时是怎样想、怎样做的呢？刚参加工作，当第一次拿到工资的时候，你知道有多高兴，当时工资一个月只有 15 元。拿到第一份工资也不知道怎样花，就是觉得很珍惜。干着干着发现这样干下去不行，看看人家比比咱，就这样产生了上进心，就是向上争取，走向管理阶层。既然有了这个念头，就奔着这个目标努力奋斗！经过付出，最后愿望实现了，也管过打井队、预制厂，参加了多种经营管理，经过不断的学习和努力奋斗，最后验证了，你想干什么，只要努力就能实现，等天上掉馅饼是不可能的事。

第二部分　如何成长

我们已了解了自己，给自己有了定位，也确定了自己的奋斗目标，但是成长道路漫长，如何成长？

当前社会发展对我们很有利，21 世纪什么最重要？人才！现在社会发展高科技需要人才，我们必须努力学习成为社会的人才。

一、努力学习，为自己创造竞争优势

当今社会是一个竞争非常激烈的社会，不论是在生活中还是工作中，缺乏竞争力就等于缺少生存的能力，竞争力的强弱在很大程度上决定了个人的生存状态，而这种生存状态又对个人的竞争力产生积极或消极的影响，它既可以叫你越做越大、越升越高，也可以叫你越变越小、越走越低。

竞争是今天每个人要面临的问题，原地不动你就会被超越，动作缓慢你也会被超越。“适者生存”成了不变的法则，在激烈竞争中只有凭着自己的竞争实力，才能战胜对手。那么，个人的竞争力究竟是由哪些因素决定的呢？

当今社会人与人之间的竞争,说到底是知识和能力的竞争。如果你懂得的知识比别人多,能力比别人强,你就能在竞争中取胜。咱们今天新来的27位同志不就是通过考试竞争这个程序选出的优胜者吗?你们也都有了这个体会。

同志们!我们所面临的社会竞争是残酷的,是现实的,比如双向选择、末位淘汰、社会招聘,这种改革还会愈演愈烈,所以我们只有不断地努力学习、不断地给自己充电,才能增强自己的竞争力。

二、跟上时代步伐,不被时代淘汰

当代社会发展日新月异,知识更新周期越来越短,一次学习定终身的年代已经过去了,学历教育已被终身教育取代,我们今天的知识过不了多久就可能过时了,如果我们停滞不前,就会被飞速发展的时代所淘汰。

现在咱回顾一下祖国建设中生产力的变化。过去人力耕作变为现在的机械化、电气化,如今已发展到了信息化。卖菜的都有手机,他们用手机一联系,就知道什么地方缺菜、什么地方便宜,聪明人由种菜变为卖菜、批发菜、经营菜。以前那个时候看算盘,现在都用计算机,如果你不学,你再好的算盘也不如计算机,结果只有被淘汰啦!黄河调水管理,现在用的是监控、遥控,总部在郑州,管理调配黄河沿线9个省用水,调度用水像铁路上指挥扳道岔一样,这就是高科技带来的高效调度指挥。

比如现在咱们用的手机你不交费,就给停了,以后在引黄供水上咱们的管理会不会实现现代化?我看会,到那个时候你再考虑你自己跟不上步伐了就晚了。

三、为事业发展打好基础

就是你个人根据自己的定位,打造你自己的基础。你想成为一名高级工,你就要从初级工开始。你想成为一名高级工程师,你就要从工程技术员开始。我所说的就是你既然确定在水利事业上干一番事业,你就要下决心学习水利知识,要从水利基础知识入手。

当时我在水利站工作的时候,每年都要搞水利工程,那个时候没有现在的条件优越,可是我选择了水利这一行,搞技术测量,这是工作分工,叫你干你就得干,你说你不会那太丢人了。不想丢人就得学习,学测量、学施工、找窍门,那时是逼你学的。

四、在群体中学会生存

人生活在社会群体中,必须懂得社会生存法则,适者生存,反之,则难以生存。必须学会知识,学会做事,学会相处,学会生存。我所说的学会生存,就是要学会与别人的合作,尊重别人。现在胡锦涛主席一直提倡构建和谐社会,他这样提倡也是让人们在这个世上好好地生存,加强团结,加强合作,使人们都过上太平盛世的幸福生活。

同志们,只有你爱护别人,别人才会爱护你;只有你尊重别人,别人才会尊重你。你处处想和人家过不去,别人也就会和你过不去。

五、在生活中要学会做人

人生学习有几个层次:

学习知识——靠灌输；
学习技能——靠训练；
学习思想——靠观察；
学习习惯——靠培养；
学习做人——靠顿悟。

总之要让学习工作化，工作学习化，要使两者融合、互动、转化、创新。学习并不是单一地吸收知识，真正的学习是修正行为。一个完整的人必须具备像警犬一样聪明的头脑，像猫头鹰一样锐利的眼睛，像牛一样勤奋的精神，像鹦鹉一样能说会道的嘴巴。

六、在社会中重塑自我

通过学习，我们要重新创造自我；通过学习，我们能够做到以前从未做到的事；通过学习，我们可以积淀增加未来的能量。

所谓塑造，就是塑造形象，就是人在社会中大家对你的印象。这个形象使你在一生中自己表现，自己塑造，大家给你定型，也就是好人、坏人，英雄、平民，也就像在舞台上表演唱古代戏一样，花旦和小丑，一提到严嵩，那就是白脸，一提到张飞，那就是花脸，一提到你大家就知道你是一个什么形象。雁过留声，人过留名，这个名有好名、有孬名，我希望大家都能为自己塑造出一个好的名声。

以上我谈的就是我在学习中成长的经过与认识，我想通过这次交流，使大家更深刻地了解人生。人的一生不能等、靠、要，要靠自己创造，靠自己努力，靠自己争取。在这个激烈的竞争年代生存，首先要打造个人的核心竞争力，其目的就是增强个人的竞争优势，让别人无法取代你，使你成为水利事业上栋梁之才。

继往开来　再接再厉
厉兵秣马　共铸辉煌

王焕军　王静波

历时十多天的职工业务技术培训班，经过全体教员和学员的共同努力，圆满完成了培训任务，取得了良好的效果，达到了预期的目的。对此，我代表处领导班子向参加培训的学员表示衷心的祝贺！并代表全处职工对参加讲课的讲师们的劳动和付出表示深深的敬意！这次培训班我们从学习型组织创建、和谐团队建设、职业道德、机关管理、引黄工程与引黄事业、工程实用技术、灌溉实用技术、工程管理、灌溉管理、财务管理、水利法规、管理机制建设、文明建设、文明生产、安全生产、工作实务、形势教育以及成长教育等方面进行了15讲的课程，这些课程将对完成我处的各项工作任务和近期发展目标，起到十分关键的作用。下面我代表处领导班子和培训领导小组对这期短期培训班培训情况进行总结。这次培训工作主要有以下五个特点：

一是领导重视，精心安排。

为搞好本次培训工作，处领导班子曾几次召开专题会议研究和布置。9月初，领导班子召开专门会议集体研究培训工作，确定了学习内容，形成了培训大纲。10月份，管理处下达了2006年度职工培训方案，确定组织14名具有高级以上职称或具有正科级以上职务的业务干部担任培训教员，并根据我处业务特点和形势任务要求，分设了14个命题，要求他们自行组织材料，形成讲义，进行专题授课。要求各科室、段合理处理工学关系，以学习为中心，形成浓厚的学习氛围，并确立了以“知识、实用、发展”为培训原则，按照“注重综合素质，提升业务能力，创新培训方式，实施全员培训，促进终身学习”的总体思路，精心安排了培训内容，为办好本次培训奠定了基础。

二是突出重点，注重实效。

在历时两个多月的时间里，授课的同志们在资料短缺、工作任务繁重的情况下，本着认真负责的态度、一丝不苟的精神，克服困难澄清了一系列的数据，搜集了大量的资料，完成了教学的准备工作。他们在课程设置方面，体现共性与个性统一的同时，突出重点，注重实效，有针对性地安排了授课内容。从学员们反馈的信息来看，学习培训是及时的、必要的，学习内容是丰富的、系统的，学员们的收获是丰硕的、满意的。授课老师们的辛勤付出，让我们的新同志尽快地掌握了为履行职责所必需的基本知识，让我们的老同志在最短的时间内最大限度地充实了自己，有利于提高同志们的能力与素质，有力地促进了我处管理工作的开展。

三是培训方法灵活。

本期培训班遵循理论联系实际的原则，坚持做到课堂教学与我处工作实际相结合，系统学习与专题学习相结合，集中授课与现场实习相结合，保证了学习效果。特别是在搞好课堂教学的基础上，开展了座谈活动，加强了交流，提高了教学质量；在实习教学中，通过一线老职工的现场讲解，开启了学员思路，开阔了学员视野，达到了融会贯通的效果。

四是组织管理严格。

处培训工作领导小组对本次培训非常重视，开班之初就提出了"严要求，重管理，求实效"的办班要求，制定了考勤、考评、考纪、考试制度，组建了班委会和四个学习小组。在培训中，班委会成员充分发挥作用，认真负责，积极工作，使培训工作开展得有声有色；各位学员认真执行规定，正确处理工学矛盾，做到了学习工作两不误，充分展现了我处职工较强的自我管理能力和良好的精神风貌。这次培训考勤情况要在 11 月份工资发放中体现出来，并作为评定优秀学员的依据。

五是学习风气浓厚。

每名学员都非常珍惜这一次学习机会，并把它作为提高自身素质、增强自身核心竞争力的一个难得机遇，争分夺秒，互帮互助，形成了良好的学习气氛，真正学到了所需的知识、应有的能力、必备的技能。学员们都希望多举办这样的培训班，可见，我处的学习气氛是令人鼓舞和振奋的，我处创建学习型组织的帷幕伴随着本次职工培训已徐徐展开！

同志们，通过近半个月的学习，大家一定会深深感到收获很大，受益匪浅，我总结了一下，几点收获值得肯定：

一是通过学习，更新了思想观念。

通过学习，大家进一步提高了认识，开阔了视野，加深了对解放思想、实事求是、与时俱进的认识；进一步破除了因循守旧思想，推动了思想的再解放、观念的再更新，真正确立起敢闯敢试、敢为人先的强烈意识，为我们引黄管理工作更具有时代性、前瞻性、效益性奠定了良好基础。

二是通过学习，提高了业务素质。

十几天的学习，大家普遍接受了一次更加深入系统的政治业务再教育，使理想信念进一步强化，世界观得到进一步改造，思想灵魂得到进一步洗涤，宗旨观念得到进一步锤炼，组织纪律得到进一步加强，干事创业的精神得到进一步提升。可以说，通过学习，我们的职工学会了如何求知、如何创新，更学会了如何做人，实现了既求知又修身的"双丰收"。

三是通过学习，增强了法制观念。

通过对法律法规知识的学习，发觉对法律法规知识了解得不多，仍然习惯于遇到矛盾纠纷找领导、碰到疑难问题找关系的思维定势，不会用法律保护自身乃至单位的合法权益，不会用法律处理问题、解决矛盾、维护稳定、推动发展。现在学习了法律知识，在今后工作中就可以充分运用法律知识履行职责，处理公务，解决问题，服务群众，也就能够使自己的工作不出偏差，规范运行。

四是通过学习，强化了责任意识。

相信培训结束后，大家的政治责任感和历史使命感会普遍增强，大局意识、紧迫意识、赶超意识、创新意识会进一步提升。大家心里更多想的、口中更多说的都是在学习以后，如何加速将学习成果转化为投身引黄事业发展的无穷动力，如何将所学用于为引黄事业发展做贡献，如何在加快引黄事业发展中建功立业上。

同志们，培训只是手段，仅仅是为大家引路，为大家提供“能学习”的机会，为大家搭建“能实践”的舞台，为大家创造“能发展”的条件，其目的是建立学习型组织，建立学习的长效机制，增强广大职工自我学习的意识和能力，把所学的知识运用于工作实践，并指导自身的具体工作，成为党和人民事业需要的有用人才。在此，我对你们提两点希望和要求：

一是要强化学习，不断提高自身素质。

学习既是掌握知识、增强本领、做好工作的重要手段，也是增强党性、加强修养、陶冶情操的重要途径。我国有许多鼓励人勤勉向上的话很有道理，如“业精于勤而荒于嬉，行成于思而毁于随”、“活到老，学到老”等，都是说学习的重要性，也都对我们有很大的启迪。作为一个人，要在社会和单位里立足，没有一定的知识储备不行。特别是年轻的干部职工，是党和人民事业的希望所在，如果不能做到自觉学习、主动学习、持久学习，就势必会因为知识老化和头脑僵化而落伍于时代发展，淘汰于历史潮流，也终究会影响、贻误党和人民的事业。我们在座的各位虽然都有一定文化基础，也有一定的工作能力和素质，但随着社会的长足进步和科技的迅猛发展，仅限于现有的知识是远远不够的，必须树立终身学习的思想，坚持不懈地加强学习；否则，就难以担当重任。因而，所有的干部职工都要把学习作为一种政治责任，一种精神追求，一种思想境界来认识、来对待，孜孜以求，学而不怠。要把一切有效时间都用于学习，抓住一切有利时机开展学习。要学好理论，提高自身理论素养；要学好政策，增强熟练运用和解决实际问题的能力；要学好业务，创新工作方法，争做岗位能手，更好地肩负起神圣职责，以适应新形势和新任务对人才的需求。

二是要努力开拓，不断争创一流业绩。

敬业爱岗是一个人爱党、爱国、爱社会主义的具体体现，有了这种精神，才能拼搏实干，乐于奉献。作为一名水利职工，特别是新上岗的年轻同志，要时刻树立强烈的事业心和责任感，立足本职，爱岗敬业，用自己的真才实学创造一流的业绩。第一要以精益求精的态度对待工作。把该抓的抓好，抓出成效；把该管的管好，管出效益，尽职尽责开展工作。千万不能对工作无所用心，应付了事。如果这样，不但会影响你个人的成长进步，还会贻误我们团队事业的发展。第二要以顽强的毅力推动工作。做任何一件事情，如果没有毅力，就什么事情也干不成。要切实树恒心，牢记“贵在有恒”，以一种“永不言败”的气魄和胆识在工作中攻坚破难，开拓前进。第三要以务实的作风落实工作。工作抓而不实，不如不抓。希望你们在工作中，要切实做一个奋发向上的人。以“勤能使人成功，懒能毁人一生”警示自己，以“付出才有回报”鞭策自己，以“有为才有位”鼓舞自己，以务实的作风落实工作，争创一流工作业绩。第四要以满腔的热忱投身工作。我们的工作，有时显得比较枯燥，但真正工作起来、研究起来，还是会发现很多乐趣的。要切实克服浮躁心理和急躁情绪，把工作当成一种乐趣、一种追求、一种使命来对待，全身心投入到工作之中。第五要以较高的效率完成工作，要发扬我们水利人不服输、有干劲的优势对待工作，要干上步、想下步，这样才能步步主动。要以“严、细、快、新、实”的作风落实工作，切实提高工作效率，不断开创引黄工作新局面。第六要认真贯彻市委、市政府关于治庸计划的要求，坚决消除不作为、乱作为和不会作为的现象，全面提高干部职工的素质，形成想干事、能干事、会干事、干成事的良好氛围，实行优胜劣汰、能上庸下的用人导向，锻造一支政治上靠得

住、工作上能干事、作风上过得硬的队伍。

同志们！这期业务技术培训班虽然结束了，但我们引黄事业的航船却在昂然前行！希望你们一定要以这次学习培训为新的起点、新的动力，进一步加强学习，努力实践，勤奋工作，奋发进取，开拓创新，积极开展"三树三创一争先"活动，发扬红旗渠精神，自力更生，艰苦创业，勇争一流，用自己的聪明才智和辛勤劳动，共同谱写引黄事业的新篇章，为实现水利事业腾飞做出更大的贡献！

最后祝大家工作顺利，不断进步！

以上是这次培训的工作总结，另外利用这次会议安排部署下一阶段工作：

(1)冬修工作。今年我处冬修工作主要有三项大的任务：一是总干渠衬砌；二是第三濮清南鱼塘险工段外堤护砌；三是管理段管理房屋建设。以上任务对有关人员已作了分工，希望按照局施工指挥部的要求，各司其职，各负其责地干好工作。

(2)安全工作。安全工作要抓好三个重点：一是要抓好堤防管理工作。加强管护，严防渠堤盗土事件发生，在哪个堤段若发生盗土毁堤事件，要追究管理人员的责任，并兑现工资发放制度。二是要做好防煤气中毒工作。冬天到了，各管理站要生火取暖，一定要做好安全检查，确保通气通风，防止煤气中毒。三是做好防盗工作。春节前不再引水，各管理站要防止空岗，加强守护，严防物资和水闸机件被盗。

(3)人事工作。即将进行的人员岗位调整工作本着组织部、人事局确定的原则进行，希望同志们理解。

附录1　堤防工程施工规范(节选)

1　总　则

1.0.1　为适应堤防工程施工的需要,规范施工程序和施工技术,确保工程的施工质量,不留隐患,使修筑的堤防工程达到设计规定的标准,具有抗御相应洪水的能力,特制定本规范。

1.0.2　本规范适用于1、2、3级堤防工程的施工;4、5级堤防工程施工应参照执行。

1.0.3　堤防工程必须根据批准的设计文件进行施工,重大设计变更应报请原审批单位批准。

1.0.4　堤防工程施工应积极推行项目法人责任制、招标投标制、建设监理制。

1.0.5　堤防工程施工应积极采用经省、部级鉴定,并经实践证明确实有效的新技术、新材料、新工艺和新设备。

1.0.6　施工单位应加强施工管理,保证施工质量,注意施工安全,做好施工环境和文物保护工作。

1.0.7　堤防工程应及时进行验收,并认真做好水土保持和土地还耕等工作。

1.0.8　堤防工程施工除应符合本规范的规定外,还应符合国家现行的有关标准的规定。

2　施工准备

2.1　一般规定

2.1.1　施工单位开工前,应对合同或设计文件进行深入研究,并应结合施工具体条件编制施工设计。1、2级堤防工程施工可分段(或分项)编制,跨年度工程还应分年编制。

2.1.2　开工前,应做好各项技术准备,并做好"四通一平"、临建工程、各种设备和器材等的准备工作。

2.1.3　取土区和弃土堆放场地应少占耕地,不妨碍行洪和引排水,并做好现场勘定工作。

2.1.4　应根据水文气象资料合理安排施工计划。

2.2　测量、放样

2.2.1　堤防工程基线相对于邻近基本控制点,平面位置允许误差±30mm～±50mm,高程允许误差±30mm。

2.2.2　堤防断面放样、立模、填筑轮廓,宜根据不同堤型相隔一定距离设立样架,其测点相对设计的限值误差,平面为±50mm,高程为±30mm,堤轴线点为±30mm。高程负值不得连续出现,并不得超过总测点的30%。

2.2.3　堤防基线的永久标石、标架埋设必须牢固,施工中须严加保护,并及时检查维护,定时核查、校正。

2.2.4　堤身放样时,应根据设计要求预留堤基、堤身的沉降量。

2.3　料场核查

2.3.1　开工前,施工单位应对料场进行现场核查,内容如下:

1.核查料场位置、开挖范围和开采条件,并对可开采土料厚度及储量作出估算;

2.了解料场的水文地质条件和采料时受水位变动影响的情况;

3.普查料场土质和土的天然含水量;

4.根据设计要求对料场土质做简易鉴别,对筑堤土料的适用性做初步评估,简易鉴别方法见附录A(略);

5.核查土料特性,采集代表性土样按《土工试验方法标准》(GBJ123—88)的要求做颗粒组成、黏性土的液塑限和击实、砂性土的相对密度等试验。

2.3.2　料场土料的可开采储量应大于填筑需要量的1.5倍。

2.3.3　应根据设计文件要求划定取土区,并设立标志。严禁在堤身两侧设计规定的保护范围内取土。

2.4　机械、设备及材料准备

2.4.1　施工机械、施工工具、设备及材料的型号、规格、技术性能应根据工程施工进度和强度合理安排与调配。

2.4.2　检修与预制件加工等附属企业与设施,应按所需规模及时安排。

2.4.3　根据工程施工进度应及时组织材料进场,并应事先对原材料和半成品的质量进行检验。

3　度汛与导流

3.0.1　堤防工程施工期的度汛、导流,应根据设计要求和工程需要,编制方案,并报有关单位批准。

3.0.2　堤防工程跨汛期施工时,其度汛、导流的洪水标准,应根据不同的挡水体类别和堤防工程级别,按表3.0.2采用。

表3.0.2　度汛、导流的洪水标准

挡水体类别	堤防工程级别	
	1、2级	3级及以下
堤防	10～20	5～10
围堰	5～10	3～5

3.0.3　挡水堤身或围堰顶部高程,应按照度汛洪水标准的静水位加波浪爬高与安全加高确定。当度汛洪水位的水面吹程小于500m、风速在5级(10m/s)以下时,堤(堰)顶高程可仅考虑安全加高。安全加高按表3.0.3的规定取值。

表 3.0.3　堤防及围堰施工度汛、导流安全加高值

堤防工程级别		1级	2级	3级
安全加高(m)	堤防	1.0	0.8	0.7
	围堰	0.7	0.5	0.5

3.0.4　度汛时如遇超标准洪水,应及时采取紧急处理措施。

3.0.5　围堰截流方案应根据龙口水流特征、抛投物料种类和施工条件选定,并应备足物料及运输机具。合龙后应注意闭气,保证围堰上升速度高于水位上涨速度。

3.0.6　挡水围堰拆除前,应对围堰保护区进行清理,并对挡水位以下的堤防工程和建筑物进行分部工程验收。

4　筑堤材料

4.1　堤料选择

4.1.1　开工前,应根据设计要求、土质、天然含水量、运距、开采条件等因素选择取料区。

4.1.2　淤泥土、杂质土、冻土块、膨胀土、分散性黏土等特殊土料,一般不宜用于筑堤身,若必须采用,应有技术论证,并需制定专门的施工工艺。

4.1.3　土石混合堤、砌石墙(堤)以及混凝土墙(堤)施工所采用的石料和砂(砾)料质量,应符合《水利水电工程天然建筑材料勘察规程》(SDJ17—78)的要求。

4.1.4　拌制混凝土和水泥砂浆的水泥、砂石骨料、水、外加剂的质量,应符合《水工混凝土施工规范》(SDJ207—82)的规定。

4.1.5　应根据反滤准则选择反滤层不同粒径组成的反滤料。

4.2　堤料采集与选购

4.2.1　陆上料区开挖前必须将其表层的杂质和耕作土、植物根系等清除;水下料区开挖前应将表层稀软淤土清除。

4.2.2　土料的开采应根据料场具体情况、施工条件等因素选定,并应符合下列要求:

1.料场建设。

(1)料场周围布置截水沟,并做好料场排水措施。

(2)遇雨时,坑口坡道宜用防水编织布覆盖保护。

2.土料开采方式。

(1)土料的天然含水量接近施工控制下限值时,宜采用立面开挖;若含水量偏大,宜采用平面开挖。

(2)当层状土料有须剔除的不合格料层时,宜用平面开挖;当层状土料允许掺混时,宜用立面开挖。

(3)冬季施工采料,宜用立面开挖。

3.取土坑壁应稳定,立面开挖时,严禁掏底施工。

4.2.3　不同粒径组的反滤料应根据设计要求筛选加工或选购,并需按不同粒径组分别堆放;用非织造土工织物代替时,其选用规格应符合设计要求或反滤准则。

4.2.4　堤身及堤基结构采用的土工织物、加筋材料、土工防渗膜、塑料排水板及止水带等土工合成材料，应根据设计要求的型号、规格、数量选购，并应有相应的技术参数资料、产品合格证和质量检测报告。

4.2.5　采集或选购的石料，除应满足岩性、强度等性能指标外，砌筑用石料的形状、尺寸和块重，还应符合表4.2.5的质量标准。

表4.2.5　石料质量标准

项目	质量标准		
	粗料石	块石	毛石
形状	棱角分明，六面基本平整，同一面上高差小于1cm	上下两面平行，大致平整，无尖角、薄边	不规则(块重大于25kg)
尺寸	块长大于50cm，块高大于25cm，块长:块高小于3	块厚大于20cm	块厚大于15cm

5　堤基施工

5.1　一般规定

5.1.1　堤基施工前，应根据勘测设计文件、堤基的实际情况和施工条件制订有关施工技术措施与细则。

5.1.2　堤基地质比较复杂、施工难度较大或无现行规范可遵照时，应进行必要的技术论证，并应通过现场试验取得有关技术参数。

5.1.3　当堤基冻结后有明显冰夹层和冻胀现象时，未经处埋，不得在其上施工。

5.1.4　对堤基开挖或处理过程中的各种情况应及时详细记录，经分部工程验收合格后，方能进行堤身填筑。

5.1.5　基坑积水应及时抽排，对泉眼应分析其成因和对堤防的影响后予以封堵或引导；开挖较深堤基时，应防止滑坡。

5.1.6　堤基施工除按本章规定外，尚应符合有关规范的规定。

5.2　堤基清理

5.2.1　堤基基面清理范围包括堤身、铺盖、压载的基面，其边界应在设计基面边线外30～50cm。

5.2.2　堤基表层不合格土、杂物等必须清除，堤基范围内的坑、槽、沟等，应按堤身填筑要求进行回填处理。

5.2.3　堤基开挖、清除的弃土、杂物、废渣等，均应运到指定的场地堆放。

5.2.4　基面清理平整后，应及时报验。基面验收后应抓紧施工，若不能立即施工，应做好基面保护，复工前应再检验，必要时须重新清理。

5.3　软弱堤基施工

5.3.1　采用挖除软弱层换填砂、土时，应按设计要求用中粗砂或砂砾，锚填后及时予以压实。

5.3.2　流塑态淤质软黏土地基上采用堤身自重挤淤法施工时，应放缓堤坡、减慢堤身填筑速度、分期加高，直至堤基流塑变形与堤身沉降平衡、稳定。

5.3.3　软塑态淤质软黏土地基上在堤身两侧坡脚外设置压载体处理时，压载体应与堤身同步并分级、分期加载，保持施工中的堤基与堤身受力平衡。

5.3.4　抛石挤淤应使用块径不小于 30cm 的坚硬石块，当抛石露出土面或水面时，改用较小石块填平压实，再在上面铺设反滤层并填筑堤身。

5.3.5　采用排水砂井、塑料排水板、碎石桩等方法加固堤基时，应符合有关标准的规定。

6　堤身填筑与砌筑

6.1　土料碾压筑堤

6.1.1　填筑作业应符合下列要求：

1.地面起伏不平时，应按水平分层由低处开始逐层填筑，不得顺坡铺填；堤防横断面上的地面坡度陡于 1:5 时，应将地面坡度削至缓于 1:5。

2.分段作业面的最小长度不应小于 100m；人工施工时段长可适当减短。

3.作业面应分层统一铺土、统一碾压，并配备人员或平土机具参与整平作业，严禁出现界沟。

4.在软土堤基上筑堤时，如堤身两侧设有压载平台，两者应按设计断面同步分层填筑，严禁先筑堤身后压载。

5.相邻施工段的作业面宜均衡上升，若段与段之间不可避免地出现高差，应以斜坡面相接，并按本规范 6.8.1 款及 6.8.2 款的规定执行。

6.已铺土料表面在压实前被晒干时，应洒水湿润。

7.用光面碾磙压实黏性土填筑层，在新层铺料前，应对压光层面作刨毛处理。填筑层检验合格后因故未继续施工，因搁置较久或经过雨淋干湿交替使表面产生疏松层时，复工前应进行复压处理。

8.若发现局部“弹簧土”、层间光面、层间中空、松土层或剪切破坏等质量问题，应及时进行处理，并经检验合格后，方准铺填新土。

9.施工过程中应保证观测设备的埋设安装和测量工作的正常进行，并保护观测设备和测量标志完好。

10.在软土地基上筑堤，或用较高含水量土料填筑堤身时，应严格控制施工速度，必要时应在地基、坡面设置沉降和位移观测点，根据观测资料分析结果，指导安全施工。

11.对占压堤身断面的上堤临时坡道作补缺口处理，应将已板结老土刨松，与新铺土料统一按填筑要求分层压实。

12.堤身全断面填筑完毕后，应作整坡压实及削坡处理，并对堤防两侧护堤地面的坑洼进行铺填平整。

6.1.2　铺料作业应符合下列要求：

1.应按设计要求将土料铺至规定部位，严禁将砂(砾)料或其他透水料与黏性土料混杂，上堤土料中的杂质应予清除。

2.土料或砾质土可采用进占法或后退法卸料,砂砾料宜用后退法卸料;砂砾料或砾质土卸料时如发生颗粒分离现象,应将其拌和均匀。

3.铺料厚度和土块直径的限制尺寸,宜通过碾压试验确定;在缺乏试验资料时,可参照表6.1.2的规定取值。

表6.1.2 铺料厚度和土块直径限制尺寸

压实功能类型	压实机具种类	铺料厚度(cm)	土块限制直径(cm)
轻型	人工夯、机械夯	15~20	≤5
	5~10t平碾	20~25	≤8
中型	12~15t平碾 斗容2.5m^3铲运机 5~8t振动碾	25~30	≤10
重型	斗容大于7m^3铲运机 10~16t振动碾 加载气胎碾	30~50	≤15

4.铺料至堤边时,应在设计边线外侧各超填一定余量:人工铺料宜为10cm,机械铺料宜为30cm。

6.1.3 压实作业应符合下列要求:

1.施工前应先做碾压试验,验证碾压质量能否达到设计干密度值,方法见附录B(略)。若已有相似条件的碾压经验也可参考使用。

2.分段填筑,各段应设立标志,以防漏压、欠压和过压。上下层的分段接缝位置应错开。

3.碾压施工应符合下列规定:

(1)碾压机械行走方向应平行于堤轴线。

(2)分段、分片碾压时,相邻作业面的搭接碾压宽度,平行堤轴线方向不应小于0.5m,垂直堤轴线方向不应小于3m。

(3)拖拉机带碾磙或振动碾压实作业,宜采用进退错距法,碾迹搭压宽度应大于10cm;铲运机兼作压实机械时,宜采用轮迹排压法,轮迹应搭压轮宽的1/3。

(4)机械碾压时应控制行车速度,以不超过下列规定为宜:平碾为2km/h,振动碾为2km/h,铲运机为2挡。

4.机械碾压不到的部位,应辅以夯具夯实,夯实时应采用连环套打法,夯迹双向套压,夯压夯1/3,行压行1/3;分段、分片夯实时,夯迹搭压宽度应不小于1/3夯径。

5.砂砾料压实时,洒水量宜为填筑方量的20%~40%;中细砂压实的洒水量,宜按最优含水量控制;压实施工宜用履带式拖拉机带平碾、振动碾或气胎碾。

6.1.4 采用土工合成加筋材料(编织型土工织物、土工网、土工格栅)填筑加筋土堤时应符合下列要求:

1.筋材铺放基面应平整，筋材宜用宽幅规格。

2.筋材应垂直堤轴线方向铺展，长度按设计要求裁制，一般不宜有拼接缝。

3.如筋材必须拼接，应按不同情况区别对待：

(1)编织型筋材接头的搭接长度，不宜小于15cm，以细尼龙线双道缝合，并满足抗拉要求；

(2)土工网、土工格栅接头的搭接长度，不宜小于5cm(土工格栅至少搭接一个方格)，并以细尼龙绳在连接处绑扎牢固。

4.铺放筋材不允许有褶皱，并尽量用人工拉紧，以U形钉定位于填筑土面上，填土时不得发生移动。

5.填土前如发现筋材有破损、裂纹等质量问题，应及时修补或作更换处理。

6.筋材上可按规定层厚铺土，但施工机械与筋材间的填土厚度不应小于15cm。

7.加筋土堤压实，宜用平碾或气胎碾，但在极软地基上筑加筋堤，开始填筑的二三层宜用推土机或装载机铺土压实，当填筑层厚度大于0.6m后，方可按常规方法碾压。

8.加筋堤施工，最初二三层的填筑应注意：

(1)在极软地基上作业时，宜先由堤脚两侧开始填筑，然后逐渐向堤中心扩展，在平面上呈凹字形向前推进；

(2)在一般地基上作业时，宜先从堤中心开始填筑，然后逐渐向两侧堤脚对称扩展，在平面上呈凸字形向前推进；

(3)随后逐层填筑时，可按常规方法进行。

6.2　土料吹填筑堤

6.2.1　土料吹填筑堤方法有多种，最常用的有挖泥船和水力冲挖机组两种施工方法；挖泥船又有绞吸式、斗轮式两种形式。

6.2.2　水下挖土采用绞吸式、斗轮式挖泥船，水上挖土采用水力冲挖机组，并均采用管道以压力输泥吹填筑堤。

6.2.3　不同土质对吹填筑堤的适用性差异较大，应按以下原则区别选用：

1.无黏性土、少黏性土适用于吹填筑堤，且对老堤背水侧培厚更为适宜。

2.流塑—软塑态的中、高塑性有机黏土不应用于筑堤。

3.软塑—可塑态黏粒含量高的壤土和黏土，不宜用于筑堤，但可用于充填堤身两侧池塘洼地加固堤基。

4.可塑—硬塑态的重粉质壤土和粉质黏土，适用于绞吸式、斗轮式挖泥船以黏土团块方式吹填筑堤。

6.2.4　吹填区筑围堰应符合下列要求：

1.每次筑堰高度不宜超过1.2m (黏土团块吹填时筑堰高度可为2m)。

2.应注意清基，并确保围堰填筑质量。

3.根据不同土质，围堰断面可采用下列尺寸：黏性土，顶宽1～2m，内坡1:1.5，外坡1:2.0；砂性土，顶宽2m，内坡1:1.5～1:2.0，外坡1:2.0～1:2.5。

4.筑堰土料可就近取土或在吹填面上取用，但取土坑边缘距堰脚不应小于3mm。

5.在浅水域或有潮汐的江河滩地，可采用水力冲挖机组等设备，向透水的编织布长管袋中充填土(砂)料垒筑围堰,并需及时对围堰表面作防护。

6.2.5 排泥管线路布置应符合下列要求:

1.排泥管线路应平顺,避免死弯。

2.水、陆排泥管的连接,应采用柔性接头。

6.2.6 根据不同施工部位,宜遵循下列原则选择不同吹填措施:

1.吹填用于堤身两侧池塘洼地的充填时,排泥管出泥口可相对固定。

2.吹填用于堤身两侧填筑加固平台时,出泥口应适时向前延伸或增加出泥支管,不宜相对固定;每次吹填层厚不宜超过1.0m,并应分段间歇施工,分层吹填。

3.吹填用于筑新堤时,应符合下列要求:

(1)先在两堤脚处各做一道纵向围堰,然后根据分仓长度要求做多道横向分隔封闭围堰,构成分仓吹填区,分层吹填;

(2)排泥管道居中布放,采用端进法吹填直至吹填仓末端;

(3)每次吹填层厚一般宜为0.3~0.5m (黏土团块吹填允许在1.8m);

(4)每仓吹填完成后应间歇一定时间,待吹填土初步排水固结后才允许继续施工,必要时需铺设内部排水设施;

(5)当吹填接近堤顶吹填面变窄不便施工时,可改用碾压法填筑至堤顶。

6.2.7 泄水口可采用溢流堰、跌水、涵洞、竖井等结构形式,设置原则和数量,应符合《疏浚工程施工技术规范》(SL17—90)的有关规定。

6.2.8 挖泥船取土区应设置水尺和挖掘导标。

6.2.9 吹填施工管理应做好下列工作:

1.加强管道、围堰巡查,掌握管道工作状态和吹填进展趋势。

2.统筹安排水上、陆上施工,适时调度吹填区分仓轮流作业,提高机船施工效率。

3.查定吹填筑堤时的开挖土质、泥浆浓度及吹填有效土方利用率等常规项目。

4.检测吹填土性能:泥沙沿程沉积颗粒大小分布;干密度和强度与吹填土固结时间的关系。

5.控制排放尾水中未沉淀土颗粒的含量,防止河道、沟渠淤积。

6.2.10 吹填筑堤时,水下料场开挖的疏浚土分级,按《疏浚工程施工技术规范》中的疏浚土分级表执行。

6.3 抛石筑堤

6.3.1 在陆域软基段或水域采用抛石法筑堤时,应先施工抛石棱体,再以其为依托填筑堤身闭气土方。

6.3.2 抛石棱体施工时,在陆域可仅在临水侧做一道;在水域宜在堤两侧堤脚处各做一道。

6.3.3 抛石棱体定线放样,在陆域软基段或浅水域可插设标杆,间距以50m为宜;在深水域,放样控制点需专设定位船,并通过岸边架设的定位仪指挥船舶抛石。

6.3.4 在陆域软基段或浅水域抛石,可采用自卸车辆以端进法向前延伸立抛,立抛时可不分层或采用分层阶梯式抛填,软基上立抛厚度以不超过地基土的相应极限承载高度为原则;在深水域抛石,宜用驳船在水上定位分层平抛,每层厚度不宜大于2.5m。

6.3.5　抛填石料块重以20～40kg为宜，抛投时应大小搭配。

6.3.6　抛石棱体达到预定断面，并经沉降初步稳定后，应按设计轮廓将抛石体整理成型。

6.3.7　抛石棱体与闭气土方的接触面，应根据设计要求做好砂石反滤层或土工织物滤层。

6.3.8　软基上抛石法筑堤，若堤基已有铺填的透水材料或土工合成加筋材料加固层，应注意保护。

6.3.9　陆域抛石法筑堤，宜用自卸车辆由紧靠抛石棱体的背水侧开始填筑闭气土方，逐渐向堤身扩展；闭气土方有填筑密实度要求者，应符合本规范6.1款的有关规定。

6.3.10　水域抛石法筑堤，两抛石棱体之间的闭气土体，宜用吹填法施工；在吹填土层露出水面，且表层初步固结后，宜采用可塑性大的土料碾压填筑一个厚度约1m的过渡层，随后按常规方法填筑。

6.3.11　用抛石法填筑土石混合堤时，应在堤身设置一定数量的沉降、位移观测标点。

6.4　砌石筑墙(堤)

6.4.1　浆砌石墙(堤)宜采用块石砌筑，如石料不规则，必要时可采用粗料石或混凝土预制块作砌体镶面；在仅有卵石的地区，也可采用卵石砌筑。砌体强度必须达到设计要求。

6.4.2　浆砌石砌筑应符合下列要求：

1.砌筑前，应在砌体外将石料上的泥垢冲洗干净，砌筑时保持砌石表面湿润。

2.应采用坐浆法分层砌筑，铺浆厚宜为3～5cm，随铺浆随砌石，砌缝需用砂浆填充饱满，不得无浆直按贴靠，砌缝内砂浆应采用扁铁插捣密实；严禁先堆砌石块再用砂浆灌缝。

3.上下层砌石应错缝砌筑；砌体外露面应平整美观，外露面上的砌缝应预留约4cm深的空隙，以备勾缝处理；水平缝宽应不大于2.5cm，竖缝宽应不大于4cm。

4.砌筑因故停顿，砂浆已超过初凝时间时，应待砂浆强度达到2.5MPa后才可继续施工；在继续砌筑前，应将原砌体表面的浮渣清除；砌筑时应避免振动下层砌体。

5.勾缝前必须清缝，用水冲净并保持缝槽内湿润，砂浆应分次向缝内填塞密实；勾缝砂浆标号应高于砌体砂浆；应按实有砌缝勾平缝，严禁勾假缝、凸缝；砌筑完毕后应保持砌体表面湿润，做好养护。

6.砂浆配合比、工作性能等，应按设计标号通过试验确定，施工中应在砌筑现场随机制取试件。

6.4.3　混凝土预制块镶面砌筑应符合下列要求：

1.预制块尺寸及混凝土强度应满足设计要求。

2.砌筑时，应根据设计要求布排丁、顺砌块；砌缝应横平竖直，上下层竖缝错开距离不应小于10cm，丁石的上下方不得有竖缝。

3.砌缝内应砂浆填充饱满，水平缝宽应不大于1.5cm；竖缝宽不得大于2cm。

6.4.4　浆砌石防洪墙的变形缝和防渗止水结构的施工，宜预留茬口，按本规范6.5.4款的规定用浇筑二期混凝土的方式解决。

6.4.5 干砌石砌筑应符合下列要求：

1.不得使用有尖角或薄边的石料砌筑;石料最小边尺寸不宜小于20cm。

2.砌石应垫稳填实,与周边砌石靠紧,严禁架空。

3.严禁出现通缝、叠砌和浮塞;不得在外露面用块石砌筑,而中间以小石填心;不得在砌筑层面以小块石、片石找平;堤顶应以大石块或混凝土预制块压顶。

4.承受大风浪冲击的堤段,宜用粗料石丁扣砌筑。

6.5 混凝土筑墙(堤)

6.5.1 混凝土防洪墙基础施工,基底的土质及其密实度、基础的入土深度和底板轮廓线长度,均应符合设计要求。

6.5.2 混凝土墙(堤)身施工,应符合《水工混凝土施工规范》(SDJ207—82)的有关规定。

6.5.3 采用滑模施工工艺,应符合《水工建筑物滑动模板施工技术规范》(SL32—92)的有关规定。

6.5.4 混凝土防洪墙的变形缝和防渗止水结构的施工,应符合《水闸施工规范》(SL27—91)的有关规定。

6.8 接缝、堤身与建筑物接合部施工

6.8.1 土堤碾压施工,分段间有高差的连接或新老堤相接时,垂直堤轴线方向的各种接缝,应以斜面相接,坡度可采用1∶3～1∶5,高差大时宜用缓坡。土堤与岩石岸坡相接时,岩坡削坡后不宜陡于1∶0.75,严禁出现反坡。

6.8.2 在土堤的斜坡结合面上填筑时,应符合下列要求：

1.应随填筑面上升进行削坡,并削至质量合格层。

2.削坡合格后,应控制好结合面土料的含水量,边刨毛、边铺土、边压实。

3.垂直堤轴线的堤身接缝碾压时,应跨缝搭接碾压,其搭接宽度不小于3.0m。

6.8.3 土堤与刚性建筑物(涵闸、堤内埋管、混凝土防渗墙等)相接时,施工应符合下列要求：

1.建筑物周边回填土方,宜在建筑物强度达到设计强度50%～70%的情况下施工。

2.填土前,应清除建筑物表面的乳皮、粉尘及油污等;对表面的外露铁件(如模板对销螺栓等)宜割除,必要时对铁件残余露头需用水泥沙浆覆盖保护。

3.填筑时,须先将建筑物表面湿润,边涂泥浆、边铺土、边夯实,涂浆高度应与铺土厚度一致,涂层厚宜为3～5mm,并应与下部涂层衔接;严禁泥浆干固后再铺土、夯实。

4.制备泥浆应采用塑性指数 I_p 大于17的黏土,泥浆的浓度可用1∶2.5～1∶3.0(土水重量比)。

5.建筑物两侧填土,应保持均衡上升;贴边填筑宜用夯具夯实,铺土层厚度宜为15～20cm。

6.8.4 浆砌石墙(堤)分段施工时,相邻施工段的砌筑面高差应不大于1.0m。

6.9 雨天与低温时施工

6.9.1 碾压土堤施工应符合下列要求：

1.雨前应及时压实作业面,并做成中央凸起向两侧微倾。当降小雨时,应停止黏性土填筑。

2.黏性土填筑面在下雨时不宜被人践踏,并应严禁车辆通行。雨后恢复施工,填筑面应经晾晒、复压处理,必要时应对表层再次进行清理,并待质检合格后及时复工。

3.土堤不宜在负温下施工;如具备保温措施,允许在气温不低于-10℃的情况下施工。

4.负温施工时应取正温土料;装土、铺土、碾压、取样等工序,都应采取快速连续作业;土料压实时的气温必须在-1℃以上。

5.负温下施工时,黏性土含水量不得大于塑限的90%;砂料含水量不得大于4%;铺土厚度应比常规要求适当减薄,或采用重型机械碾压。

6.填土中不得夹冰雪。

6.9.2　气温-5℃以下吹填筑堤应连续施工,若需停工应以清水冲刷管道,并放空管道内存水。

6.9.3　浆砌石、混凝土墙(堤)施工应符合下列要求:

1.在小雨中施工,宜适当减小水灰比,并做好表面保护;施工中遇中到大雨时,应停工,并妥善保护工作面;雨后若表层砂浆或混凝土尚未初凝,可加铺水泥砂浆后继续施工,否则,应按工作缝要求进行处理。

2.浆砌石在气温0~5℃施工时,应注意砌筑层表面保温;气温在0℃以下又无保温措施时,应停止施工。

3.低温下水泥砂浆拌和时间宜适当延长,拌合物料温度应不低于5℃。

4.浆砌石砌体养护期气温低于5℃时,砌体表面应予保温,并不得向砌体表面直接洒水养护。

5.混凝土低温下施工,应符合《水工混凝土施工规范》(SDJ207—82)的有关规定。

10　质量控制

10.1　一般规定

10.1.1　施工单位应建立完善的质量保证体系,建设(监理)单位应建立相应的质量检查体系,分别承担工程质量的自捡和抽检任务,实行全面质量管理。

10.1.2　工程质量检测人员所需资质条件以及工程质量检验的职责范围、工作程序、事故处理、数据处理等要求,均应符合《水利水电工程施工质量评定规程(试行)》(SL176—96)的规定。

10.1.3　应保证检测成果的真实性,严禁伪造或任意舍弃成果;质量检测记录应妥善保存,严禁涂改或自行销毁。

10.1.4　堤防工程施工质量应包括内部质量和外观质量。

10.2　土料质量控制

10.2.1　在现场以目测、手测法为主,辅以简易试验,鉴别筑堤土料的土质及天然含水量,方法见附录A(略)。

10.2.2　发现料场土质与设计要求有较大出入时,应取代表性土样做土工试验复验。

10.3　堤基处理质量控制

10.3.1　应检查施工方法是否符合本规范第5章有关条款的要求。

10.3.2　应根据堤基处理措施的相应技术标准要求,确定质检的项目和方法。

10.3.3　技术性较复杂的堤基处理,应检查施工工艺和参数是否与施工试验相同,并符合相关专业规范的规定。

10.4　堤身填筑与砌筑质量控制

10.4.1　土料碾压筑堤质量控制应符合下列要求:

1.堤身填筑施工参数应与碾压试验参数相符。

2.土料、砾质土的压实指标按设计干密度值控制;砂料和砂砾料的压实指标按设计相对密度值控制。

3.压实质量检测的环刀容积:对细粒土,不宜小于100cm^3(内径50mm);对砾质土和砂砾料,不宜小于200cm^3(内径70mm)。含砾量多环刀不能取样时,应采用灌砂法或灌水法测试。

若采用《土工试验方法标准》规定方法以外的新测试技术,应有专门论证资料,经质监部门批准后实施。

4.质量检测取样部位应符合下列要求:

(1)取样部位应有代表性,且应在面上均匀分布,不得随意挑选,特殊情况下取样须加注明。

(2)应在压实层厚的下部1/3处取样,若下部1/3的厚度不足环刀高度,以环刀底面达下层顶面时环刀取满土样为准,并记录压实层厚度。

5.质量检测取样数量应符合下列要求:

(1)每次检测的施工作业面不宜过小,机械筑堤时不宜小于600m^2;人工筑堤或老堤加高培厚时不宜小于300m^2。

(2)每层取样数量:自检时可控制在填筑量每100~150m^{3}取样1个;抽检量可为自检量的1/3,但至少应有3个。

(3)特别狭长的堤防加固作业面,取样时可按每20~30m一段取样1个。

(4)若作业面或局部返工部位按填筑量计算的取样数量不足3个,也应取样3个。

6.在压实质量可疑和堤身特定部位抽样检测时,取样数视具体情况而定,但检测成果仅作为质量检查参考,不作为碾压质量评定的统计资料。

7.每一填筑层自检、抽检后,凡取样不合格的部位,应补压或作局部处理,经复验至合格后方可继续下道工序。

8.土堤质量评定按单元工程进行,并应符合下列要求:

(1)单元工程划分:筑新堤宜按工段内每堤长200~500m划分一个单元,老堤加高培厚可按填筑量每5 000m^{3}划分一个单元。

(2)单元工程的质量评定,是对单元堤段内全部填土质量的总体评价,由单元内分层检测的干密度成果累加统计得出其合格率,样本总数应不少于20个。

(3)检测干密度值不小于设计干密度值为合格样。

9.碾压土堤单元工程的压实质量总体评价合格标准,应按表10.4.1-1的规定执行。

表 10.4.1-1　碾压土堤单元工程压实质量总体评价合格标准

堤型		筑堤材料	干密度合格率(%)	
			1、2 级土堤	3 级土堤
均质堤	新筑堤	黏性土	≥85	≥80
		少黏性土	≥90	≥85
	老堤加高培厚	黏性土	≥85	≥80
		少黏性土	≥85	≥80
非均质堤	防渗体	黏性土	≥90	≥85
	非防渗体	少黏性土	≥85	≥80

注:必须同时满足下列条件:①不合格样干密度值不得低于设计干密度值的 96%;②不合格样不得集中在局部范围内。

10.土堤竣工后的外观质量合格标准,应按表 10.4.1-2 的规定执行。

表 10.4.1-2　碾压土堤外观质量合格标准

检查项目		允许偏差(cm) 或规定要求	检查频率	检查方法
堤轴线偏差		±15	每 200 延米测 4 点	用经纬仪测
高程	堤顶	0～+15	每 200 延米测 4 点	用水准仪测
	平台顶	−10～+15		
宽度	堤顶	−5～+15	每 200 延米测 4 处	用皮尺量
	平台顶	−10～+15		
边坡	坡度	不陡于设计值	每 200 延米测 4 处	用水准仪测 和用皮尺量
	平顺度	目测平顺		

注:质量可疑处必测。

10.4.2　土料吹填筑堤质量控制应符合下列要求:

1.核查吹填土质是否符合设计要求。

2.根据排泥管口与泄水口排出水流含泥量对比资料,应适时调控排放尾水中的土粒含量,每天抽查不少于 1 次。

3.在每仓位吹填层厚 1m 左右时,应对吹填土表层的初期干密度和强度抽检一次;黏土团块吹填筑堤层厚 1.5～1.8m 时,应采用探坑取样法,对其初期干密度和强度抽检一次。

4.吹填筑堤的堤顶应预留足够的沉降量,堤顶沉降稳定后不得出现欠填。

5.吹填土的质量检测:可在每 50m 堤长范围内,每次抽检初期干密度样 3～4 个、抗剪强度样 1 组。

6.单元工程划分:吹填区长或堤长 200～500m 划分一个单元。

7.单元工程吹填土初期密度值的合格标准和外观质量合格标准,可参照本规范表 10.4.1-1和表 10.4.1-2 的规定执行。

10.4.3　砌石墙(堤)质量控制应符合下列要求:

1.检查干、浆砌石体的施工操作和质量是否符合本规范6.4款及其他有关规范的规定。

2.检查变形缝施工和止水结构制作是否符合设计要求。

3.水泥砂浆试件强度评定,应符合《水闸施工规范》(SL32—92)第8.5.2条的规定。

4.单元工程划分,干、浆砌石墙(堤)每50～100m堤长划分为一个单元。

5.砌石墙(堤)外观质量合格标准,应按表10.4.3的规定执行。

表10.4.3 砌石墙(堤)外观质量合格标准

检查项目		允许偏差(mm)或规定要求	检查频率	检查方法
堤轴线偏差		±40	每20延米测不少于2点	用经纬仪测
墙顶高程	干砌石墙(堤)	0～+50	每20延米测不少于2点	用水准仪测
	浆砌石墙(堤)	0～+40		
	混凝土墙(堤)	0～+30		
墙面垂直度	干砌石墙(堤)	0.5%	每20延米测不少于2点	用吊垂线和皮尺量
	浆砌石墙(堤)	0.5%		
	混凝土墙(堤)	0.5%		
墙顶厚度	各类砌筑墙(堤)	−10～+20	每20延米测不少于2处	用钢卷尺量
表面平整度	干砌石墙(堤)	50	每20延米测不少于2处	用2m靠尺和钢卷尺量
	浆砌石墙(堤)	25		
	混凝土墙(堤)	10		

注:质量可疑处必测。

10.4.4 混凝土墙(堤)质量控制应符合下列要求:

1.混凝土质量控制,应符合《水工混凝土施工规范》及《水工建筑物滑动模板施工技术规范》的有关规定。

2.检查变形缝施工和止水结构制作是否符合设计要求。

3.混凝土试件抗压强度评定,应符合《水利水电工程施工质量评定规程(试行)》第4.5.9条规定。

4.单元工程划分,每50～100m划分为一个单元。

5.混凝土墙(堤)外观质量合格标准,应按表10.4.3的规定执行。

11 工程验收

11.0.1 堤防工程验收可划分为分部工程验收和竣工验收两个阶段。验收组或验收委员会的组成按《水利水电建设工程验收规程》的要求进行。

11.0.2 分部工程完成后应及时进行验收。隐蔽工程验收可分段进行,完工一段验收一段,未经验收,施工单位不得进行下一道工序施工。

11.0.3 分部工程验收的图纸、资料和成果应按竣工验收的标准制备。

11.0.4 工程完工后,施工单位必须提交经工地技术负责人签署的下列文件和资料:

1.竣工图纸。

2.施工中有关设计变更的说明和记录;移民、征地等有关资料。

3.施工单位的试验、测量原始资料和成果及主要筑堤材料的质量保证书。

4.质量事故记录、分析资料及处理结果。

5.单元工程质量评定表;隐蔽工程检查记录、照片或摄像资料。

6.施工单位的工程质量自检报告。

7.施工总结报告和清单。

8.施工大事记。

11.0.5 竣工验收合格后,应将所有资料整理成册,移交工程管理单位,并抄报有关部门备查。

附录2 水闸技术管理规程

1 总 则

1.0.1 为了对水闸进行全面技术管理,正确运用,确保安全完整,延长使用年限,充分发挥效益,更好地促进国民经济发展,特制订本规程。

1.0.2 本规程适用于大、中型水闸。小型水闸和水利部门管理的船闸可参照执行。

1.0.3 水闸的管理中应贯彻水量与水质管理并重的原则,注意协同有关部门加强水质监测与管理。

1.0.4 水闸管理单位应根据本规程,结合工程具体情况,制定或修订技术管理实施细则,报上级主管部门批准后执行。以后还应根据工程运用情况,适时进行修订。审批程序同上。

1.0.5 水闸管理单位必须建立完整的技术档案,内容应包括:

(1)国家有关的方针政策、上级指示和有关的协议等;

(2)工程规划、设计、施工及验收等技术文件、图纸等;

(3)水闸技术管理有关的标准;

(4)控制运用、检查观测、养护修理及科学研究等方面的技术文件、资料及成果等。

1.0.6 水闸管理单位应结合技术管理工作,积极开展科学研究和技术革新。着重研究以下方面:

(1)研究改进量测技术、监测手段,提高检测精度和观测资料整编分析水平;

(2)研究采用养护修理的新设备、新材料、新工艺。积极开展控制运用、闸门防腐蚀、防淤防冲、混凝土结构防腐蚀及有关补强加固新技术等专题研究;

(3)改进通讯工作,提高通讯质量,完善通讯体系;

(4)根据水闸运用需要和可能,研究采用计算机管理、自动控制和远动装置。

1.0.7 本规程未作规定的,应按照现行有关标准执行。

2 控制运用

2.1 一般规定

2.1.1 水闸应根据规划设计的工程特征值,结合工程现状确定下列有关指标,作为控制运用的依据:

(1)上、下游最高水位、最低水位;

(2)最大过闸流量,相应单宽流量;

(3)最大水位差及相应的上、下游水位;

(4)上、下游河道的安全水位和流量;

(5)兴利水位、流量。

双向运用的水闸,应有相应的上述指标。

2.1.2　水闸控制运用,必须符合下列原则:

(1)局部服从全局,全局照顾局部,兴利服从防洪,统筹兼顾;

(2)综合利用水资源;

(3)按照有关规定和协议合理运用;

(4)与上下游和相邻有关工程密切配合运用。

2.1.3　水闸管理单位应按年度或分阶段制订控制运用计划,报上级主管部门批准后执行。有防洪任务的水闸,汛期的控制运用计划应同时报送有管辖权的人民政府防汛指挥部备案,并接受其监督。

2.1.4　水闸控制运用,应按批准的控制运用计划或上级主管部门的指令进行,不得接受其他任何单位和个人的指令。对上级主管部门的指令应详细记录、复核;执行完毕后,应向上级主管部门报告。

2.1.5　当水闸需要超过规定的控制指标运用或由单向运用改为双向运用时,必须进行充分的分析论证,提出可行的运用方案,报经上级主管部门批准后施行。

2.1.6　在保证工程安全,不影响工程效益的前提下,尚应尽量照顾以下要求:

(1)保持通航河道水位相对稳定和最小通航水深;

(2)鱼类洄游河道,利用鱼道或采取其他运用方式纳苗;

(3)小水电发电。

2.1.7　水闸上下游河道水质被污染时,除积极向有关部门反映,要求依法进行污染源治理外,有条件时应尽量调节河道径流,减轻下游水污染。污染严重,向下游排放将造成污染危害扩大的,应及时向上级主管部门报告。

2.1.8　有淤积的水闸,应采取妥善的运用方式防淤减淤。

2.1.9　泄流时,应防止船舶和漂浮物影响闸门启闭或危及建筑物安全。

2.1.10　通航河道上的水闸,管理单位应与当地交通主管部门签订通报有关水情的协议。

2.2　各类水闸的控制运用

2.2.1　节制闸的控制运用应符合下列要求:

(1)根据河道来水情况和用水需要,适时调节上游水位和下泄流量。

(2)当出现洪水时,及时泄洪;汛末适时拦蓄洪峰尾水,抬高上游水位。

(3)多泥沙河道取水枢纽中的节制闸,应兼顾取水和防沙要求。

2.2.2　分洪闸的控制运用应符合下列要求:

(1)当接到分洪预备通知后,立即做好开闸前的准备工作。

(2)当接到分洪指令后,必须按时开闸分洪。开闸前,鸣笛报警。

(3)分洪初期,严格按照实施细则的有关规定进行操作,并严密监视消能防冲设施的安全。

(4)分洪过程中,应随时向上级主管部门报告工情、水情变化情况,并及时执行调整闸门泄量的指令。

2.2.3　排水闸的控制运用应符合下列要求:

(1)冬春季节控制适宜于农业生产的闸上水位;多雨季节遇有降雨天气预报时,应适时预降内河水位;汛期应充分利用外河水位回落时机排水。

(2)双向运用的排水闸,在干旱季节,应根据用水需要,适时引水。

(3)蓄、滞洪区的退水闸,应按上级主管部门的指令按时退水。

2.2.4　引水闸的控制运用应符合下列要求:

(1)根据需水要求和水源情况,有计划地进行引水。如外河水位上涨,应防止超量引水。

(2)来水含沙量大或水质较差时,应减少引水流量直至停止引水。

(3)多泥沙河道上的引水闸,如闸上最高水位因河床淤积抬高超过规定运用指标时,应停止使用,并采取适当的安全度汛措施。

(4)利用浑水灌溉的引水闸,应充分利用沙峰时机,有计划地进行淤灌。

2.2.5　挡潮闸的控制运用应符合下列要求:

(1)排水应在潮位落至与闸上水位相平时开闸;在潮位回涨至与闸上水位相平时关闸。任何情况下都应防止海水倒灌。

(2)根据各个季节供水与排水等不同要求,应控制适宜的内河水位,汛期有暴雨预报,应适时预降内河水位。

(3)汛期应充分利用泄水冲淤。非汛期有冲淤水源的,宜在大潮期冲淤。

2.2.6　通航孔的使用应遵守下列规定:

(1)设有通航孔的各类水闸,应以完成设计规定的任务为主,照顾通航。

(2)开闸通航宜充分利用白天时间进行,通航时的水位差,应以保证通航和建筑物安全为原则。

(3)遇有大风、大雪、大雾、暴雨等天气时,应停止通航。

(4)因防汛、抗旱等需要停止通航的,应经上级主管部门批准。

2.3　冰冻期间运用

2.3.1　寒冷地区的水闸,在冰冻期间启闭闸门前,必须采取措施,消除闸门周边和运转部位的冻结。

2.3.2　封冻期间,应保持闸上水位平稳,以利于上游形成冰盖。

2.3.3　解冻期间一般不宜泄水,如必须泄水,应将闸门提出水面或小开度泄水。

2.4　闸门操作运用

2.4.1　闸门操作运用的基本要求是:

(1)过闸流量必须与下游水位相适应,使水跃发生在消力池内,可根据实测的闸下水位—安全流量关系图表进行操作;

(2)过闸水流应平稳,避免发生集中水流、折冲水流、回流、旋涡等不良流态;

(3)关闸或减少过闸流量时,应避免下游河道水位降落过快;

(4)避免闸门停留在发生振动的位置运用。

2.4.2　闸门启闭前应做好下列准备工作:

(1)对管理范围内停靠的船泊、竹木筏等,应予妥善处理;

(2)检查闸门启、闭状态,有无卡阻;

(3)检查机、电、启闭设备是否符合运转要求;

(4)观察上、下游水位及流态,查对流量。

2.4.3 多孔水闸的闸门操作运用应符合下列规定:

(1)多孔水闸的闸门应按设计提供的启闭程序或管理运用经验进行操作运行,一般应同时分级均匀启闭,不能同时启闭的,应由中间孔向两边依次对称开启,由两边向中间依次对称关闭;

(2)多孔挡潮闸闸下河道淤积严重时,可开启单孔或少数孔闸门进行适度冲淤,但必须加强监视,严防消能防冲设施遭受损坏;

(3)双层孔口或上、下扉布置的闸门,应先开启底层或下扉的闸门,再开启上层或上扉的闸门,关闭时顺序相反。

2.4.4 涵洞式水闸的闸门操作运用,应避免洞内长时间处于明满流交替状态。

2.4.5 闸门操作应遵守下列规定:

(1)应由熟练人员进行操作、监护,固定岗位,明确职责,做到准确及时,保证工程和操作人员安全。

(2)电动、手摇两用启闭机人工操作前,必须先断开电源;闭门时严禁松开制动器使闸门自由下落;操作结束应立即取下摇柄。

(3)有锁定装置的闸门,闭门前应先打开锁定装置。

(4)两台启闭机控制一扇闸门的,应严格保持同步。

(5)闸门启闭如发现沉重、停滞、杂声等异常情况,应及时停车检查,加以处理。

(6)使用油压启闭机,当闸门开启到达预定位置,而压力仍然升高时,应立即将回油控制阀开大至极限位置。

(7)当闸门开启接近最大开度或关闭接近闸底时,应注意及时停车;遇有闸门关闭不严现象,应查明原因进行处理;使用螺杆启闭机的,严禁强行顶压。

2.4.6 闸门操作应有专门记录,并妥善保存。记录内容应包括启闭依据,操作时间、人员,启闭过程及历时,上、下游水位及流量、流态,操作前后设备状况,操作过程中出现的不正常现象及采取的措施等。

3 检查观测

3.1 一般规定

3.1.1 水闸检查观测的主要任务应包括以下内容:

(1)监视水情和水流形态、工程状态变化和工作情况,掌握水情、工程变化规律,为正确管理提供科学依据;

(2)及时发现异常现象,分析原因,采取措施,防止发生事故;

(3)验证工程规划、设计、施工及科研成果,为发展水利科学技术提供资料。

3.1.2 检查观测工作应符合下列基本要求:

(1)检查观测应按规定的内容(或项目)、测次和时间执行。

(2)观测成果应真实、准确,精度符合要求,资料应及时整理、分析,并定期进行整编。检查资料应详细记录,及时整理、分析。

(3)检测设施应妥善保护;检测仪器和工具应定期校验、维修。

3.2 检查工作

3.2.1 水闸检查工作,应包括经常检查、定期检查、特别检查和安全鉴定。

3.2.2 经常检查的范围和周期:水闸管理单位应经常对建筑物各部位、闸门启闭机、机电设备、通讯设施、管理范围内的河道、堤防、拦河坝和水流形态等进行检查。检查周期,每月不得少于一次。当水闸遭受到不利因素影响时,对容易发生问题的部位应加强检查观察。

3.2.3 定期检查的范围和周期:每年汛前、汛后或用水期前后,应对水闸各部位及各项设施进行全面检查。汛前着重检查岁修工程完成情况,度汛存在问题及措施;汛后着重检查工程变化和损坏情况,据以制订岁修工程计划。冰冻期间,还应检查防冻措施落实及其效果等。

3.2.4 当水闸遭受特大洪水、风暴潮、强烈地震和发生重大工程事故时,必须及时对工程进行特别检查。

3.2.5 安全鉴定的周期:水闸投入运用后,每隔15～20年应进行一次全面的安全鉴定;当工程达折旧年限时,亦应进行一次;对存在安全问题的单项工程和易受腐蚀损坏的结构设备,应根据情况适时进行安全鉴定。

安全鉴定工作由管理单位报请上级主管部门负责组织实施。

3.2.6 定期检查、特别检查、安全鉴定结束后,应根据成果作出检查、鉴定报告,报上级主管部门。大型水闸的特别检查及安全鉴定报告还应报流域机构和水利部。

3.2.7 经常检查和定期检查应包括以下内容:

(1)管理范围内有无违章建筑和危害工程安全的活动,环境应保持整洁、美观。

(2)土工建筑物有无雨淋沟、塌陷、裂缝、渗漏、滑坡和白蚁、害兽等;排水系统、导渗及减压设施有无损坏、堵塞、失效;堤闸连接段有无渗漏等迹象。

(3)石工建筑物块石护坡有无塌陷、松动、隆起、底部淘空、垫层散失;墩、墙有无倾斜、滑动、勾缝脱落;排水设施有无堵塞、损坏等现象。

(4)混凝土建筑物(含钢丝网水泥板)有无裂缝、腐蚀、磨损、剥蚀、露筋(网)及钢筋锈蚀等情况;伸缩缝止水有无损坏、漏水及填充物流失等情况。

(5)水下工程有无冲刷破坏;消力池、门槽内有无砂石堆积;伸缩缝止水有无损坏;门槽、门坎的预埋件有无损坏;上、下游引河有无淤积、冲刷等情况。

(6)闸门有无表面涂层剥落、门体变形、锈蚀、焊缝开裂或螺栓、铆钉松动;支承行走机构是否运转灵活;止水装置是否完好等。

(7)启闭机械是否运转灵活、制动准确,有无腐蚀和异常声响;钢丝绳有无断丝、磨损、锈蚀、接头不牢、变形;零部件有无缺损、裂纹、磨损及螺杆有无弯曲变形;油路是否通畅,油量、油质是否合乎规定要求等。

(8)机电设备及防雷设施的设备、线路是否正常,接头是否牢固,安全保护装置是否动作准确可靠,指示仪表是否指示正确、接地可靠,绝缘电阻值是否合乎规定,防雷设施是否安全可靠,备用电源是否完好可靠。

(9)水流形态,应注意观察水流是否平顺,水跃是否发生在消力池内,有无折冲水流、回流、旋涡等不良流态;引河水质有无污染。

(10)照明、通讯、安全防护设施及信号、标志是否完好。

3.2.8　安全鉴定的内容应包括:

(1)在历年检测的基础上,通过先进的检测手段,对水闸主体结构、闸门、启闭机等进行专项检测。内容包括材料、应力、变形、探伤、闸门启闭力检测和启闭机能力考核等,查出工程中存在的隐患,求得有关技术参数。

(2)根据检测成果,结合运用情况,对水闸的稳定、消能防冲、防渗、构件强度、混凝土耐久性能和启闭能力等进行安全复核。

(3)根据安全复核结果,进行研究分析,作出综合评估,提出改善运用方式、进行技术改造、加固补强、设备更新等方面的意见。

3.3　观测工作

3.3.1　观测项目应按设计要求确定。设计未作规定的,可结合工程具体情况和需要确定。必要时,可增列一些专门性观测项目。

必须观测项目有垂直位移、扬压力、裂缝、混凝土碳化、河床变形、水位流量。

专门性观测项目有水平位移、绕渗、伸缩缝、水流形态、水质、泥沙、冰凌等。

3.3.2　垂直位移观测:

3.3.2.1　观测时间与测次应符合下列规定:

(1)工程竣工验收后两年内应每月观测一次,以后可适当减少,经资料分析已趋稳定后,可改为每年汛前、汛后各测一次。

(2)当发生地震或超过设计最高水位、最大水位差时,应增加测次。

(3)水准基点高程应每5年校测一次,起测基点高程应每年校测一次。

3.3.2.2　观测时,应同时观测上、下游水位,过闸流量及气温等。

3.3.2.3　垂直位移观测应符合现行国家水准测量规范要求,水准测量等级及相应精度应符合表3.3.2.3的规定。

表3.3.2.3　垂直位移观测水准等级及闭合差限差

建筑物类别	水准基点—起测基点		起测基点—垂直位移标点	
	水准等级	闭合差(mm)	水准等级	闭合差(mm)
大型水闸	一	$\pm0.3\sqrt{n}$	二	$\pm0.5\sqrt{n}$
中型水闸	二	$\pm0.5\sqrt{n}$	三	$\pm1.4\sqrt{n}$

注:n为测站数。

3.3.3　水平位移观测:

3.3.3.1　观测时间与测次应符合下列规定:

(1)水平位移观测时间与测次按本规程3.3.2.1款(1)、(2)条规定执行;

(2)工作基点在工程竣工后5年内应每年校测一次,以后每5年校测一次。

3.3.3.2　每一测次应观测二测回,每测回包括正、倒镜各照准觇标两次并读数两次,取均值作为该测回之观测值。观测精度应符合表3.3.3.2的规定。

表3.3.3.2　视准线观测限差

方式	正镜或倒镜两次读数差	两测回观测值之差
活动觇牌法	2.0mm	1.5mm
小角法	4.0″	3.0″

3.3.4　扬压力和绕渗观测:

3.3.4.1　观测时间与测次应符合下列规定:

(1)不受潮汐影响的水闸,在工程竣工放水后两年内应每5天观测一次,以后可适当减少,但至少每10天应观测一次。当接近设计最高水位、最大水位差或发现明显渗透异常时,应增加测次。

(2)对于受潮汐影响的水闸,应在每月最高潮位期间选测一次,观测时间以测到潮汐周期内最高和最低潮位及潮位变化中扬压力过程线为准。

3.3.4.2　观测时必须同时观测上、下游水位,并应注意观测渗透的滞后现象,必要时还应同时进行过闸流量、垂直位移、气温、水温等有关项目的观测。

3.3.4.3　测压管管口高程应按三等水准测量要求每年校测一次,闭合差限差为 $\pm 1.4\sqrt{n}$mm(n 为测站数)。

3.3.4.4　不受潮汐影响的水闸,测压管灵敏度检查应每5年进行一次。管内水位在下列时间内恢复到接近原来水位的,可认为合格:黏壤土—5天,沙壤土—24h,砂砾料—12h。

3.3.4.5　当管内淤塞已影响观测时,应立即进行清理。如经灵敏度检查不合格,堵塞、淤积经处理无效,或经资料分析测压管已失效,宜在该孔附近钻孔重新埋设测压管。

3.3.5　裂缝观测:

3.3.5.1　经工程检查,对于可能影响结构安全的裂缝,应选择有代表性的位置,设置固定观测标点,每月观测一次。裂缝发展缓慢后,可适当减少测次。在出现最高(低)气温、发生强烈震动、超标准运用或裂缝有显著发展时,均应增加测次。判明裂缝已不再发展后,可停止观测。

3.3.5.2　在进行裂缝观测时应同时观测气温,并了解结构荷载情况。

3.3.6　混凝土碳化观测:

3.3.6.1　观测时间可视工程检查情况不定期进行。如采取凿孔用酚酞试剂测定,观测结束应用高标号水泥砂浆封孔。

3.3.6.2　测点可按建筑物不同部位均匀布置,每个部位同一表面不应少于3点。测点宜选在通气、潮湿的部位,但不应选在角、边或外形突变部位。

3.3.7　伸缩缝观测:

3.3.7.1　观测时间宜选在气温较高和较低时进行。当出现历史最高水位、最大水位差、最高(低)气温或发现伸缩缝异常时,应增加测次。

3.3.7.2　观测标点宜设置在闸身两端边闸墩与岸墙之间、岸墙与翼墙之间建筑物顶部的伸缩缝上。当闸孔数较多时,在中间闸孔伸缩缝上应适当增设标点。

3.3.7.3　观测时应同时观测上下游水位、气温和水温。如发现伸缩缝缝宽上、下差别较大，还应配合进行垂直位移观测。

3.3.8　河床变形观测：

3.3.8.1　引河冲刷或淤积较严重时，应在每年汛前、汛后各观测一次，当泄放大流量或超标准运用、冲刷尚未处理而运用较多时，应增加测次。对冲刷、淤积变化较小的工程，可适当延长观测周期。

3.3.8.2　观测范围一般从上、下游铺盖或消力池末端起，分别向上、下游延伸 1～3 倍河宽的距离。对冲刷或淤积较严重的工程，可根据具体情况适当延长。

3.3.8.3　断面间距应以能反映引河的冲刷、淤积变化为原则，靠近水闸宜密，离闸较远处可适当放宽。

3.3.8.4　断面位置应在两岸设置固定观测断面桩。测量前应对断面桩桩顶高程按四等水准要求进行考证，闭合差限差为 $\pm 20\sqrt{k}$mm（k 为测线长，单位为 km，不足 1km 时以 1km 计）。

3.3.8.5　断面测量宜在闸门关闭或泄量较小时进行，并同步观测水位。

3.3.8.6　当河面较宽，施测河道断面有困难时，可采取散点法测绘水下地形图，然后切取河道横断面。

3.3.9　水流形态观测包括水流平面形态和水跃观测，可根据工程运用方式、水位、流量等组合情况不定期进行。如发现不良水流，应详细记录水流形态，上、下游水位及闸门启闭情况，分析其产生的原因。

3.3.10　水位、流量、水质、泥沙和冰凌等项目的观测，可参照现行水文观测规范的有关规定执行。

3.3.11　资料整理与整编：

3.3.11.1　观测结束后，应及时对资料进行整理、计算和校核。

3.3.11.2　资料整编宜每年进行一次，包括以下内容：

(1)收集观测原始记录与考证资料及平时整理的各种图表等；

(2)对观测成果进行审查复核；

(3)选择有代表性的测点数据或特征数据，填制统计表和曲线图；

(4)分析观测成果的变化规律及趋势，与设计情况比较是否正常，并提出相应的安全措施和必要的操作要求；

(5)编写观测工作说明。

3.3.11.3　资料整编成果应符合以下要求：

(1)考证清楚、项目齐全、数据可靠、方法合理、图表完整、说明完备；

(2)图形比例尺满足精度要求，图面应线条清晰均匀、注字工整整洁；

(3)表格及文字说明端正整洁，数据上下整齐，无涂改现象。

3.3.11.4　资料整编成果，应提交上级主管部门审查。

3.3.11.5　水闸管理单位必须对发现的异常现象作专项分析，必要时可会同科研、设计、施工人员作专题研究。

4 养护修理

4.1 一般规定

4.1.1 水闸养护修理工作可分为养护、岁修、抢修和大修,其划分界限应符合下列规定:

(1)养护:对经常检查发现的缺陷和问题,应随时进行保养和局部修补,以保持工程及设备完整清洁,操作灵活。

(2)岁修:根据汛后全面检查发现的工程损坏和问题,对工程设施进行必要的整修和局部改善。

(3)抢修:当工程及设备遭受损坏,危及工程安全或影响正常运用时,必须立即采取抢护措施。

(4)大修:当工程发生较大损坏或设备老化,修复工程量大,技术较复杂,应有计划地进行工程整修或设备更新。

4.1.2 养护修理工作应本着"经常养护、随时维修,养重于修、修重于抢"的原则进行,并应符合下列要求:

(1)岁修、抢修和大修工程,均应以恢复原设计标准或局部改善工程原有结构为原则;在施工过程中应确保工程质量和安全生产。

(2)抢修工程应做到及时、快速、有效,防止险情发展。

(3)岁修、大修工程应按批准的计划施工,影响汛期使用的工程,必须在汛前完成。完工后,应进行技术总结和竣工验收。

(4)养护修理工作应作详细记录。

4.1.3 水闸管理范围内环境和工程设施的保护,应遵守以下规定:

(1)严禁在水闸管理范围内进行爆破、取土、埋葬、建窑,以及倾倒和排放有毒或污染的物质等危害工程安全的活动。

(2)按有关规定对管理范围内建筑的生产、生活设施进行安全监督。

(3)禁止超重车辆和无铺垫的铁轮车、履带车通过公路桥。禁止在没有路面的堤(坝)顶上雨天行车。

(4)妥善保护机电设备及水文、通讯、观测设施,防止人为毁坏。

(5)严禁在堤(坝)身及挡土墙后填土地区上堆置超重物料。

4.2 土工建筑物的养护修理

4.2.1 堤(坝)出现雨淋沟、浪窝、塌陷和岸、翼墙后填土区发生跌塘、下陷时,应随时修补夯实。

4.2.2 堤(坝)发生渗漏、管涌现象时,应按照"上截、下排"原则及时进行处理。

4.2.3 堤(坝)发生裂缝时,应针对裂缝特征按照下列规定处理:

(1)干缩裂缝、冰冻裂缝和深度小于0.5m、宽度小于5mm的纵向裂缝,一般可采取封闭缝口处理。

(2)深度不大的表层裂缝,可采用开挖回填处理。

(3)非滑动性的内部深层裂缝,宜采用灌浆处理;对自表层延伸至堤(坝)深部的裂缝,宜采用上部开挖回填与下部灌浆相结合的方法处理。裂缝灌浆宜采用重力或低压灌浆，并不宜在雨季或高水位时进行。当裂缝出现滑动迹象时，则严禁灌浆。

4.2.4　堤(坝)出现滑坡迹象时，应针对产生原因按“上部减载、下部压重”和“迎水坡防渗、背水坡导渗”等原则进行处理。

4.2.5　堤(坝)遭受白蚁、害兽危害时，应采用毒杀、诱杀、捕杀等办法防治；蚁穴、兽洞可采用灌浆或开挖回填等方法处理。

4.2.6　河床冲刷坑已危及防冲槽或河坡稳定时应立即抢护。一般可采用抛石或沉排等方法处理；不影响工程安全的冲刷坑，可不作处理。

4.2.7　河床淤积影响工程效益时，应及时采用人工开挖、机械疏浚或利用泄水结合机具松土冲淤等方法清除。

4.3　石工建筑物的养护修理

4.3.1　砌石护坡、护底遇有松动、塌陷、隆起、底部淘空、垫层散失等现象时，应参照《水闸施工规范》(SL27—91)中的有关规定按原状修复。

4.3.2　浆砌块石墙墙身渗漏严重的，可采用灌浆处理；墙身发生倾斜或滑动迹象时，可采用墙后减载或墙前加撑等方法处理；墙基出现冒水冒沙现象，应立即采用墙后降低地下水位和墙前增设反滤设施等办法处理。

4.3.3　水闸的防冲设施(防冲槽、海漫等)遭受冲刷破坏时，一般采用加筑消能设施或抛石笼、柳石枕和抛石等办法处理。

4.3.4　水闸的反滤设施、减压井、导渗沟、排水设施等应保持畅通，如有堵塞、损坏，应予疏通、修复。

4.4　混凝土建筑物的养护修理

4.4.1　消力池、门槽范围内的砂石、杂物应定期清除。

4.4.2　建筑物上的进水孔、排水孔、通气孔等均应保持畅通。桥面排水孔的泄水应防止沿板和梁漫流。空箱式挡土墙箱内的淤积应适时清除。

4.4.3　经常露出水面的底部钢筋混凝土构件，应因地制宜地采取适当的保护措施，防止腐蚀和受冻。

4.4.4　钢筋混凝土保护层受到侵蚀损坏时，应根据侵蚀情况分别采用涂料封闭、砂浆抹面或喷浆等措施进行处理，并应严格掌握修补质量。

4.4.5　混凝土结构脱壳、剥落和机械损坏时，可根据损坏情况，分别采用砂浆抹补、喷浆或喷混凝土等措施进行修补，并应严格掌握修补质量。

4.4.6　混凝土建筑物出现裂缝后，应加强检查观测，查明裂缝性质成因及其危害程度，据以确定修补措施。混凝土的微细表面裂缝、浅层缝及缝宽小于表4.4.6所列裂缝宽度最大允许值时，可不予处理或采用涂料封闭。缝宽大于规定值时，则应分别采用表面涂抹、表面黏补、凿槽嵌补、喷浆或灌浆等措施进行修补。

4.4.7　裂缝应在基本稳定后修补，并宜在低温季节开度较大时进行。不稳定裂缝应采用柔性材料修补。

4.4.8　混凝土结构的渗漏，应结合表面缺陷或裂缝进行处理，并应根据渗漏部位、渗漏量大小等情况，分别采用砂浆抹面或灌浆等措施。

表4.4.6 钢筋混凝土结构裂缝宽度最大允许值 (单位:mm)

区域	水上区	水位变动区		水下区
		寒冷地区	温和地区	
内河淡水区	0.20	0.15	0.25	0.30
沿海海水区	0.20	0.15	0.25	0.30

注:温和地区指最冷月平均气温在-3℃以上的地区;寒冷地区指最冷月平均气温在-3~-10℃的地区。

4.4.9 伸缩缝填料如有流失,应及时填充。止水设施损坏,可用柔性化材灌浆,或重新埋设止水予以修复。

4.5 闸门的养护修理

4.5.1 闸门表面附着的水生物、泥沙、污垢、杂物等应定期清除,闸门的连接紧固件应保持牢固。

4.5.2 运转部位的加油设施应保持完好、畅通,并定期加油。

4.5.3 钢闸门防腐蚀可采用涂装涂料和喷涂金属等措施。

实施前,应认真进行表面处理。表面处理等级标准应符合《海港工程钢结构防腐技术规定》(JTJ230—89)中的有关要求。不同防腐蚀措施对表面处理的最低等级要求应符合下列规定:

(1)涂装涂料应按《海港工程钢结构防腐蚀技术规定》(JTJ230—89)中不同涂料表面处理的最低等级表中选定;

(2)喷涂金属等级应为Sa2 $\frac{1}{2}$。

4.5.4 钢闸门采用涂料作防腐蚀涂层时,应符合下列要求:

(1)涂料品种应根据钢闸门所处环境条件、保护周期等情况选用;

(2)面、(中)、底层必须配套性能良好;

(3)涂层干膜厚度:淡水环境不宜小于200μm,海水环境不宜小于300μm。

4.5.5 钢闸门采用喷涂金属作防腐涂层时,应符合下列要求:

(1)喷涂材料:淡水环境宜用锌,海水环境宜用铝或铝基合金,也可选用经过试验论证的其他材料。

(2)喷涂层厚度:淡水环境不宜小于200μm,海水环境不宜小于250μm。

(3)金属涂层表面必须涂装涂料封闭。封闭涂层的干膜厚度:淡水环境不应小于60μm,海水环境不应小于90μm 。

4.5.6 喷涂的金属和涂料的质量,应符合《海港工程钢结构防腐蚀技术规定》(JTJ230—89)和其他有关材质规定的要求。

4.5.7 涂装涂料和金属喷涂的施工工艺、质量检查和竣工验收的要求,均应参照《海港工程钢结构防腐蚀技术规定》(JTJ230—89)有关规定执行。

4.5.8 钢闸门使用过程中,应对表面涂膜(包括金属涂层表面封闭层)进行定期检查,发现局部锈斑、针状锈迹时,应及时补涂涂料,当涂层普遍出现剥落、鼓泡、龟裂、明显粉化等老化现象时,应全部重做新的防腐涂层。

4.5.9　闸门橡皮止水装置应密封可靠,闭门状态时无翻滚、冒流现象。当门后无水时,应无明显的散射现象,每米长度的漏水量应不大于0.2L/s。

当止水橡皮出现磨损、变形或止水橡皮自然老化、失去弹性且漏水量超过规定时,应予更换。更换后的止水装置应达到原设计的止水要求。

4.5.10　钢门体的承载构件发生变形时,应核算其强度和稳定性,并及时矫正、补强或更换。

4.5.11　钢门体的局部构件锈损严重的,应按锈损程度,在其相应部位加固或更换。

4.5.12　闸门行走支承装置的零部件出现下列情况时应更换。更换的零部件规格和安装质量应符合原设计要求:

(1)压合胶木滑道损伤或滑动面磨损严重;

(2)轴和轴套出现裂纹、压陷、变形、磨损严重;

(3)主轨道变形、断裂、磨损严重或瓷砖轨道掉块、裂缝、釉面剥落。

4.5.13　吊耳板、吊座、绳套出现变形、裂纹或锈损严重时应更换。

4.5.14　钢筋混凝土与钢丝网水泥闸门表面,应选用合适的涂料进行保护。

4.5.15　钢丝网水泥面板损坏时,应及时修补。损坏部位网筋锈蚀严重的,应按设计要求修复。

4.5.16　钢筋混凝土闸门表层损坏应按本规程4.4节的有关规定进行修补。

4.5.17　寒冷地区的水闸,冰冻期间应因地制宜地对闸门采取有效的防冰冻措施。

4.6　启闭机的养护修理

4.6.1　防护罩、机体表面应保持清洁,除转动部位的工作面外,均应定期采用涂料保护;螺杆启闭机的螺杆有齿部位应经常清洗、抹油,有条件的可设置防尘装置。

启闭机的连接件应保持坚固,不得有松动现象。

4.6.2　传动件的传动部位应加强润滑,润滑油的品种应按启闭机的说明书要求,并参照有关规定选用。油量要充足,油质须合格,注油应及时。在换注新油时,应先清洗加油设施,如油孔、油道、油槽、油杯等。

4.6.3　闸门开度指示器,应保持运动灵活,指示准确。

4.6.4　滑动轴承的轴瓦、轴颈,出现划痕或拉毛时应修刮平滑。轴与轴瓦配合间隙超过规定时,应更换轴瓦。滚动轴承的滚子及其配件出现损伤、变形或磨损严重时,应更换。

4.6.5　制动装置应经常维护,适时调整,确保动作灵活、制动可靠。当进行维修时,应符合下列要求:

(1)闸瓦退距和电磁铁行程调整后,应符合《水工建筑物金属结构制造、安装及验收规范》(SLJ、DLJ201—80)附录十三有关规定。

(2)制动轮出现裂纹、砂眼等缺陷,必须进行整修或更换。

(3)制动带磨损严重,应予更换。制动带的铆钉或螺钉断裂、脱落,应立即更换补齐。

(4)主弹簧变形,失去弹性时,应予更换。

4.6.6　钢丝绳应经常涂抹防水油脂,定期清洗保养。修理时应符合下列要求:

(1)钢丝绳每节距断丝根数超过《起重机械用钢丝绳检验和报废实用规范》

(GB5972—86)的规定时,应更换。

(2)钢丝绳与闸门连接一端有断丝超标时,其断丝范围不超过预绕圈长度的1/2时,允许调头使用。

(3)更换钢丝绳时,缠绕在卷筒上的预绕圈数,应符合设计要求。无规定时,应大于5圈,如压板螺栓设在卷筒翼缘侧面又用鸡心铁挤压的,则应大于2.5圈。

(4)绳套内浇筑块发现粉化、松动时,应立即重浇。

(5)更换的钢丝绳规格应符合设计要求,并应有出厂质保资料。

4.6.7 螺杆启闭机的螺杆发生弯曲变形影响使用时,应予矫正。

4.6.8 螺杆启闭机的承重螺母出现裂缝,或螺纹齿宽磨损量超过设计值的20%时,应更换。

4.6.9 油压启闭机的养护应符合下列要求:

(1)供油管和排油管应保持色标清晰,敷设牢固;

(2)油缸支架应与基体连接牢固,活塞杆外露部位可设软防尘装置;

(3)调控装置及指示仪表应定期检验;

(4)工作油液应定期化验、过滤,油质和油箱内油量应符合规定;

(5)油泵、油管系统应无渗油现象。

4.6.10 油压启闭机的活塞环和油封出现断裂、失去弹性、变形或磨损严重者,应更换。

4.6.11 油缸内壁及活塞杆出现轻微锈蚀、划痕、毛刺,应修刮平滑磨光。油缸和活塞杆有单面压磨痕迹时,应分析原因后予以处理。

4.6.12 高压管路出现焊缝脱落、管壁裂纹,应及时修理或更换。修理前应先将管内油液排净后才能进行施焊。严禁在未拆卸管件的管路上补焊。管路需要更换时,应与原设计规格相一致。

4.6.13 贮油箱焊缝漏油需要补焊时,可参照管路补焊的有关规定办理。补焊后应作注水渗漏试验,要求保持12h无渗漏现象。

4.6.14 油缸检修组装后,应按设计要求作耐压试验。如无规定,则按工作压力试压10min,活塞沉降量不应大于0.5mm,上、下端盖法兰不得漏油,油缸壁不得有渗油现象。

4.6.15 管路上使用的闸阀、弯头、三通等零件壁身有裂纹、砂眼或漏油时,均应更换新件。更换前,应单独作耐压试验。试验压力为工作压力的1.25倍,保持30min无渗漏时,才能运用。

4.6.16 当管路漏油缺陷排除后,应按设计规定作耐压试验。如无规定,试验压力为工作压力的1.25倍,保持30min无渗漏,才能投入运用。

4.6.17 油泵检修后,应将油泵溢流阀全部打开,连续空转不少于30min,不得有异常现象。

空转正常后,在监视压力表的同时,将溢流阀逐渐旋紧,使管路系统充油(充油时应排除空气)。管路充满油后,调整油泵溢流阀,使油泵在工作压力的25%、50%、75%、100%的情况下分别连续运转15min,应无振动、杂音和温升过高现象。

4.6.18 空转试验完毕后,调整油泵溢流阀,使其压力达到工作压力的1.1倍时动作排油,此时也应无剧烈振动和杂音。

4.7 机电设备及防雷设施的维护

4.7.1 电动机的维护应遵守下列规定:

(1)电动机的外壳应保持无尘、无污、无锈。

(2)接线盒应防潮,压线螺栓如松动,应立即旋紧。

(3)轴承内的润滑脂应保持填满空腔内 1/2～1/3,油质合格。轴承如松动、磨损,应及时更换。

(4)绕组的绝缘电阻值应定期检测,小于 0.5MΩ 时,应干燥处理,如绝缘老化,可刷浸绝缘漆或更换绕组。

4.7.2 操作设备的维护应遵守下列规定:

(1)开关箱应经常打扫,保持箱内整洁;设置在露天的开关应防雨、防潮。

(2)各种开关、继电保护装置应保持干净,触点良好,接头牢固。

(3)主令控制器及限位装置应保持定位准确可靠,触点无烧毛现象。

(4)保险丝必须按规定规格使用,严禁用其他金属丝代替。

4.7.3 输电线路的维护应遵守下列规定:

(1)各种电力线路、电缆线路、照明线路均应防止发生漏电、短路、断路、虚连等现象;

(2)线路接头应连接良好,并注意防止铜铝接头锈蚀;

(3)经常清除架空线路上的树障,保持线路畅通;

(4)定期测量导线绝缘电阻值,一次回路、二次回路及导线间的绝缘电阻值都不应小于 0.5MΩ。

4.7.4 指示仪表及避雷器等均应按供电部门有关规定定期校验。

4.7.5 线路、电动机、操作设备、电缆等维修后必须保持接线相序正确,接地可靠。

4.7.6 自备电源的柴(汽)油发电机应按有关规定定期维护、检修。与电网联网的应按供电部门规定要求执行。

4.7.7 建筑物的防雷设施应遵守下列规定:

(1)避雷针(线、带)及引下线如锈蚀量超过截面的 30%以上时,应予更换;

(2)导电部件的焊接点或螺栓接头如脱焊、松动,应予补焊或旋紧;

(3)接地装置的接地电阻值应不大于 10MΩ,如超过规定值的 20%,应增设补充接地极。

4.7.8 电力设备的防雷设施应按供电部门的有关规定进行定期校验。

4.7.9 防雷设施的构架上,严禁架设低压线、广播线及通讯线。

后　记

为了增强职工的职业能力，全面提高职工的政治素质和业务能力，引黄工程管理处举办了职工培训，事后总结成这本《引黄工程管理单位职工培训教材》，得到了全体职工和各界的好评。在本书面世之前，培训中的参与人员都积极地配合编辑，使这本书得以尽快地展现在我们面前，感谢15位专家的辛勤劳动，感谢李红、付嘉、甘书凯、魏武强、王燕霞几位同仁对本书的编辑校对工作所付出的劳动。本书从策划、设计、撰稿、修改、编辑、校对、定稿到出版，凝聚了全体参与人员的集体智慧，是全体参与人员集体劳动的结晶。

本书以培训基础知识和应用技术为重点，着眼于引黄工程管理单位的建设管理和安全输水，以培养水利事业人才为目的。因为出版仓促，校对工作任务繁重，书中难免出现一些错误，欢迎各界人士批评指正，也欢迎大家来探讨书中的知识。我们希望通过本书的出版，使引黄工程管理单位职工不断提高自身素养，提高自身的业务能力、发展能力和创新能力，为经济社会的发展和全面建设小康社会做出贡献。

编著者

2007年7月